新知识体系人工智能系列教材

人工智能通论

莫宏伟　编著

電子工業出版社
Publishing House of Electronics Industry
北京 · BEIJING

内 容 简 介

本书内容共分为10章，从学科基础、技术基础、重点方向与领域、行业应用、伦理与法律5方面系统、整体地介绍人工智能的定义、方法、体系、应用及其内涵。第 1 章介绍人工智能定义及新知识体系。第 2 章介绍人工智能孕育过程、机械论、计算历史、控制论、联结主义起源、计算机器的历史，以及当代人工智能历史。第 3 章介绍与人工智能有关的哲学概念、分支，人工智能本体论、认识论、方法论。第 4 章介绍人工智能伦理概念、内涵及其主要内容和体系。第 5 章介绍与人工智能交叉的多学科基础。第 6 章主要介绍传感器、大数据、小数据、并行计算、数字图像处理、人工神经网络、机器学习与深度学习等基础性人工智能技术。第 7 章从智能模拟和混合的角度介绍机器感知智能、机器认知智能、机器行为智能、机器语言智能、机器类脑智能、人机混合智能的基本概念与内容。第 8 章介绍人工智能在博弈、创作、创造以及物理和数学方面的科学发现能力。第 9 章介绍人工智能在制造、医疗、农业、教育、军事等行业或领域的应用。第 10 章介绍科幻小说、影视作品中的超现实人工智能及其对现实人工智能发展的意义。

本书可供所有新工科、新文科、新农科、新医科，传统理工科以及管理、医学、农业、经济、社会、人文、法律等专业学生，人工智能爱好者学习使用，也可供人工智能初级研究人员及从业人员学习和研究参考。

图书在版编目（CIP）数据

人工智能通论/莫宏伟编著. —北京：电子工业出版社，2022.11
ISBN 978-7-121-44448-7

Ⅰ. ①人… Ⅱ. ①莫… Ⅲ. ①人工智能－高等学校－教材 Ⅳ. ①TP18

中国版本图书馆 CIP 数据核字（2022）第 198449 号

责任编辑：孟　宇
印　　刷：三河市鑫金马印装有限公司
装　　订：三河市鑫金马印装有限公司
出版发行：电子工业出版社
　　　　　北京市海淀区万寿路 173 信箱　　邮编：100036
开　　本：787×1092　1/16　　印张：15.75　　字数：410 千字
版　　次：2022 年 11 月第 1 版
印　　次：2024 年 8 月第 3 次印刷
定　　价：59.80 元

凡所购买电子工业出版社图书有缺损问题，请向购买书店调换。若书店售缺，请与本社发行部联系，联系及邮购电话：（010）88254888，88258888。

质量投诉请发邮件至 zlts@phei.com.cn，盗版侵权举报请发邮件至 dbqq@phei.com.cn。

本书咨询联系方式：mengyun@phei.com.cn。

前　言

20世纪初，英国心理学家查尔斯·斯皮尔曼（Charles Spearman）首次观察到，当人们在完成一些看似毫无关联的心智任务时，比如判断一个物体是否比另一个重，或者在灯亮后迅速按下按钮，其平均表现可以预测人在执行完全不同的任务时的平均表现。斯皮尔曼提出，可以用一般智能的单一衡量标准表征这种共性。斯皮尔曼之后的心理学领域产生了许多关于人类智能的理论。从20世纪初到20世纪80年代，心理学对智能的研究大概经历了三个发展阶段：“功能主义式”，从智能的外在功能表现界定智能的标准；“结构决定式”，试图说明智能的内在结构；“信息处理式”，将信息处理嫁接到大脑的生理学过程中。总的来看，在心理学中，对智能进行的科学探究大致经历了“从外到内”的认知过程。不同研究方式与取向的选择使得人们对“智能”的定义和界定始终悬而未决。这个问题在哲学尤其是心灵哲学领域有不同程度的表现。

正因为智能没有确定的标准或定义，人工智能的发展也经历了曲折、漫长的过程。“人工智能”这个科学概念已经流传了65年，由于科学家们对智能在哲学意义上的理解差异，早期的人工智能发展出了“符号主义”“联结主义”“行为主义”等多个流派。符号主义认为，人脑是物理符号系统（一种关于智能产生的哲学假设），人的认知基元是符号，符号表征着外部世界，而心智活动的本质是计算，计算就是符号的操作，认知过程即符号操作过程。联结主义认为，人的思维单元是神经元而不是符号，认知过程是由神经网络构成的，认知是从大量单一处理单元的相互作用中产生或涌现的，身体运动以及认知过程表现为信息在神经元中的并行分布和特定的联结方式。行为主义认为，智能就是“模式–动作”关系，无须知识表达与推理，主张通过模仿人类或动物的行为实现智能。

历史上人工智能经历的“三次浪潮”也是从符号主义到联结主义的，高潮与低谷都与联结主义的成功与失败密切相关。20世纪60年代末70年代初，联结主义的早期代表性方法——“感知机”，一种简单的人工神经网络模型，由于不能解决相对复杂的分类问题而导致人工智能整体陷入低潮。到了20世纪90年代初，符号主义人工智能已经衰落，联结主义人工神经网络方法则在20世纪80年代和90年代回归和兴起。20世纪90年代，人工神经网络取得了商业上的成功，它们被应用于光学字符识别和语音识别软件。2006年，加拿大学者杰夫·辛顿在深度神经网络机器学习方面取得突破。2016年12月，一家名为DeepMind的公司开发的围棋程序AlphaGo战胜世界冠军李世石，引爆了以深度学习技术为基础的商业革命。众多互联网巨头、初创科技公司纷纷加入人工智能战场，从而掀起人工智能历史上第三次浪潮（前两次分别发生于20世纪60年代和20世纪80年代）。

今天，在产业发展及行业应用方面，人工智能与制造业、医疗、农业、教育、金融等各行业结合，出现了智能制造、智能医疗、智能农业、智能教育、智能金融等多种新兴行业业态。从应用方向上来看，制造业、农业、城市治理、金融、医疗、汽车、零售等数据基础较好的行业方向应用场景目前相对成熟。无人驾驶和智能服务机器人正在成为产业研发热点。

60多年来，人工智能并未达到最初的目标——实现具有类人智能的机器，但在实际应用中不断进步。最有代表性的两大类成果是模仿人类知识处理及推理能力的计算方法和模仿大脑神经网络结构的模型训练法，它们都是“模仿”人类智能的产物。模仿人类知识处理及推理能力的计算方法分为各种知识表示方法以及推理法、概率法、规划法和因果法，它们的工作原理都有严格的数学定义，所以是可解释的。模仿大脑神经网络结构的模型训练法主要包括数据标注、训练目标与方法、参数调整、网络结构及数据表征等内容，这种方法通过所谓学习训练过程，得到一个调整好参数的深层次的人工神经网络，也就是在机器学习领域中的主流方法-深度学习。这类方法的工作原理尚未得到严格的数学定义，因而内部工作机制不透明，可解释性较差。

除了深度学习等算法技术，驱动第三轮人工智能高潮还包括大数据、算力等因素，它们为人工智能技术实现大规模商业应用奠定了基础。以深度学习为主的人工智能技术结合大数据和 GPU、超级计算机的高性能计算技术，一定程度上解决了许多传统或经典人工智能技术难以解决的大规模数据分析和处理问题，因此能够得到前所未有的大规模商业化。

但是，正如历史上的浅层人工神经网络技术存在很多缺陷和问题一样，深度学习技术也存在诸多局限性，比如需要大量标注数据训练、处理数据过程无法解释、对算力和能耗要求过高、亿级参数的深度学习大模型训练成本高昂、缺少逻辑推理因果学习能力等，导致其在面对诸多实际应用场景时存在瓶颈，并导致其在一些特定商业化场景应用中的失败。当前，深度学习所遇到的一些瓶颈问题根本上还是因为对智能机制认识不清。

企业界、商业界、媒体界对于深度学习技术的乐观，恰如历史上人们对于专家系统的乐观一样，使得人们对于人工智能的认识局限于此类阶段性技术，进而也影响到技术研发、高等院校的教育教学，对于热点技术的追逐和资本产业化的过度驱动，导致人们很大程度上忽略了对人工智能技术背后的智能本质的追问，忘却了人工智能发展的终极目标。同时也忽略了如果将人工智能作为一个新兴学科来看待，如何整体性、系统性、全面性理解和认识人工智能本质、技术、系统及其应用问题。从教育教学和科学研究的角度，商业化、市场化为导向的伪问题驱动模式无法激发人工智能领域学习者、研究者更新的思想和方法地产生。因此，人工智能要继续向前发展，就不能停留在深度学习等少数技术上。人们对于人工智能的认识，也不能限于机器学习、深度学习等典型技术上。

恰如张钹院士在一次采访中所言：新一代人工智能有大数据智能、群体智能、跨媒体智能、人机混合增强智能、自主智能系统（其实就是无人机）5 个支柱，上面是应用，下面是基础支撑。这个轮廓和布局看起来很圆满，但远远不够。如果看整个人工智能学科的轮廓，包括计算机视觉、语言识别、自然语言、人机交互、机器人学习等方向，目前大的布局是沉浸到应用这个方面。涉及人的 9 类智能，我们在逻辑语言文字和图形图像方面现在已经做得相当不错，中间 7 类还是有相当的距离需要探索。

卡内基梅隆大学（CMU）计算机科学学院教授、MBZUAI 校长邢波教授（Eric P. Xing）指出，机器学习和人工智能过去这十几年的飞速发展，产生了很多大大小小的成果，但是它们基本上都停留在一个学术探索、试错、积累的阶段，还没有形成完备的体系；甚至还没有归纳出严格的形式规范、理论基础和评估方法；没有涌现像物理、数学里面类似哥廷根学派、哥本哈根学派那种立足于某种核心理论、方法论、思考逻辑甚至科研风格的学派。

从学科及研究角度来说，人工智能是多学科交叉的领域，这一点毫无疑问。但是，对于机器学习、深度学习技术和算法的集中关注说明人们对这一点的认识和理解是不够的。从技术到技术、从算法到算法的研究和应用模式不可能催生更具颠覆性、更接近人工智能终极目标的技术。人工智能的未来要向纵深发展，一定是对智能机制的重视和回归。智能机制的研究需要神经科学、脑科学、心理学、哲学、数学等多个基础学科的支撑。因此，这也就决定了人工智能技术未来的重大突破一定是多学科交叉合作的结果。事实上，联结主义深度学习的鼻祖——最初的人工神经元数学模型，就是数学、心理学、神经学等多学科交叉的产物。

从教育教学角度来说，长远来看，人工智能基本知识素养和技能是每个人都必须具备的，就像数学、语文、计算机一样成为一个受教育者的基本知识体系的核心内容。目前阶段，所谓人工智能教育，依然以深度学习等热门技术为主。对于各级学生而言，理解基本概念、技术和方法，利用丰富的学习资源和开源平台，用深度学习算法编程解决问题，都已经变得很容易。但是，如何从根本上启发学生去思考人工智能的本质和内涵，进而去发展和应用人工智能技术，就没那么简单了。人工智能没有像物理学一样的优雅、统一、可信、坚实的理论基础，人工智能在长期发展过程中也没有形成全面的、公认的知识体系，而完全是靠长期的积累、叠加形成的碎片化、流程化、程式化的知识内容。而这些内容通过教材、课程等形式展示给学生，常常使学生无所适从，甚至觉得什么都可以说成和看成人工智能。因此，我们有必要从思想源头上厘清人工智能的知识，从学科、技术和应用等多角度梳理人工智能理论和知识，呈现给受教育者尤其是高等院校学生一个相对系统、全面的人工智能知识体系。这正是本书的写作初衷。

本书是作者提出的人工智能新知识体系（也可称为人工智能五维知识体系）的总纲，是在 2020 年作者出版的新知识体系《人工智能导论》教材基础上，进一步将人工智能知识体系一般化，从哲学思想、历史起源、学科基础、基础技术、伦理法律、行业应用等几方面来总结梳理人工智能知识体系，可以看成之前出版的《人工智能导论》的“前传”。本书的目的是在启发和鼓励学生学习人工智能的同时，更重视从思想源头认识和理解人工智能的本质，鼓励所有专业学生都重视和学习人工智能，而不仅仅是理工科学生。通过本书地学习，使各专业、各领域、各层次学习者在了解基本定义基础上，从哲学思想到工程技术，从伦理道德到行业应用等各方面，系统、整体、全面地理解和认识人工智能本质、技术及其系统应用。

“横看成岭侧成峰，远近高低各不同。不识庐山真面目，只缘身在此山中。” 宋代著名诗人苏轼的这首《题西林壁》描述的是庐山变化多姿的面貌，借景说理，指出观察问题应客观全面，如果主观片面，就得不出正确的结论。借用这首诗也可以说明人类目前对智能本质的认识，都是从不同角度得出不同的结论，犹如盲人摸象一般。

“乱花渐欲迷人眼，浅草才能没马蹄”，唐代著名诗人白居易的这两句诗，其实也可以用于形容现阶段人们对于人工智能的认识。我们不要让眼花缭乱、层出不穷的算法迷惑了双眼，人工智能技术从诞生之初到今天也仅是刚能“没马蹄的浅草”而已。

我们希望，人们对于人工智能的发展，能够怀有一颗敬畏、谦卑之心，在未来携手创造出真正服务人类，提升人类文明水平的高级智能机器。

感谢硕士研究生邵鹏、胡泽强、周红亮为本书绘制部分插图。由于本人水平有限，本书难免存在疏漏之处，欢迎读者朋友批评指正，不当之处，敬请原谅。

作　者

2022 年 6 月于哈尔滨

目　　录

第1章　绪　　论

本章学习目标

1. 理解和掌握人工智能的基本定义；
2. 认识和掌握人工智能的五个层次；
3. 理解和掌握人工智能重点方向和领域。

学习导言

理解人工智能，我们首先要理解人工智能最初的发展目标。人工智能的初衷是发展出像人一样有智能的机器。人类创造这样的机器的梦想由来已久。计算机的出现使人类仿佛看到了希望。过去60多年，人工智能作为一个科学领域，并没有发展出像人一样有智能的机器，而是发展出利用计算机模拟人类智能的各种技术。

人工智能解决问题的重要方式就是算法，算法要利用计算机程序实现，程序要以软件的形式被设计出来才能够广泛传播和应用。通过软件和硬件形成特定应用的系统，算法、软件也被习惯上直接称为人工智能。这些算法、软件或硬件都只是众多人工智能技术的一种实现形式，或者是机器智能的实现形式。这些不同系统的目的不是达到拥有人类的智能，而是帮助人类解决各种问题，提高工作效率，提升生活水平，是商业或工程意义上的人工智能，而不是科学意义上的人工智能。

在对于智能机制认识不清的情况下，各种人工智能技术的快速发展也让人们产生眼花缭乱的感觉，以至于似乎什么都可以说是人工智能。本章的目的是在科学地认识和理解智能、人工智能的定义基础上，进一步学习和理解人工智能新知识体系。通过人工智能新知识体系的学习，建立对人工智能知识及技术全面、系统、整体性的认识，避免以偏概全、以点代面地理解人工智能内涵、知识及技术。

1.1　人工智能定义

1.1.1　人类智能

无论是在学术界还是在工业界，人工智能都是一个流传广泛的概念，但是人工智能相对于传统的各种物质科学技术和信息科学技术领域，是一个充满不确定性的科技领域。由于智能的复杂性和不确定性，人工智能从诞生至今并没有建立完整的理论体系、方法体系和技术体系，很多内容是在尝试、摸索、试错的过程中不断向前发展的。人工智能也没有明确的定义，目前，人们更多是从各种实际应用中来理解人工智能的。比如，在社会场景中，很多机场、火车站越来越普遍地采用人脸识别技术对乘客实施安全检查。人们通过银行或电信公司语音客服查询信用卡账单或者话费余额。市场上出现各种造型和功能的教育机器人、服务机器人。对于非专业人士，更多是通过《变形金刚》《西部世界》等科幻影视中的保护或者毁灭人类的机器人理解人工智能的。

人们通常认为上面列举的这些例子都是人工智能，就像很多人认为机器学习、深度学习就是人工智能或者人工智能就是深度学习、机器学习一样。事实上，这样的看法并不代表人工智能的全貌，因为在科学界，科学家们对人工智能的理解与社会大众的理解是完全不同的。社会大众受媒体或者社会应用的影响，习惯于将人工智能技术或应用等同于人工智能。但是，人工智能技术与人工智能是不同层面的概念。

人工智能这一概念自1956年提出以来，虽然已经被社会和科学领域所广泛接受，但是其真正的内涵仍然有很多争论。不同发展时期，不同学科、不同领域、不同行业的专家、学者甚至普通人都对其有不同层面、不同角度的理解和定义。

但是，无论如何理解人工智能，仍然首先要问：什么是“人类智能”？正如我国著名人工智能专家钟义信教授在《机器智能》一书中所指出的：“人类智能”是“人类智慧”的一个子集。一般而言，“慧”多指人的认识能力和思维能力，如“慧眼识英雄”；“能”多指做事的能力，如“能者多劳”。世间只有“万物之灵”的人类才拥有至高无上的智慧；各种生物虽然也可以拥有不同程度的智慧，但都不如人类智慧那样完美。

人类智慧是人类所拥有的独特能力，即为了实现改善生存发展水平这一永恒目的，人类需要凭借先验知识根据目标和初始信息不断地发现需要解决而且可能解决的问题，也就是认识世界和改造世界，这个过程需要经历多次行动、反馈、学习、优化，直至达到目标。在这一过程中，人类根据自身目的和知识发现问题、预设目标以及修正目标的能力，是人类智慧能力中最具创造性的能力，需要目的、知识、直觉、感悟力、启发力、想象力、灵感、顿悟以及美感等这样一些“内隐性”认知能力的支持，是一种“隐性智慧”。根据隐性智慧所定义的初始信息（“求解问题—预设目标—领域知识”）求解问题的能力，也是具有创造性的能力，但主要需要有根据初始信息来生成和调度知识，进而在目标引导下由初始信息和知识生成求解问题的策略这样一些“外显性”操作能力的支持，是一种“显性智慧”。总之，人类智慧就是“人类认识世界和改造世界并在改造客观世界的过程中改造主观世界”的能力。

而关于人类的智能，在人类智慧的概念中，由于隐性智慧所具有的“内隐”特性，通常需要由人类自身来承担；而由于显性智慧具有“外显”特性，可以通过人工的方法和技术在外部来模拟实现。为了推动人们对于“显性智慧”的模拟研究，就把显性智慧特别地称为“人类智能”。也就是说，人类智能是“人类根据初始信息来生成和调度知识，进而在目标引导下由初始信息和知识生成求解问题的策略并把智能策略转换为智能行为，从而解决问题的能力”。

1.1.2 人工智能

理解了人类智能，我们再来理解人工智能。

科学界并没有关于人工智能的明确、严格的定义。不同阶段的研究人员从不同角度给出了不同定义，蔡自兴教授曾在其经典教材《人工智能及其应用》中列举了人工智能的 11 个定义。现有的关于人工智能的不同定义主要从学科、知识、仿人或拟人、机器等不同的角度给出。

（1）拟人角度

美国加州大学伯克利分校计算机科学教授斯图尔特·拉塞尔（Stuart Russel）在其经典教材《人工智能：一种现代方法》中把人工智能的定义总结为4种：第1种是像人一样行动的系统（类人行为），第2种是像人一样思考的系统（类人思考、认知模型），第3种是理性地思考的系统（逻辑主义），第4种是理性地行动的系统（理性智能体）。该书基于智能体的概念，重点讨论理性智能体的通用原则以及构造此类智能体所需的组成部分。

定义1：人工智能是一种使计算机能够思维、使机器具有智力的激动人心的新尝试。

定义2：人工智能是那些与人的思维、决策、问题求解和学习等有关的活动的自动化。

定义3：人工智能是用计算模型进行研究的智力行为。

定义4：人工智能是研究那些使理解、推理和行为成为可能的计算。

定义5：人工智能是一种能够执行需要人的智能的创造性机器的技术。

定义6：人工智能是研究如何使计算机做事而让人过得更好的技术。

定义7：人工智能是一门通过计算过程理解和模仿智能行为的学科。

定义8：人工智能是计算机科学中与智能行为自动化有关的一个分支。

定义1和定义2涉及拟人思维；定义3和定义4与理性思维有关；定义5和定义6涉及拟人行为；定义7和定义8与拟人理性行为有关。

（2）机器角度

《人工智能及其应用》先是给出了智能机器的定义，即能够在各类环境中自主地或交互地执行各种拟人任务的机器。在此基础上，给出了人工智能的两个定义：人工智能是计算机科学中涉及研究、设计和应用智能机器的一个分支；人工智能是智能机器所执行的通常与人类智能有关的智能行为，如判断、推理、证明、识别、感知、理解、通信、设计、思考、规划、学习和问题求解等思维活动。这是从实现机器智能的角度给出的人工智能定义，这个定义最接近人工智能的最初含义，即实现具有像人一样的智能的机器。

（3）能力和学科角度

王万森教授在《人工智能原理及其应用》中从“能力”和“学科”两个方面对人工智能进行定义：从能力的角度看，人工智能是指用人工的方法在机器（计算机）上实现的智能；从学科的角度看，它是一门研究如何构造智能机器或智能系统，使它能模拟、延伸和扩展人类智能的学科。

人工智能是计算机科学中涉及研究、设计和应用的智能机器的一个分支。其近期的主要目标在于研究用机器来模仿和执行人脑的某些智力行为，并开发相关的理论和技术。

（4）知识和学科角度

美国斯坦福大学人工智能研究中心尼尔逊教授认为：“人工智能是关于知识的学科——怎样表示知识以及怎样获得知识并使用知识的学科。”这是从知识和学科的角度给出的定义。

（5）信息角度

钟义信教授认为人工智能就是人类智能（显性智慧）的人工实现。更具体地说，人工智能是“机器根据人类给定的初始信息来生成和调度知识，进而在目标引导下由初始信息和知识生成求解问题的策略并把智能策略转换为智能行为，从而解决问题的能力”。这个定义是在智能定义基础上给出的人工智能定义，将信息、知识、策略、行为联系起来。

可见，大多数已有的人工智能定义通常都是描述性的或是解释性的，缺乏对于研究实现方法和技术的整体性、系统性及实质性的指导。

（6）更广泛意义

2001 年，中国人工智能学会理事长涂序彦在更广泛意义上提出了广义人工智能的概念，论述了广义人工智能的学科架构。

广义人工智能的含义如下：

（1）多学派人工智能

广义人工智能兼容人工智能领域的多学派（如符号主义、联结主义、行为主义），也称多学派人工智能。模拟、延伸与扩展自然智能，包括人的智能及其他生物智能。

（2）多层次人工智能

广义人工智能是多层次人工智能（如思维层、感知层、行为层）相结合的“多层次人工智能”；既研究开发专家系统，又研究开发模式识别、智能机器人等。

（3）“多智体”人工智能

“广义人工智能”既研究个体的、单机的、集中式人工智能，又研究群体的、网络的、分布式、“多智体”协同的群体人工智能。

由上述人工智能各角度定义可以看出，人们对人工智能的认识随着理论进步和时代发展而不断改变。

今天，从实践的角度，人们通常将人工智能理解为利用机器模拟人类智能解决问题的科学领域。这样定义更有助于人们从技术角度利用计算机这样的机器实现各种算法，设计各种系统，模拟人类智能的某种特性，解决各种实际问题。

通用人工智能实现的载体可能是计算机软件系统，也可能是某种机器人或其他智能机器。

专用人工智能与通用人工智能的区别在于，前者的目标是行为层面上“看起来像有智能”，后者关注系统从内在层面上“如何才能实现真正的智能”。它们与强人工智能的主要区别在于后者指向具有自我意识的人工智能。目前人类的技术水平尚不足以实现人类智能程度的通用人工智能及强人工智能。

模拟人的智能解决问题的模型、算法等可以统称为“人工智能技术”或者“智能技术”。当这些算法或模型以软件形式或加载在硬件系统解决某些特定或专门的问题时，就构成了智能系统。智能系统可以是小到一个特定场景中的硬件系统，如汽车自动驾驶系统、智能家居系统，也可以是加载了大规模算法模型的智能平台，还可以是大到智能医院乃至城市的大型智能系统。这些系统都是人工智能技术在某些行业或领域中的延伸应用。

加载了智能技术或系统，代替人类在很多不同实际场景中解决问题、与人或环境互动并执行任务（尤其是危险或困难的任务）的机器就是智能机器。智能机器不同于传统机器之处在于，智能机器不但可以一定程度上代替人类完成某些任务，而且具有某些智能特征。也就是说，智能机器是具有智能属性的机器。上述这些定义大致反映了人工智能的基本含义。

这里所说的机器可以是计算机，可以是自动驾驶汽车，也可以是各种机器人，甚至可以是某种家用电器。但是，任何类型的算法、模型、系统及搭载它们的机器本身都不是“人工智能”，而是实现人工智能的手段或载体。单纯的某一类或一种技术、方法、算法、理论，以及模型、系统、机器等，都不应笼统地、简单地称为“人工智能”，更不能将它们直接等价于或看作人工智能。

人工智能不是一种特定技术或算法。例如，从20世纪80年代到90年代，人们经常会看到新闻报道中人工智能与基于规则的专家系统被混为一谈。现在，人工智能经常会与一种非常流行的称为“多层卷积神经网络”的算法相混淆。这就像将“物理”和“蒸汽机”的概念搞混了一样。人工智能包含算法，也包含计算机中其他应用。但是，人工智能系统需要处理的任务相比传统算法任务（如排序、算平方根）要复杂得多。人工智能的终极目标就是要探究如何通过机器实现类人的智能，而不是在研究或发展过程中产生的任何一项特定技术或方法。所有人工智能技术或方法都是向这个目标发展过程中研究产生的阶段性或过程性产物。

人工智能也不是一小群研究者的方向。例如，利用“计算智能”指代几个特定的研究者群体，如研究人工神经网络、自然计算或生物启发的计算的研究者。这种分类认识是非常片面的，因为这种分类容易使人工智能研究陷入孤立境地，使很多研究成果得不到广泛地讨论。

目前实际发展中的人工智能技术，不局限于创造类人的智能机器，而是致力于利用强大的算法构建人工智能系统，解决特定领域和行业中的各种问题，创造社会和经济价值，但这仍然是阶段性现象。从人工智能长远发展角度看，人们还是要在多学科交叉的基础上，对包括人类的智能在内的智能机制和本质问题追根溯源，才能发展出更先进的人工智能技术和方法。这是本书讨论人工智能的一个核心理念，这一理念贯穿本书始终。本书的目的就是启发学习者整体、全面、系统、深入地认识和思考人工智能，而不是停留于阶段性的算法学习或技术应用。

1.1.3 强弱人工智能、专用人工智能和通用人工智能

1. 强弱人工智能

在传统人工智能领域中，人工智能被划分为强人工智能与弱人工智能两大类。弱人工智能研究的目的并不在于模拟真实的人类智能，而在于构造一些并非完全和人类智能一致的有用的算法，以便完成一些由人类很难完成的任务。专用人工智能都属于弱人工智能。

强人工智能通常被描述为具有知觉、自我意识并且能够思考的人工智能，是达到甚至超越人类智能水平的人工智能。强弱人工智能或者机器智能与人类智能的差别在于智能是否具有自我意志。这里的自我意志泛指自我意识、情感与思维、意向性等内容。常

见的误解是“强人工智能是人类智力级别通用人工智能研究的方向”。这个解释具有代表性，但这并不是强人工智能或弱人工智能概念被提出时的本来意义。强人工智能研究的目的在于创造出具有人类级别的机器智能甚至机器意识。

随着人工智能领域的曲折发展，“人工智能”一词现已逐渐偏离了最初的内涵，对于“智能”理解的差异，使人工智能大致分化为专用和通用两个分支。

2. 专用人工智能

专用人工智能就是专门处理某一领域或某类问题的人工智能，如象棋、围棋等棋类博弈，其具体算法智能只适用于解决一种问题，其模式也可能适用于解决其他问题，但需要对算法进行较大的改动。例如，识别人脸的算法不能用于识别物体，识别声音的软件不能用于阅读文字，清洁机器人不会帮助人洗碗筷、叠被子等。因此，现在的机器具有的智能都属于专用人工智能。

专用人工智能先做后思，即开始并不深究智能也不对智能做清晰的定义，而是通过技术迭代渐进式地提升智能化的程度，分为符号主义、联结主义和行为主义三个学派。

专用人工智能也可以理解为在封闭、结构化或者相对稳定、固定的环境中发挥作用的人工智能技术。

结构化环境中的人工智能

开发一个在发达国家乘坐公交车的机器人绝非难事，而开发一个可以在不发达国家乘坐公交车的机器人则困难重重。难易程度的分水岭在于机器人运行的环境：环境的结构化程度越高，机器人越容易适应。在结构化环境中不需要过多的“思考”，只要遵守规则，就能达到目标。然而，真正“成就”目标的不完全在于人，而是人和结构化环境互相作用的结果。这就是关键的差别所在：在杂乱无章、不可预知的环境中运行与在高度结构化的环境中运行完全不是一回事儿。环境的不同会带来巨大的差异。开发一个高度结构化的环境中运行的机器非常简单，就像子弹头列车以300km/h的速度奔驰在铁轨上一样简单。

人类在杂乱无章的大自然中建立秩序规则，因为在这样的环境中人类更容易生存和繁衍不息。人类在结构化生存环境方面，已经取得巨大的成功，建立起了简单的、可预见的规则。这样，人类就不需要“思考”太多，因为结构化环境让人类有章可循，如人们知道可以在超市找到食物，在火车站搭乘火车。换句话说，环境使人们变“笨”了一点，但任何人都可以实现原本艰巨、危险的目标，即对人的要求更高。当系统出现故障时，我们会紧张不安，因为人们必须开始思考，找到一个解决非结构化问题的方法。人类进化了几百万年打造了一个使自己更适应生存的结构化环境，要让机器人达到与人类一样的水平，人类需要打造一个机器人适应的结构化环境。

3. 通用人工智能

与强人工智能比较接近的一个概念是通用人工智能。通用人工智能强调如何建立具有通用目的的智能系统，其应用的宽度至少能覆盖人类所能解决的各种任务场景。例如，建立一个同时处理视频、图像、语音、文本等多模态信息，又能够通过语言自然交流和表达，并能够在各种非结构化场景中通过与物理环境交互产生行为并自主行为并执行任务。

通用人工智能正是人工智能的原初意义和目标，即“创造出像人一样的智能机器”的另一种表述，但并不强调机器一定有自我意识。

1.1.4 人工智能与机器智能

人工智能是在机器上模拟人的智能。机器本身虽然不会自发地产生智能，但可以被人赋予智能。因此，从利用机器模拟智能的角度看，由于大数据、计算机算力尤其是深度学习技术的发展，机器（主要指计算机）已经在许多方面表现出超越人类某方面智能的现象，形成了机器独有的智能，可以统称为机器智能。

历史上，机器智能与人工智能在本质上没有区别。因为历史上的计算机等机器在计算能力方面还很弱，算法也没有现在的强大，使得机器本身的智能特性无法体现。

而现在，由于计算机算力的不断提高、算法性能的飞速提升、大数据的积累等因素，机器展示出了一些不同于自然智能的特性。因此，机器智能与人工智能开始有所区别。在具体含义上，首先，人工智能的依附载体是机器，就像人类和动物有一个身体一样，机器就是人工智能的“身体”，有“身体”的机器会像人类或动物一样有感知、认知、语言、行为等多样的智能；其次，相对于人类或动物的智能而言，机器的智能不是自然进化产生的，而是人工创造的；最后，从人类与机器的智能产生机制角度看，机器依托非自然的机制可以产生不同于人类的智能甚至智慧，而所谓“机器智慧”在现阶段人工智能领域已经显现端倪。2015 年以后，大数据技术及深度学习技术的发展和应用使机器（主要是计算机）产生了非自然的进化智能，其生成不同于人类。在某些方面已经达到超越人类智能的水平，如被称为“阿尔法狗”的围棋算法的水平远超人类最高水平的棋手。因此，机器智能与人工智能已经有必要分开来理解。

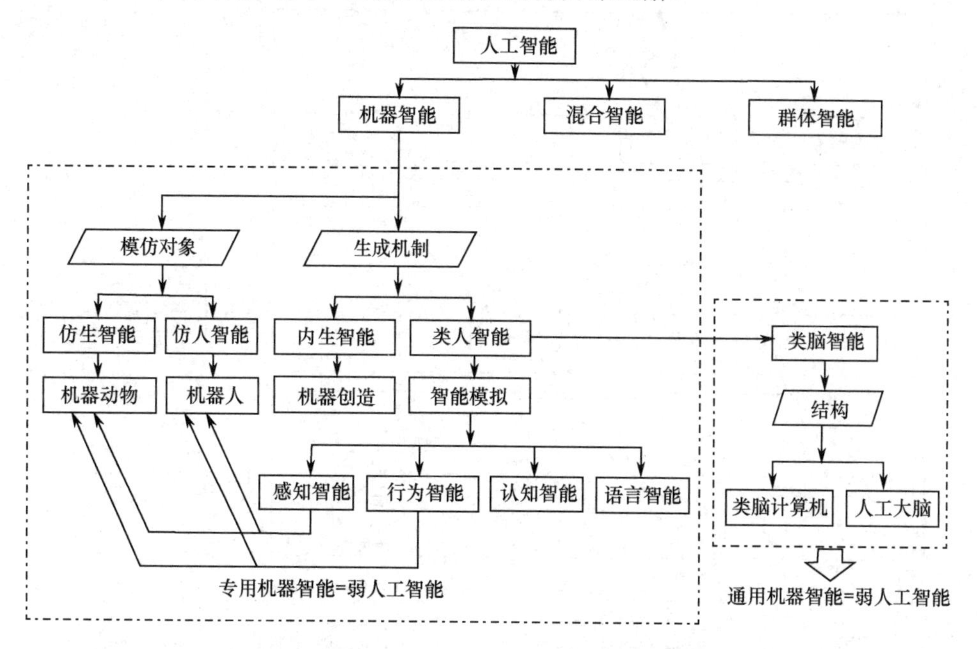

图 1.1 人工智能研究的重点方向与研究领域及相互之间联系

以模仿人类和动物的外形、动作或行为等外在智能表现实现的机器智能称为仿生智能，模仿人或动物的仿生智能主要以通过机器实现感知智能和行为智能为主。类人智能则是从认知层面对人类的思维、语言、逻辑推理等内在智能的模拟。以人类大脑为原型，利用电子技术、芯片技术或虚拟仿真技术模拟大脑宏观、微观结构是实现的人工大脑以及类脑计算机统称为类脑计算，类脑计算的研究目的是实现达到类人脑智能水平的机器。利用计算机这种擅长计算的机器对人类智能或动物智能从不同层面或方面进行模拟，包括感知、认知、行为、语言等方面，分别形成感知智能、认知智能、行为智能、语言智能等初级阶段的机器智能，这可以看成人类智能在机器上的延伸。在理解人类思维信息处理机制基础上设计出的机器智能或达到与人类同等水平的高级阶段的类人机器智能，是理想的类人智能，现阶段还没有实现。

混合智能是人类智能与机器智能相结合而形成的新智能形态，混合智能能够完成人类智能不能单独或者不能很好地完成复杂的任务，这是人类智能的延伸。

1.2 认识人工智能的五个层次

在理解人工智能概念的基础上，为了深入理解人工智能，人们应从如图 1.2 所示的五个层次来认识人工智能。

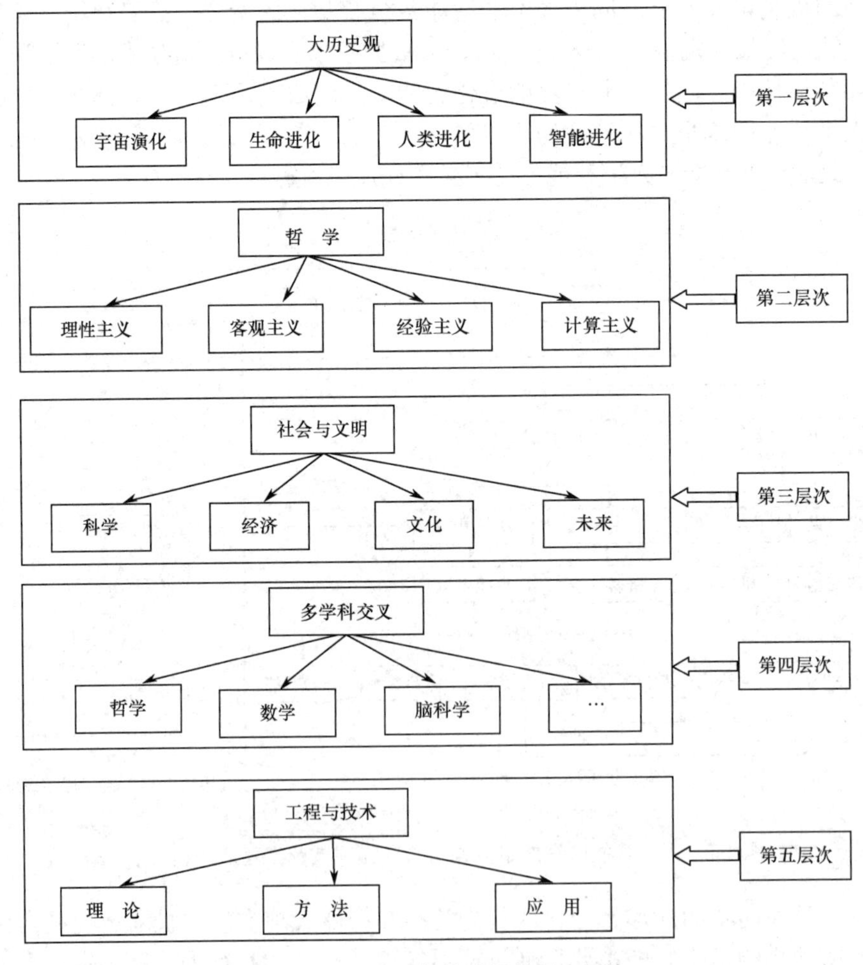

图 1.2　认识人工智能认识的五个层次

1. 第一层次——大历史观

138亿年前，宇宙大爆炸创造了宏观物质世界，38亿年前地球上诞生最原始的生命。大约20万年前人类出现之后，人类的智能以不可思议的速度飞跃进化。1万年前人类进入农业文明，由此开启了人类文明的进化历史。近300年，人类能够创造越来越先进的工具，甚至使工具也变得智能。近100年，人类梦想创造像人一样有智能的机器。通过智能进化简史可以认为，人工智能是在宇宙诞生之后的历史长河中物质不断进化的结果。第2章会深入介绍智能进化大历史的过程和内涵。

在智能进化大历史的层次认识和理解人工智能，就是站在智能进化大历史的高度，以越来越强大的人工智能为参照物，反观和反思人类存在的价值和意义，人工智能与人类的关系，以及人类与人工智能在宇宙中的位置等更深层次的问题。

2. 第二层次——哲学

人工智能虽然是一门新兴学科，但其根本却是关于生命与智能本质、物质与意识之间的关系等基本哲学问题。“一台机器能像人一样聪明地行动吗？”“它能像人类一样思考并解决问题吗？”“计算机智能是否能像人类大脑那样思考？”“机器会有自我意识吗”等诸如此类的问题，都可以归结为“智能的本质是什么”这个根本问题。人工智能的终极目标是在人造机器上实现类人的智能。要做到这一点，就必须对“什么是智能”这个问题做出回答。哲学中的各种观点对于认清人工智能的本质具有重要作用。正是人工智能研究者在哲学层面上对于“智能”的不同维度、不同层次的理解偏差，才会在技术实践层面上产生符号主义、联结主义、行为主义或者功能主义、结构主义、行为主义等不同派系，包括混合智能、群体智能、类脑智能等新一代人工智能理论和技术。从哲学上理解人工智能，有助于从深层次的哲学思想层面认识人工智能的本质，准确把握其内涵，从而开发更有效地服务于人类的人工智能技术。第3章将专门介绍人工智能的哲学理论和思想。

3. 第三层次——社会与文明

这一层次从人工智能对人类社会未来经济、文化、教育等方面的影响和作用进行认识和理解。人工智能影响的不仅是个人的工作和生活，更重要的是对整个人类文明未来产生的重要影响。因此，有必要从国家、社会乃至全人类文明层次学习和理解人工智能。

4. 第四层次——多学科交叉

这一层次在多学科交叉基础上学习和理解人工智能。人工智能缺乏像物理学一样的严谨的、统一的理论基础，没有统一的描述人工智能技术或系统的数学模型。人工智能是从各种与智能有关的学科中吸收不同的思想，发展适合不同于任何场景的理论、方法、技术和系统。第5章将详细介绍不同学科对人工智能发展的作用和意义。

5. 第五层次——工程与技术

工程应用是与人工智能技术直接衔接的层次，人工智能各种技术、方法在很多领域和行业有着广泛的应用。以深度学习为核心和基础的人工智能技术与制造业、医疗、农业、教育、金融等各行业结合，出现了智能制造、智能医疗、智能农业、智能教育、智能金融等多种新兴行业。从应用方向来看，人工智能涉及制造业、农业、城市治理、金融、医疗、汽车、零售等数据基础较好的应用场景。第 9 章将介绍人工智能行业应用。

该层次主要是理解如何掌握已有的人工智能技术，如何开发更好的、更有效的人工智能技术，解决实际问题和社会需求。但是，工程技术应用不是人工智能发展的根本目标。以商业应用、经济驱动为目标的人工智能发展注定是短命的。人工智能发展在历史上多次陷于困境都已经证明了，不深入探究智能机制，单纯模仿智能现象进行技术开发和应用，注定不会长远，即便是目前最流行的深度学习也是如此。

1.3 人工智能重点方向及研究领域

人工智能经过 60 多年的发展，早期经历了曲折的发展过程，产生了不同的学派和方法，这些学派和方法的一些思想不断在延续发展，为今天许多新方法、新技术的产生奠定了坚实的理论和思想基础，由此也形成了今天的一些新的重点方向和研究领域。这些重点方向及研究领域主要体现在从不同角度模拟人的智能进而实现不同程度和不同用途的机器智能技术。下面首先介绍人工智能的传统方向与研究领域。

1.3.1 传统方向与研究领域

人工智能早期发展过程中，主要形成了符号主义、联结主义和行为主义三大传统学派，这三个传统学派对智能的认识和智能的模拟出发点不同，进而发展出许多具体的方法和研究方向。三大传统学派的主要思想如下：

1. 符号主义

符号主义认为人类的智能主要体现在能够处理符号，人类用符号处理知识，大脑通过符号处理知识。如果计算机能够像人类大脑一样处理符号，那么计算机就可以通过符号表征实现机器的智能。因此，符号主义的人工智能以物理符号系统假设为基础，希望通过计算机处理符号，并通过符号表征实现智能。符号主义又分为逻辑学派和认知学派。

1）逻辑学派

逻辑学派主张用逻辑来研究人工智能，即用形式化的方法描述客观世界。基于逻辑的人工智能常用于任务知识表示和推理，其核心思想如下：

（1）智能机器必须具有关于自身环境的知识。

（2）通用智能机器要能陈述性地表达关于自身环境的大部分知识。

（3）通用智能机器表示陈述性知识的语言至少要有一阶逻辑的表达能力。

逻辑学派在人工智能研究中强调的是概念化知识表示、模型论语义、演绎推理等。经典逻辑人工智能（特别是与统计学结合时）可以模拟学习、规划和推理。

2）认知学派

传统的认知学派从人类的思维活动出发，利用计算机进行宏观功能模拟。认知学派认为一个物理系统表现出智能行为的充分和必要条件是“物理系统是一个物理符号系统”，这样，可以把任何信息加工系统看成一个具体的物理系统，如人类的神经系统、计算机的构造系统等。

2. 联结主义

以模仿大脑神经网络结构形成的人工神经网络是联结主义的核心方法，主要通过构建各种不同结构的人工神经网络模拟大脑神经处理信息，实现非程序的、适应性的人工智能技术。其基本特点集中表现在：以分布式方式存储信息；以并行方式处理信息；具有自组织、自学习能力。传统的浅层神经网络有数百种模型，多数模型只限于特定问题和小规模问题。传统的结构简化的神经元及其所构建的网络在识别、理解等方面与人脑相比相差甚远，在结构上现代深度神经网络与大脑神经网络也毫无相似之处，两者实现的机器智能虽然在图像识别、语音识别等方面超越人类，但在语义理解和认知方面还远不及人类。

3. 行为主义

行为主义的核心思想是模拟动物或人的行为形成智能。因此，在人工智能的行为主义学派通常考虑较多的是动物智能，而不仅是人类智能。行为主义主张以复杂的现实世界为背景，智能的形成不依赖于符号计算，也不依赖联结主义，而是让智能通过在与环境的交互作用中表现出来，即不用考虑大脑内部的机制，而是直接通过行为模拟实现智能，可以称为“无脑”智能。

行为主义者坚信，认知行为是以“感知–行动”的反应模式为基础的，智能水平完全可以而且必须在真实世界的复杂境域中进行学习训练，在与周围环境的信息交互作用与适应过程中不断进化和体现。研究人员通过研制具有自学习、自适应、自组织特性的智能控制系统，来开发各种工业机器人和自主智能机器人。行为主义学派的主要成就是制造各种机器人。

总体而言，符号主义主要对应的是认知智能的研究，因为人类的认知能力表现之一就是对符号的理解与表达能力。联结主义或结构主义的人工神经网络方法主要在感知智能方面发挥主要作用。行为主义一般通过电子、机械、控制、计算机、仿生等多种技术手段和数学模型模拟行为智能。通过强化学习实现无模型的行为运动训练这一方法近两年得到较快发展，有望成为新的行为主义方法。

1.3.2 重点方向与研究领域

目前，在传统人工智能学派的基础上，从智能特征模拟角度划分，人工智能大概可分为八个重点方向及领域：计算智能、感知智能、认知智能、语言智能、行为智能、类脑智能、混合智能、群体智能。下面对其中的重点方向与研究领域进一步解释。

1. 计算智能

计算智能（Computing Intelligence）有两层含义，其中一层含义是基于物理、化学、生物及社会等各种自然启发的机制发展而来的各种优化算法，以及模糊计算、神经网络计算等，其基本思想是通过计算的方式使机器产生智能，这方面研究的理论和方法也统称为自然计算或软计算。

另一层含义是指计算机的计算能力所实现的机器智能。或者说是指通过图像处理器

GPU、超级计算机等搭建计算平台，凭借强大的计算能力在复杂问题求解、搜索、规划以及基于大规模数据的分析、挖掘、预测等问题所形成的机器智能。

2. 感知智能

人类的感知领域有限，不能感知红外、紫外、超声、次声领域存在的信息；人类的反应灵敏度不够高，不能感知微弱的光学信号和声学信号；人类的分辨精度也比较差。而借助现代计算机及传感器，让机器形成独有的视觉、听觉、味觉、触觉，从而感知外部世界。

感知智能是通过模拟人类或动物的感觉器官对外界环境的感知能力形成的机器智能，包括对视觉、听觉、触觉等主要感知能力的模拟。其中以对图像等的识别所形成的计算机视觉领域已经成为机器智能的重要基础，从单一模式的感知向跨媒体、多媒体、多模态等新方向发展。无论是对机器还是人类而言，感知智能都是初级能力。对人类而言，感知能力更多是一种本能，如视觉的形成和人脑处理经由眼睛输入大脑的信息，不需要经过大脑的主动思考。人类自然具备的感知能力，机器需要通过各种传感器和信息处理系统才能形成感知智能。但借助计算机的强大计算能力，机器通过传感器对外界或环境的感知能力可以远超人类，如机器可以通过红外线视觉感知到发热物体，这是机器智能的一个突出优势。感知智能的主要研究内容包括传感器、计算机视觉、模式识别等。

3. 认知智能

认知智能是指使机器具备人类获得知识或应用知识的能力，或者具备类人的心理结构，对信息进行有目的加工的能力。认知智能的核心在于机器的辨识、思考，以及主动学习。其中，辨识是指能够基于掌握的知识进行识别、判断、感知，思考强调机器能够运用知识进行推理和决策，主动学习突出机器进行知识运用和学习的自动化和自主化。这三个方面概括起来，就是强大的知识库、强大的知识计算能力及计算资源。

传统符号主义研究的是初级的认知智能。人类的认知能力表现之一就是对符号的理解和表达能力。大脑处理信息过程中比计算机更重要的能力在于对信息和内容的理解、描述等认知智能。认知智能是指机器具备类人的信息及对内容的理解、描述等认知能力，以及指基于某个场景、环境某种理解下的交互智能，甚至是指一定的语言表达能力。这些也是人类大脑所擅长的。

人们希望在浅层次的感知智能和初级符号处理认知智能基础上，发展出能够在一定情况和环境下进行思考、理解、反馈、适应的深层次、交互式、高级认知智能。认知智能是比感知智能更先进的人工智能，但现阶段人工智能在机器认知智能方面还远没有突破。

4. 语言智能

语言是人类区别于其他动物所具有的高级认知智能。人类通过一定的方法使机器能够处理语言、文字，听懂人类讲话或声音并与人类进行交流，形成机器的语言智能。人类希望机器也具备像人一样可以在某个场景、环境下进行语言交流。机器的语言智能主要是指对于人类语音的识别、人类文字信息的处理、人类语言的翻译等方面的能力。目前，机器在语言智能方面已经具有不同于人类的语音、文字、翻译处理的能力。机器的优势在于拥有强大的语言数据处理能力，但是不具备对于人类语言乃至背后的文化含义的理解能力。

5. 行为智能

行为智能主要研究机器模拟、延伸和扩展人类或动物的智能行为，如语言、动作、监测、控制等行为。人类或动物主要通过眼睛等各种感官获取信息，经由大脑信息处理系统对获取的信息进行处理，再通过行为表现出智能。机器通过模仿人类或动物的行为实现行为智能。行为智能也可以看作目前渐渐成为热门概念的“具身智能”的基础。

行为智能主要以机器人为研究和实验对象。机器人是一种能够进行编程并在自动控制下执行某些操作和移动作业任务的机械装置。从不同角度可以将机器人划分很多类型，如从用途划分，包括工业机器人、农业机器人、军用机器人等，从活动范围划分，包括陆地移动机器人、水面无人艇、空中无人机、太空无人飞船等。除计算机外，机器人是实现和体现机器智能的重要载体。机器人也是实现人工智能的物理载体，为机器智能提供了一种非常合适的试验与应用场景。现代机器人技术在类人智能没有实现之前，都是对行为的单纯模拟，在学习、推理、决策、识别、思维等方面与人类毫无可比性。智能机器人的发展需要更强大的人工智能技术支持。

但目前的机器人还不能像人类或动物一样灵活地适应复杂环境并自主行动。机器人的行为智能的发展需要感知智能、认知智能的融合，使机器人的行为更加自然、高效。

除了上述几种关于机器智能的重要发展方向，近五年还新发展出了类脑智能、混合智能、群体智能等新方向。

6. 类脑计算与类脑智能

不同于经典联结主义的人工神经网络技术，类脑计算是伴随脑科学、神经科学，以及物理观测手段的进步而发展的新型人工智能技术。类脑计算从微观、介观、宏观即分子、细胞和网络三个层次对大脑展开深入剖析，通过从不同层面对大脑进行研究，发现大脑形成感知、认知的神经生理机制、脑神经回路和区域，以及神经细胞信息编码方式等，再从神经生理层面研究脑机制启发的神经计算方法。对人脑神经元和人类神经网络结构深入研究，有可能创造出新一代人工智能机——类脑计算机，进而实现类脑智能。

科学家利用电子技术、芯片技术等硬件技术实现类脑的神经网络物理结构，或利用虚拟仿真技术模拟大脑宏观、微观结构，设计类脑计算机和人工大脑，最终实现类人的智能。这种技术的最高阶段是实现类人电子大脑或人工大脑，是一种联结主义在硬件方面的升级版，其遵循的基本思想是智能可以通过搭建类似的神经网络结构而涌现出来。

7. 混合智能

混合智能是一种将人类或动物等生物智能与机器智能相结合的新型智能形态。混合智能是以生物智能和机器智能的深度融合为目标，通过相互连接通道，建立兼具生物和人类智能的环境感知、记忆、推理、学习、操控能力的新型智能系统，包括增强现实、可穿戴外骨骼、脑机接口等多种典型技术。

混合智能可以通过与人类智能的混合来弥补机器智能在推理、决策等能力方面的缺陷，还可以利用机器增强人类体能等方面的能力。例如，通过机械外骨骼可以增强人的体能，举起比自身体重重几倍的重物；通过脑机接口技术可以让残疾人通过脑电波控制机械臂完成端茶倒水等任务。人机协同的混合智能是新一代人工智能的典型研究方向。

8. 群体智能

传统的群体智能主要是指受到蚂蚁、蜜蜂等社会性昆虫的群体行为启发的智能算法。以 1991 年意大利学者马尔科·多里戈（Colorni A. Dorigo）提出的蚁群优化（Ant Colony Optimization，ACO）算法以及 1995 年詹姆斯·肯尼迪（James Kennedy）等学者提出的粒子群优化（Particle Swarm Optimization，PSO）算法为代表。

在我国 2018 年发布的《新一代人工智能发展规划》中，群体智能有了新的含义。它演变为以互联网及移动通信为纽带，使人类智能通过万物互联形成的一种新智能形态或方法。目前，基于群体开发的开源软件、基于多人问答的知识共享、基于群体编辑的维基百科等都被看成人类群体通过网络协作而形成的群体智能成果。

1.4 人工智能技术基础

人工智能在模拟人类智能解决问题的过程中，并没有创造出类人的机器智能。在这个发展过程中，由于人类对智能具有不同理解，因此产生了各种不同的理论、技术和方法。具体包括：机器学习、机器翻译、自然语言处理、专家系统、逻辑推理与定理证明、知识发现与数据挖掘、计算机视觉、模式识别、人工神经网络、机器人学、分布式人工智能、智能控制、自动程序设计、计算机博弈、符号计算、自然计算、多智能体、决策支持系统、知识图谱、人机交互、人机融合、类脑计算等。基于人工智能与其他学科领域的交叉，而不断衍生出新技术、新方法。

目前，人工智能的基础技术主要包括大数据、人工神经网络、机器学习、计算机视觉、语言识别、自然语言处理与理解、知识图谱智能体等。

1. 大数据

大数据最早在 20 世纪 90 年代被提出。在 2008 年 *Science* 杂志出版的专刊中，大数据被定义为“代表着人类认知过程的进步，数据集的规模是无法在可容忍的时间内用目前的技术、方法和理论去获取、管理、处理的数据”。21 世纪，随着以博客、物联网、移动互联网等为代表的新型社交网络的快速发展，以及平板电脑、智能手机等新型移动设备的快速普及，数据一直呈爆炸式增长，世界已经进入了数据大爆炸时代。简单地说，从各种各样类型的大量、海量数据中，快速获得有价值信息的能力，就是大数据技术。大数据是现阶段人工智能技术发展和应用的重要基础。对大数据进行收集、处理的最根本目的之一是从中提取出有价值的信息，并根据不同需求将大数据技术运用到生物、医疗、经济、科学、环保、制造、娱乐、物联网等不同领域。大数据作为一种战略性资源，不仅对科技进步和社会发展具有重要意义，还对人工智能的发展起到基础性支撑作用。

2. 人工神经网络

大脑是一个功能特别强大、结构异常复杂的信息处理系统，其基础是神经元及其互联关系。人工神经网络是联结主义的核心技术，通过模拟大脑的神经网络联结模式，人工神经网络从最简单的神经元数学模型开始，经历了颇多波折，几起几落，发展出许多经典的算法模型和思想，如感知机、反向传播算法等。这些早期简单的模型从发展至今，已经形成了多种庞大、复杂的模型及算法，被称为深度神经网络。这些模型及算法主要在感知智能方面取得重大进展。

3. 机器学习

学习是人类智能的主要标志和获得知识的基本手段。学习能力无疑是使人工智能获得认知智能的重要能力。机器学习是使计算机具有类人智能的基本方法之一，也是目前最重要的方法之一。机器学习还有助于发现人类学习的机理和揭示大脑的奥秘。机器学习终极目的是使机器具备像人类一样学习的能力。机器学习专门研究计算机怎样模拟或实现人类的学习行为，以获取新的知识或技能。另外，重新组织已有的知识结构使之不断改善自身的性能，是人工智能核心技术之一。

多年来，机器学习技术已经有了十分广泛的应用，如数据挖掘、计算机视觉、自然语言处理、生物特征识别、搜索引擎、医学诊断、检测信用卡欺诈、证券市场分析、DNA 序列测序、语音和手写识别、战略游戏和机器人运用。

深度学习是基于深度神经网络实现的机器学习方法。在深度学习所依托的深度神经网络中，信息从低层参数传递到高层参数，不同的级别对应于不同级别的数据抽象，从而实现高效率学习和识别。深度学习已在视觉、语音、图像、语言处理等多个领域取得非常好的效果。

4. 计算机视觉

计算机视觉是指用摄像机和计算机代替人眼对目标进行识别、跟踪和测量，并进一步对图形进行处理，并从图像中识别出物体、场景和活动的能力。

2000 年左右，人类开始将机器学习技术用于计算机视觉系统，实现诸如车牌识别、人脸识别等技术。2010 年后，深度学习技术使通过计算机视觉实现的机器感知智能出现飞跃式的发展，并已经在大规模图像识别、人脸识别等多个任务方面超越人类的视觉能力。计算机视觉目前还主要停留在图像信息表达和物体识别阶段，在图像理解方面还远远不如人类，主要应用在安防、交通、无人驾驶、无人机、医疗等方面。

5. 语音识别

语音识别技术就是让机器通过识别和理解过程把语音信号转变为相应的文本或命令的高新技术。语音识别技术主要包括特征提取技术、模式匹配准则及模型训练技术三个方面。语音识别是人机交互的基础，主要解决让机器听清楚人说什么话的难题。

语音识别系统主要使用一些与自然语言处理系统相同的技术，同时结合描述声音及其出现在特定序列和语言中概率的声学模型等其他技术来实现。

2010 年后，深度学习的广泛应用使语音识别的准确率大幅提升，可以实现不同语言间的交流，如说一段话，随之将其翻译为另一种文字；智能助手通过语音识别可以帮助人类完成一些任务。基于自然语言的语音识别更难、更复杂，现在在理解和认知方面还没有突破。语音识别技术目前主要应用在车联网、智能翻译、智能家居、自动驾驶、电子病历、语音书写、语音客服等领域。

6. 自然语言处理与理解

自然语言处理是人工智能的早期研究领域之一，是研究计算机如何拥有的人类的语言处理能力的人工智能技术领域。基于自然语言理解技术开发出的很多对话问答程序已经能够根据内部数据库回答人类提出的问题，这些程序通过阅读文本材料和建立内部数据库，能够把句子从一种语言翻译为另一种语言，有些程序可以通过语音识别翻译人类口头语言。自然语言处理大体包括自然语言理解和自然语言生成两部分，实现人机之间自然语言通信意味着要使计算机既能理解自然语言文本的意义，又能以自然语言文本来表达既定的意图、思想等，前者称为自然语言理解，后者称为自然语言生成。

针对一定应用，典型的自然语言处理能力的典型实用系统实例包括机器翻译、信息检索、文摘、聊天机器人等。

7. 知识图谱

知识图谱是一种使计算机能够理解人类知识和语言的知识存储结构或知识库技术。知识图谱从最初的逻辑语义网到现在的大规模知识图谱，已经经历了将近 50 年的时间。知识图谱被研究人员认为是实现机器认知智能重要技术，这是知识图谱与认知智能的根本联系。知识图谱作为符号主义发展的高级技术，与以深度神经网络为代表的联结主义不同，从知识图谱发展之初，就需要与知识表示、知识描述、知识计算、推理等技术的发展密切相关并持续发展。目前知识图谱在互联网、金融、教育、银行、旅游、司法等领域中都实现了大规模应用。

8. 智能体

在人工智能研究过程中，人类认识到应该把人工智能各个领域的研究成果集成为一个具有智能行为概念的“人”，更认识到人类智能的本质是一种社会性的智能。要对社会性的智能进行研究，构成社会的基本构件“人”的对应物“智能体”（agent）成为人工智能研究的基本对象，而社会的对应物“多智能体系统”也成为人工智能研究的基本对象。智能体或者智能代理是一个能够感知所处环境并采取行动使其成功的概念最大化的系统。这种系统技术的目的是模仿人类如何在团体、组织和社会中协同工作。

1.5 人工智能技术应用

物联网、大数据、云计算等技术为人工智能技术的发展提供了关键要素。海量规模的带标签的大数据长期作用与视频游戏的超常发展，以及移动互联网与云平台的发展，驱动计算机算力快速提升。大数据技术为输入数据在储存、清洗、整合方面做出了贡献，帮助提升了深度学习算法的性能。海量数据为人工智能技术的发展提供了充足的原材料。物联网为人工智能的感知层提供了基础设施环境，同时带来了多维度、及时、全面的海量训练数据。云计算的大规模并行和分布式计算方法带来了低成本、高效率的算力。各种终端应用产品不断推出，满足低功耗和低成本的要求。在大数据、并行计算和深度学习技术共同支撑下，人工智能系统在感知智能方面已经超越人类；人脸识别现在的准确率已经接近 100%，基于深度学习的人脸识别的相关产品已开始用于车站、机场等应用场景，以及社会服务和管理。语音识别水平也在不断提高，语音助理、智能语音转文本速记、多国语言翻译软件及系统的性能都得到大幅提升。

人工智能技术在家居、汽车（无人驾驶）、办公室、银行、医院、互联网、物联网等等各种环境和场景中的应用已经十分广泛，甚至艺术家也在使用人工智能技术辅助艺术创作。在很多情况下，人工智能在人类不知道的情况下发挥着作用，如检测信用卡欺诈、评估信用、股票交易，甚至在复杂的电子商务拍卖中投标。

从社会生活应用方向上来看，金融、汽车、零售等数据基础较好的行业方向应用场景目前相对成熟。在行业或领域应用方面，包括军事、交通、医疗、工业、航天等领域，都在采用人工智能技术转变发展模式，提高发展水平。例如，在交通领域，基于人工智能技术的自动驾驶成为国内外巨头企业的必争之地。在医疗领域，深度学习算法被应用到新药研制、辅助诊疗、癌症检测等方面；在航天领域，登录月球背面的中国“月兔”月球车和漫游火星的美国火星探测机器人“勇气号”，都是人工智能技术发展和应用的成果。

目前，人工智能技术应用条件主要是场景细分，产业大数据支撑，对数据进行标签化，其基本模式是“人工智能+大数据+超级计算”。尽管这种模式取得了很大成功，但这并不意味着这一模式可以一劳永逸地解决所有问题。事实上，还有很多问题没有解决，如深度学习模型的可解释性、安全性、可信性、可靠性等问题，缺乏因果推理能力、灵活适应环境能力，以及大模型能源消耗巨大等诸多问题。未来，人工智能技术要持续性发展并应用于更广泛、更开放、更复杂的场景，还需要在智能机制的研究和认识方面取得突破。

1.6　人工智能新知识体系

人工智能新知识体系是从学习人工智能的角度建立的一种知识框架。相对于传统人工智能的符号主义、联结主义、行为主义发展而来的理论、技术、方法等知识，新知识体系人工智能包括学科基础、技术基础、重点方向与领域、行业应用、伦理与法律等五大方面，强调了人工智能的系统性、整体性、交叉性、全面性，而不是局部、片面、单一的算法、机器学习或某一方面的技术。人工智能新知识体系框架如图 1.3 所示。

人工智能知识体系五大方面具体内容如下：

第一方面是学科基础，主要包括哲学、数学、脑科学，心理学、物理学、逻辑学、语言学、脑与神经科学、认知科学、伦理学、数据科学等与人工智能交叉的各基础学科知识，强调多学科交叉对于人工智能的重要作用。

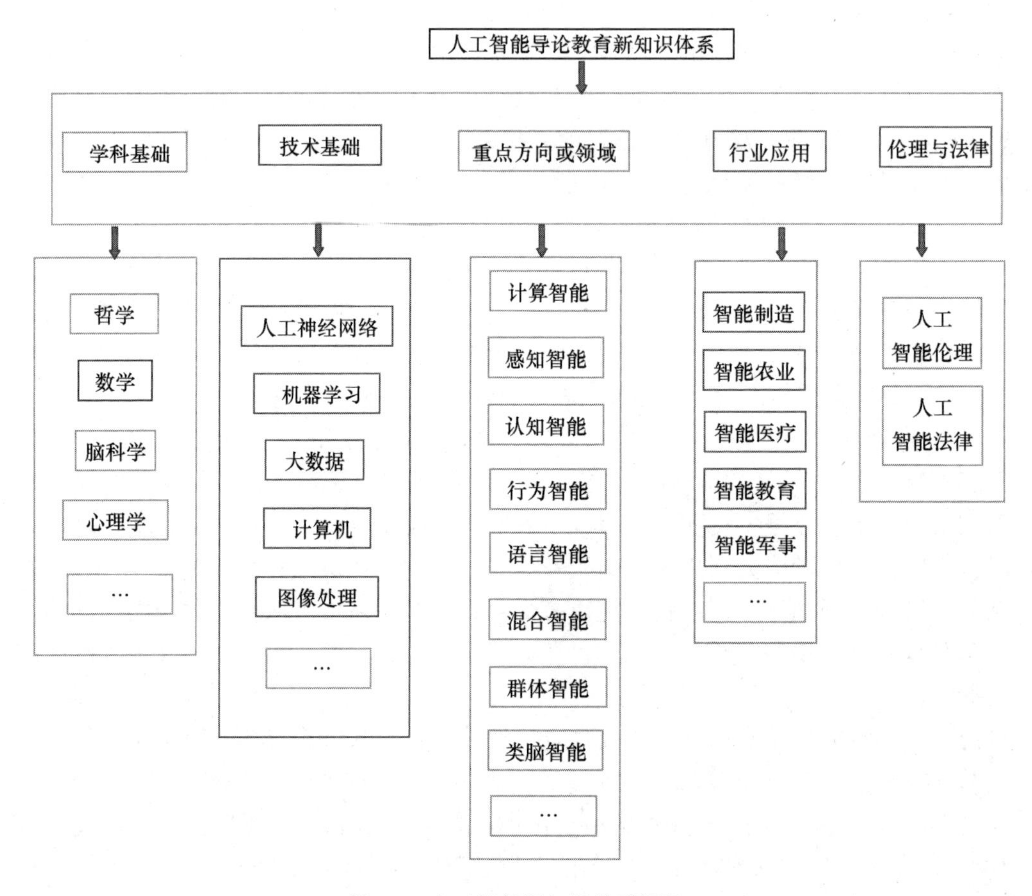

图 1.3 人工智能新知识体系框架

第二方面是技术基础，包括人工神经网络、机器学习、大数据、图像处理、机器视觉、算法分析、编程技术、嵌入式技术、智能芯片技术、计算机技术、控制技术等，强调发展人工智能系统所需要各类基础技术和方法。

第三方面是重点方向或领域，以机器智能为核心，以对智能的模拟为基础，划分为计算智能、感知智能、认知智能、行为智能、语言智能、混合智能、群体智能、类脑智能八个重点方向或领域，强调从智能模拟的角度，开发、设计机器智能或人工智能系统的理论、技术和方法。

计算智能包括各种高性能计算技术，依靠强大的计算能力产生机器独有的、人类既不擅长也无法超越的计算智能。

感知智能包括传感器、图像处理、机器视觉等各类获取外部信息的技术，利用形成机器特有的感知智能。

认知智能包括知识表示、逻辑推理、知识图谱等技术，利用这些技术形成机器特有的认知智能。

语言智能包括自然语言处理、语音识别、机器翻译等技术，由此形成机器独有的语言智能。

行为智能包括机器人及各种具备执行能力的硬件系统技术，由此形成机器行为智能。

类脑智能包括对大脑的结构模拟形成的类脑芯片、类脑计算机等技术，由此实现机器类脑智能。

混合智能包括可穿戴、脑机接口与人体相结合的技术，形成了人与机器集合的混合智能。

群体智能包括群体决策、群体仿生智能等技术，形成了机器群体智能。

上述以智能模拟为基础形成的各种机器智能技术形成了目前人工智能领域发展的重点方向和领域。

第四方面是行业应用，包括智能制造、智能医疗、智能军事、智能农业、智能教育、智能城市等各行业应用，强调人工智能在各行业中的应用。

第五方面是伦理与法律，主要包括发展人工智能需要的伦理和法律，强调人工智能伦理、法律及其他人文、社科知识。人工智能技术与核技术一样，是一把双刃剑，可能由于各种原因导致其在应用时侵犯或违背人类利益。通过伦理和法律来规范人类对机器人等人工智能技术的制造和使用以及未来机器智能可能产生的伦理问题，从法律规范、伦理道德等方面合理规范机器人的研制及其应用，构建和谐人机关系。

1.7　本书主要内容和学习路线

本书包括绪论在内共有 10 章，本书结构如图 1.4 所示。

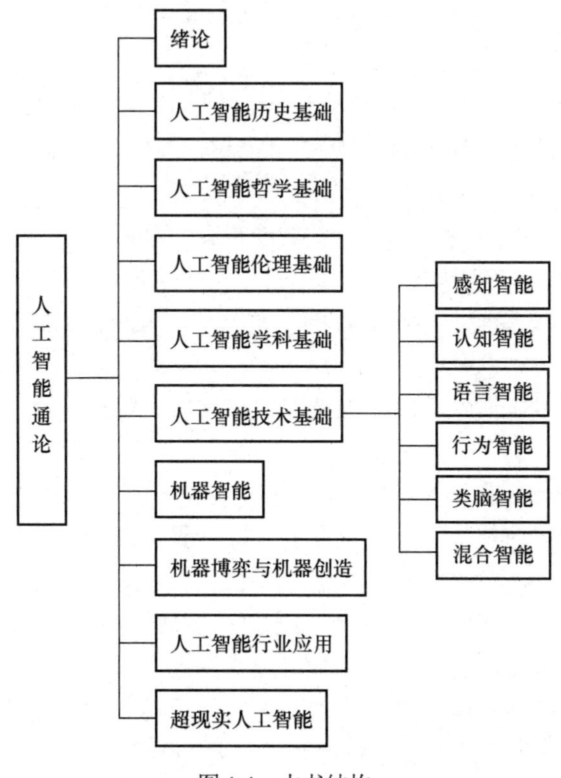

图 1.4　本书结构

第 1 章绪论，主要介绍人工智能的定义、应用等基本内容。

第 2 章人工智能历史基础，主要介绍从人工智能思想的孕育到现代人工智能的产生等完整的历史过程及其中的重要人物思想及其贡献。

第3 章人工智能哲学基础，从学科角度，人工智能的基础是哲学，本章主要从人工智能的哲学基础开始讲解，包括从大历史的角度理解人工智能起源及其思想，理性主义、计算主义等对人工智能孕育起到重要作用的哲学思想。从哲学本体论、方法论和认知论三方面对人工智能从哲学上进行学习和理解。这部分有助于从深层次的哲学思想层面认识人工智能的本质，准确把握其内涵，从而开发更有效地服务于人类的人工智能系统。

第 4 章人工智能伦理基础，主要从伦理学概念出发，介绍人工智能伦理概念及其体系，包括数据伦理、算法伦理、机器伦理、人工智能应用伦理、人工智能设计伦理、人工智能全球伦理及宇宙伦理等方面的内容。

第 5 章人工智能学科基础。在哲学基础上，介绍对于人工智能发展有重要作用的几个基础学科，包括物理学、数学、脑与神经科学、计算机科学等，这些学科是对于人工智能发展有不同作用的不同层次的学科。

第 6 章人工智能技术基础，主要讲解传感器、大数据、小数据、并行计算、人工神经网络、机器学习等对于实现人工智能系统发挥基础性作用的技术。

第 7 章机器智能。对应新知识体系的重点方向与领域，以对智能的模拟所发展形成的各种机器智能为主要内容，包括感知智能、认知智能、行为智能（机器人）、语言智能、类脑智能、混合智能等 6 个方面的内容。

第 8 章机器博弈与机器创造。该章是本书的特色章节，汇集了基于深度学习的人工智能在美术、音乐等领域的创造性应用，展示了机器智能与人类在这些领域不一样的创造性能力。

第 9 章人工智能行业应用。本章主要介绍智能制造、智能农业、智能医疗、智能教育、智慧城市、智能军事等内容，分别介绍了人工智能在这些行业的应用现状、应用场景。

第 10 章是超现实人工智能，本章的目的是激发学习者对人工智能的想象力、创造力及学习热情。

图 1.5 给出了人工智能技术基础、重点方向与领域、行业应用、伦理与法律之间的关系。

由图1.5 中可以看出，由传统的符号主义、联结主义、行为主义发展而来的各主要方向及领域，构成了当代人工智能的主要发展内容，即计算、感知、行为、认知、类脑和混合。由此发展的各种技术与各行业相结合，成为社会发展的内生动力和经济发展新引擎。人工智能伦理和法律则是保障人工智能技术健康发展的基石。

由于本书的目的是鼓励所有专业学生学习和认识人工智能，树立人工智能理念，培养人工智能素养，因此没有很深入地介绍和阐述所涉及的各种具体技术。对于技术层面的人工智能知识的学习可参考作者编著的教材《人工智能导论》。

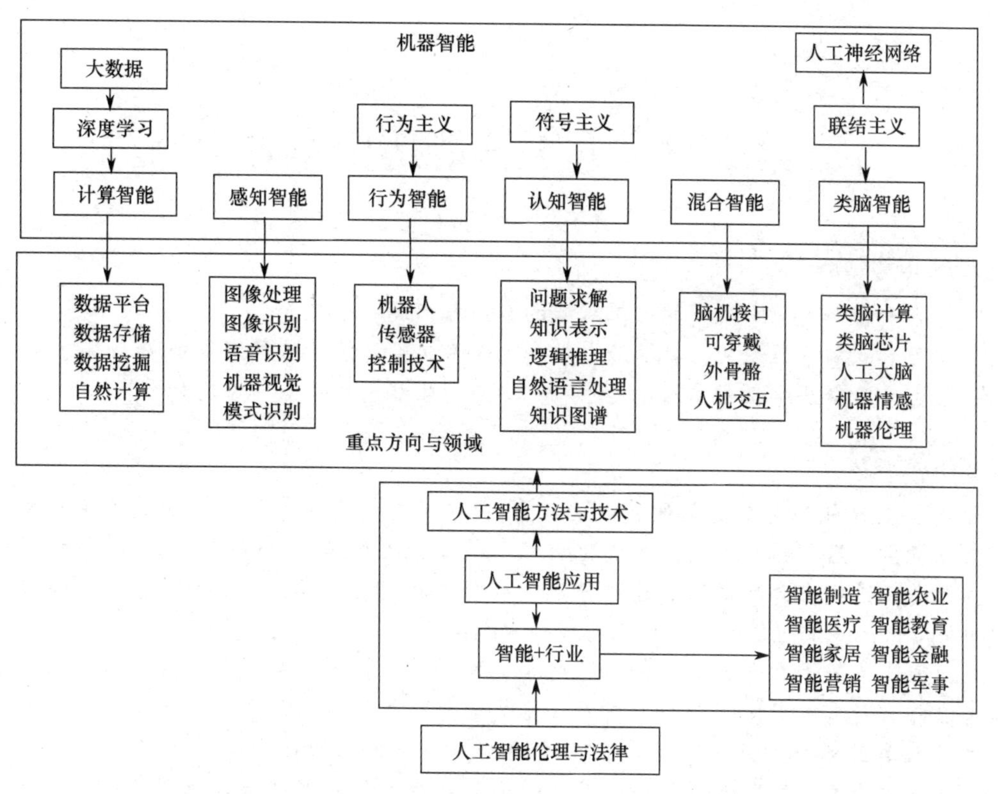

图 1.5　人工智能技术基础、重点方向与领域、行业应用、伦理与法律之间的关系

1.8　本章小结

本章从人类智能的理解出发，介绍了人工智能的多方面含义。人类对于人工智能的认识，是人类对自身智能认识以及技术水平的不断进步而不断变化的。对于人工智能的认识，仅仅停留在技术层面是不够的，而需要从大历史观、哲学、社会与文明、多学科交叉、工程与技术五个层次全面理解和认识其内涵。人工智能重点研究方向是从机器智能的角度划分的，支撑各种机器智能发展的技术包括大数据、人工神经网络、机器学习等。我们强调对于人工智能，应从学科基础、技术基础、重点方向与领域（机器智能）、行业应用、伦理与法律五大方面全面、系统、整体、交叉性地学习和理解。

习题 1

1. 如何理解人类智能？
2. 人工智能可以从哪些方面定义和理解？为什么人工智能有不同的理解和定义？
3. 人工智能认识层次包括哪些方面？各层次的内涵是什么？
4. 人工智能的重点研究方向与领域主要包括哪些方面？各方面的主要内容是什么？
5. 人工智能新知识体系包括哪几方面？各方面的主要内容是什么？

第2章 人工智能历史基础

本章学习目标

1. 学习和理解大历史观下的人工智能的本质与内涵。
2. 学习和理解理性主义、机械论、控制论等人工智能产生的思想基础。
3. 学习和理解历史上主要人物对于人工智能产生和发展的主要思想和贡献。

学习导言

智能和生命都是自然进化的产物，也是宇宙创造的产物，是宇宙创造了生命和智能。生命诞生之后，开启了漫漫的进化历程。从最初的原始生命进化出人类这样的高级生命，人类又进化出高度发达的大脑并产生智能，具有自我意识和思考能力，创造灿烂的文明与文化，并试图创造出与自己一样的智能工具。

人工智能不同于人类历史上任何的科学、学科或者技术的关键之处在于，在人工智能诞生以前，所有人类发明的科学技术（主要以材料和能量两种形式为主）都是用于增强、扩展人类的体质、体力能力，使人类更好地适应和改造自然。在人工智能诞生以后，以计算机为主的机器使得传统工具属性开始发生变化，也就是具有了一定的智能，甚至一些专用的智能机器在很多信息处理方面开始超越人类。从材料、能量、信息到智能，人类通过智能技术开启一种自我转变的过程，进入一个新的进化阶段。本节基于大历史观来认识和理解人工智能的本质和内涵，而不仅局限于技术历史。

2.1 人工智能的孕育史

从 20 世纪 50 年代开始考察人工智能的历史。但是，鉴于人工智能与宇宙、生命、人类、文明、物质、信息以及智能、意识、意志等根本性问题的直接的、内在的紧密联系，人类看待人工智能，不应局限于近代以来的技术发展和进步，而应将其放在整个宇宙演化、人类进化、文明进化的大历史背景下加以考察和分析，这样才有可能更接近理解人工智能发生、发展及其存在的价值、意义和本质。

2.1.1 大历史观下的智能进化

美国历史学家克里斯蒂安等学者在 20 世纪 80 年代提出了大历史观，主张从宇宙起源开始考察和认识人类的历史。大历史观融合宇宙学、生物学、物理学、考古学、天文学等多学科知识，以宇宙大爆炸为起点，认识和理解宇宙与人类的历史和关系。在大历史中，人类的历史是从整个自然史的视角加以审视的，而不是从人类诞生以后。如图 2.1 所示的宇宙大爆炸艺术想象图，按照宇宙学公认的宇宙起源理论——宇宙起源于 138 亿年前的“大爆炸”，宇宙从一个密度无限大、温度无限高、体积无穷小的“奇点”在极其短暂的瞬间经过一个称为“暴涨”过程之后产生了基本粒子、元素，基本粒子、原始尘埃经过演化又逐渐产生了星云、星系、恒星和行星。宇宙诞生之后，为生命的诞生创造了时空和物质条件。现代宇宙学和物理学精确观测到的数据显示，人类所处的宇宙似乎经过了某种精细微调，如恒星的质量范围很广，而我们赖以生存的太阳的质量正好位于允许生命存在的小范围内，就像被微调过一样，这样的巧合还有很多。科学家早期提出人择原理、多重宇宙、平行宇宙等理论来解释人类为什么恰好处于这个适宜人类存在的宇宙中。无论如何，不可否认的是，宇宙创造了地球、生命、人类。宇宙诞生之后的 88 亿年（距今 50 亿年），太阳系形成，距今 46 亿年，地球诞生。地球诞生之后，地球上化石记录的生命可追溯到距今 38 亿年前的寒武纪，但第一个原始祖母细胞，即地球上所有生命的祖先到底如何形成，还无人知晓。如今，借助物理学，人类能预测出从大爆炸后十亿万分之一秒时的宇宙状态一直到宇宙现在的样子，但是却没有能力揭示生命、智能的起源及其发展过程。

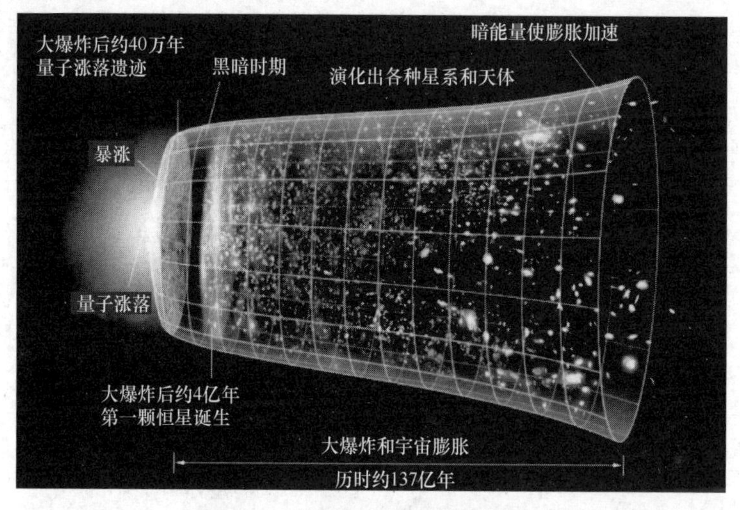

图 2.1　宇宙大爆炸艺术想象图

目前，人类还没有发现外星生命，而现在看来包括人类在内的地球生命也不适宜在外太空或外星球自然地生存。总之，在地球生命诞生之后，就开启了漫长的进化之路。作者在《人工智能导论》一书中指出：“无生命不智能”，也就是任何生命都是有智能的。智能是生命灵活适应环境的基本能力。因此，在距今 38 亿年前的地球上，在最原始生命诞生的同时，也意味着最初级的智能诞生了。生命诞生之后，才开始漫长的进化旅程，这意味着智能伴随着生命一直在进化。因此，从地球生命出发考察智能，智能是地球生命适应地球生态系统的基本能力。这种能力在细菌、蚂蚁等低层次生命形态上表现为基本的求生、繁衍能力，在人类高层次生命形态上表现为主动适应自然、改造自然的能力。

在长达数十亿年的生命及智能的漫长进化历史中，从微生物群到埃迪卡拉生物群，从寒武纪生命大爆发到奥陶纪末大灭绝，从无花植物出现到有花植物绽放，从鱼类登陆到恐龙称霸地球，从泛大陆的解体到哺乳动物的出现，从恐龙绝灭到哺乳动物崛起，从古猿到人类的出现，生命似乎一直朝着越来越复杂、越来越智能的方向进化，尽管达尔文进化论否定生命进化是有方向、有目的的，是随机的、偶然的变异和自然选择促成了生命不断从初级向高级演变。但是，人类处于生命发展的高级阶段，这一点是毋庸置疑的。根据现有的科学知识，人类不是一开始就出现在地球上的。4 亿年前大陆上仍一片荒羌，海洋中的鱼类开始了登陆的旅程，而智能强大的人类一直处于缺席状态。直到 4 千万年前，人类的祖先——南方古猿才开始登上了生命的舞台。

物理学法则并不能揭示生物演化的过程。按照达尔文进化论，人类是生命进化的产物，也是由猿猴进化而来的，尽管其中的诸多细节仍然不清晰。根据现代考古学、人类学的研究，迄今发现的最古老的人类化石也仅有大约 700 万年的历史。如图 2.2 所示，历史上曾经存在过很多古人类物种，包括尼安德特人、海德堡人等，都是人类的表亲或近亲，但是它们都在长期的进化历史中灭绝了。只有我们现代人类的祖先——智人克服千难万险生存了下来。实际上，智人到底是如何产生的，迄今还有很多未解的谜团。具有全部现代特征的人科物种统称为形态解剖学上的现代人。科学家们通过骨头化石和 DNA 分析，能够确定我们现代人的祖先——智人，大概诞生于 20 万年前东非埃塞俄比亚（最早发现化石的地点）。并且，当今地球上的智人物种——现代人类，都有一个共同始祖被称为“非洲夏娃”。现代考古学并不十分清楚现代人诞生后是如何从非洲迁徙到世界各地的，对于遗传进化是单一起源还是多源起源依旧有争议（关于现代人的“多地起源说”反对人类起源于非洲的观点）。更重要的是，对于人类智能而言，“非洲夏娃”的智能从何而来？

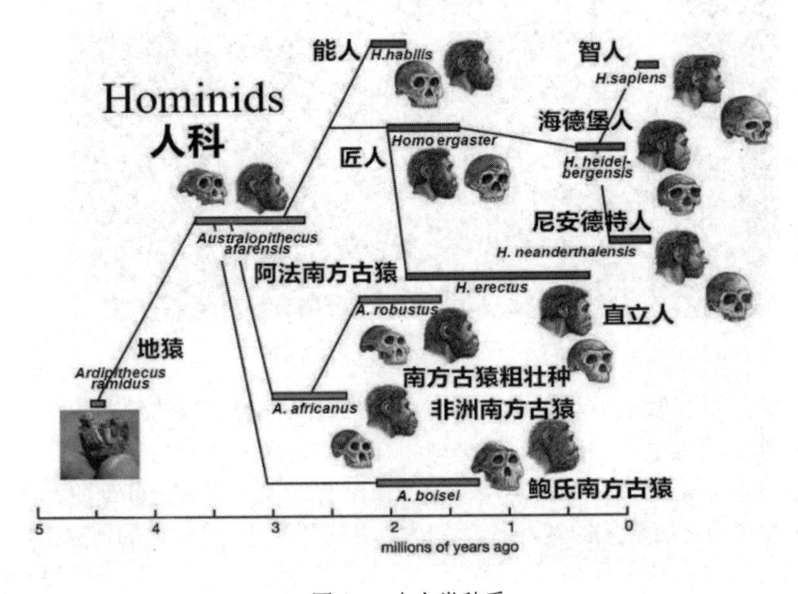

图 2.2　古人类种系

无论如何，幸存下来的智人比地球上曾经存在过的其他很多人种都更聪明，具有更大的脑容量，能够存储和处理更多、更复杂的信息并开展创造性的思考，使得复杂的交流方式成为可能。智人具有一些其他人种和动物没有的独一无二的特征：没有被生理特征局限在一个有限的环境中，善于深思熟虑，能够互相倾诉、一起工作，几乎可以适应任何地方的生活。更重要的是，“非洲夏娃”产生了语言智能。有了语言，人类就可以分类、分析和讨论这个世界。因此，相较于其他曾经存在过的古人类和其他动物物种，智人进化出了独一无二的智慧，在 1 万年前开始进入农耕或者说农业文明时代，发展出不同的文化。1 万年前开始的文明进化取代了生物进化，导致人类整体进化步伐大大加快。1 万年以来，人类的生物进化和基因水平的进化，以及大脑的进化近乎停滞，但人类文明却在不断进化。因此，人类智能在一定程度上不都是基于人脑进化而来的，更重要的是人类文明进化促成人类智能的进化。

总体上说，自然智能伴随着生命进化经历了宇宙演化、生命智能进化、人类智能进化三个主要阶段。人类在体型、体力上不是这个星球上最强壮的生命，但却是自然界中智能程度最高、最具智慧的生命。智能进化到人类层次，不再局限于低级生命和生物的生存、繁衍，而是产生高层次的理性、思想和精神，创造先进的文化和文明，并能够不断反思涉及宇宙、生命、物质本原及存在的价值和意义，使得人类不断突破自然进化的规律和局限。创造不同于自然智能的“人工智能”，甚至超越人类智慧的新智能形态，这是人类不断突破自然进化的规律和局限的表现，人类智能也许不是智能的最终形态或最高阶段，某种机器智能或人机混合智能也许才是智能进化的更高阶段。

从大历史观角度考察人工智能，可以说人工智能是与生命、人类一样，都是宇宙创造的产物。生命进化最关键的结果是产生了人类。人类文明是宇宙演化的产物，人工智能是人类智能及科技文明进化的产物，也是宇宙演化的产物。人类智能不是智能进化的终点，而是一个阶段性高峰。在宇宙大历史背景下，智能进化速度明显超越生命进化速度。宇宙创造生命及其智能花费了 100 亿年，从原始生命到南方古猿花费大概 37 亿年，从南方古猿到智人花费大概 600 万～800 万年，从智人到今天的人类花费大概 20 万年。现代人类文明从农业文明开始进化历程大约为 1 万年，从工业革命开始至今的科技发展不过 300 多年。而人类创造出计算机进而开始创造机器智能，到今天的专用人工智能在某一方面超越人类，不过 70 年左右时间。由此，从大历史观背景下，人们可以清晰地看到一个有趣的现象——智能一开始作为自然生命的属性，在人类智能的作用下，开始逐渐脱离自然生命，向着一个未知的方向超高速或以指数级水平进化。按照这样的趋势，智能实际上一直在向着更高阶段和水平进化，人工智能正是人类智能之后的智能进化的一种形式。

大历史观让我们看到，生命智能、人类智能、人工智能都是智能的不同形态。那么，由此产生一个问题，即面对未来可能出现的更高级的智能形态，尽管短期内还不会在各方面全面地超越人类，但是在机器智能不断加速进化并在逐步赶超人类的情况下，人类该如何看待自身的存在？在大历史观下，我们更接近理解人工智能的本质：人工智能不仅是一种有助于提高人类社会经济发展水平的技术力量，更是一种有助于提升人类整体文明向更高阶段进化的力量，是人类反观自身在宇宙中存在的价值和意义的第三方参照物，更是一种帮助人类理解、认识自身本质的参考对象。人工智能既是促进人类文明向更高阶段进化的手段，也是人类历史发展的新阶段，是人类未来进入宇宙文明时代的基础。因此，单纯从技术角度看待人工智能技术只是促进人类社会物质文明发展的手段之一，并不能代表和反映人工智能的本质和内涵，再先进的技术也不是人工智能发展的目标。

2.1.2　理性主义

尽管人们并不清楚智能是如何起源、人类是如何产生的。但这并不妨碍聪明的人类在过去 1 万年的进化中，不断地发挥聪明才智，创造工具，改造自然，发展各种思想，理解和认识自身。其中，理性主义是人类思想史上最重要的一种哲学思想。从思想起源上，人工智能并不都是现代先驱人物的灵光乍现，而是整个人类文明进化的思想结晶，更离不开理性主义的孕育。

理性主义思想源头主要是古希腊的哲学思想。在古希腊，最早的哲学就是“泰勒斯哲学”或“米利都学派”。泰勒斯提出“水为万物之元”的观点，是朴素唯物主义物质一元论思想源头。

古希腊有三位对后世影响深远的哲学家，分别是苏格拉底、柏拉图和亚里士多德（图 2.3（a）、（b）、（c）分别是他们的塑像）。苏格拉底是最早提出“归纳论证方法”的人，归纳论证方法也就是从具体事实中找出结论的理性方法。苏格拉底对人工智能的思想奠基应体现在两方面：一是追求美德与善，反复探究“人应该如何生活”，这是最早关于人类的理性道德价值的思考；二是最早的逻辑方法“归纳论证”，可以将前者看成人类伦理道德的思想源泉，进而也是当代“人工智能伦理”的思想源泉；后者则是人工智能逻辑推理方法的思想基础。

（a）苏格拉底 Socrates

（b）柏拉图 Plato

（c）亚里士多德 Aristotle

图 2.3　古希腊三贤

柏拉图（公元前 427—公元前 347）用“理念”指万物混乱外表之上的理性秩序和本质；亚里士多德（公元前 384—公元前 322）用“逻各斯”表示事物的定义。斯多葛学派（公元前 3 世纪～后 1 世纪）认为，逻各斯是贯穿万物永存的理性，内在逻各斯是宇宙事物的理性和本质，外在逻各斯是传达理性和本质的言语。

亚里士多德根据灵魂的不同，把生物分为植物、动物、人类三个类型（虽然亚里士多德根据灵魂将生物分成三个类型，人的灵魂中的理性思维部分是人的本质，唯有它才使人与其他一切生物区分开来。因此，亚里士多德说“人是理性的动物”。亚里士多德关于灵魂的想法现在看似比较荒谬，但是有一定科学基础。亚里士多德提出很多关于理性的观点：理智是灵魂用来理解和判断的部分；智慧就是关于本原和原因的科学；幸福是灵魂合乎完满德性的现实活动，德性是值得称赞的品质；伦理德性出于习惯，没有生而有之的伦理德性等。亚里士多德用“认知”和“推算”这两个表述理性认识活动的动词表述理性功能的两个组成部分。他继承了前古希腊哲学和柏拉图的衣钵，开创了第一哲学，最重要的是开创了逻辑学。他试图把支配意识的理性部分的规则更加精确的公式化，建立一种语义结构理论和一个复杂的逻辑规则系统。他认为，这些思维规则可以用来管理大脑思维运作。其中最有影响的是三段论。三段论由大前提、小前提、结论三部分组成，是一种演绎推理。三段论为推理机械化及形式逻辑的发展打下了基础，也成为人工智能逻辑推理和符号主义的思想基础。

把理性看成是人的本质，用理性来区别人与物，不是个别人的观点，而是古希腊哲学家普遍一致的观点。例如，毕达哥拉斯学派重视对世界的本原的探索，他们认为数的本原即万物的本原，又认为数目的属性是灵魂、理性和机遇。

但是，在亚里士多德之后的大约两千年，哲学发展停滞了。一直到公元 13 世纪、14 世纪，欧洲开始了启蒙运动，启蒙运动奠定了人类理性的地位，以科学和教育为武器向宗教和神学宣战。14—15 世纪，欧洲通过重新发现古代丰富的文化遗产，从千年文化停滞中苏醒过来，并推动了宗教改革，哲学与科学探索再度繁荣起来。意大利巨匠、物理学家、数学家达·芬奇和创立日心说的波兰天文学家哥白尼是这个时代的杰出代表。著名的唯物主义哲学家培根提出“知识就是力量”的至理名言，首创注重实践的经验主义与科学归纳法，他的逻辑著作《新工具论》赋予思维逻辑研究以新的精神。近代自然科学的奠基人伽利略坚定相信“自然世界的法则在人的理性的掌握之中，而不是隐藏在上帝的手中”。

13 世纪的欧洲学界用“本元说”指研究超经验之学，或作为哲学别称，意指基于观念体系以把握实在性质。本元说不但是至高无上的“第一哲学”，而且是所有科学的基础，其核心思想是宇宙万物和一切现象之上，有一个最普遍的本质或终极实在。由此形成三个分支：探究普遍本质、终极实在的本体论；探究宇宙万物、时空结构、自然法则之本元、结构、本质的宇宙论；探究生命之本质、灵魂、自由意志及生命与宇宙、终极实在之关系的生命论。

伽利略之后的牛顿把自然法则从神秘的教义中挖掘出来，使得理性主义的科学得到了空前的发展。

欧洲北方文艺复兴时期，出现一位对人工智能有重要影响的巨人，现代哲学奠基人、法国科学家、数学家笛卡儿（见图 2.4）。他积极倡导理性和推理，认为理性是获得真理的唯一途径。他第一个以明确的哲学形式宣布了人的理性的独立。笛卡儿重视方法论研究，宣扬认识论中的理性主义、形而上学范围内的古典二元论同物理学范围内的机械唯物主义，因此他也是最早奠定近代机械唯物主义的基本原理的哲学家之一。

图 2.4　笛卡儿

笛卡儿相比古希腊哲学家，更系统地提出了心身二元论。笛卡儿哲学标志性的一句话是：我思故我在。他思考：精神、思维是什么，它在哪里？它是怎么产生的？他认为，除了物理学的三维世界，还存在另一个完全不同的“思维与心灵”或“精神”领域，独立于物质的“思维者的实体”，它不能用数学和物理学加以解释。

笛卡儿的思想实际上也反映了人工智能的最根本问题：生命是什么？智能是什么？意识是什么？精神和思维是什么？它们和物质之间又是什么关系？

笛卡儿思想的积极意义在于：成功突出了精神现象的存在，强调了传统的数学-物理语言与方法对描述精神世界是不够的。他去世前几年提出的精神与肉体紧密结合成“复合体”的理论，与他本来的二元论相矛盾，但却与近代神经科学有了渊源关系。他甚至提出了心灵和肉体、思维与大脑、脑活动与训练紧密结合的思想。

笛卡儿甚至曾经指出：如果人类真的要做出一台“智能”机器，就需要把所有的问题解决策略预先存储在其内置方法库中。笛卡儿在此已经预见到了符号人工智能的核心思路：在机器中预置一个巨大的方法库，并设计一套在不同情境下运用不同方法的调用程序。而符号人工智能是在他提出这个思路的三百多年之后才出现的。

笛卡儿也预见到了，真正的智能将体现为一种“通用问题求解能力”。这种能力的根本特征就在于：它具有面对不同问题语境而不断改变自身的可塑性、具有极强的学习能力和更新等能力。这种“智能”观也比较符合现代人的直觉。

现代意义上的理性主义，主要指建立在承认人的推理可以作为知识来源的理论基础上的一种哲学方法，它高于并独立于感官感知。一般认为是随着笛卡儿的理论而产生的。西方国家的 17 世纪和 18 世纪被历史学家称作理性的时代或启蒙的时代。18 世纪，欧洲启蒙运动的发展使自然哲学转变为经验科学并称为“科学”。德国古典唯心主义创始人康德和他的名著《逻辑》推动了逻辑学派的进一步发展。19 世纪，著名哲学家黑格尔将本元说作为“与辩证法”对立的方法加以批判，认为本元说是孤立的、片面的、静止的世界观与方法论。马克思继黑格尔之后提出唯物主义辩证法。20 世纪的逻辑实证主义，也反对某些本元说的议题。本元说的一些议题本来就是非实证的，或者是人类目前经验无法证实的，这正是本元说存在的缘故。人工智能涉及的智能、意识及心灵都涉及人类目前经验无法证实的“本元”问题，因此，从本元说至今都有其存在的价值和意义。

20 世纪最有影响力的哲学家之一维特根斯坦把哲学史上自笛卡儿以来的理性主义发展到了一个新的高度。维特根斯坦不仅对逻辑经验主义哲学、日常语言哲学的发展，而且对哲学方法论、逻辑学（尤其是数理逻辑）的发展都做出了不可磨灭的重大贡献。而源于亚里士多德的数理逻辑正是早期符号主义人工智能方法的理论基础之一。

总体上，如图 2.5 所示，人工智能是科学的产物，也可以说是理性主义思想孕育的产物。在人类认识自身理性特质的同时所发展出来的逻辑推理理论，也就是人类理性中的可计算、可形式化化的部分，最终可以通过机器来模拟计算，使机器表现出一定程度的理性，人工智能在一定程度上也是在机器上拓展、延伸人类的理性。但是，今天的人工智能并不擅长进行人类的逻辑推理，它们擅长的是直觉和感知，这是目前以深度学习为基础的人工智能系统的严重缺陷。真正达到人类理性程度的人工智能还是一个梦想。

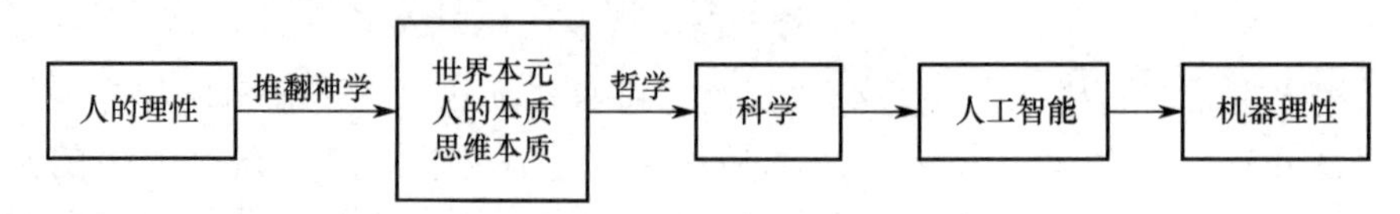

图 2.5　人类理性孕育人工智能

2.2　机械论

16 世纪，英国哲学家霍布斯创立了机械唯物主义的完整体系，也就是影响巨大的机械论或机械决定论。机械论指出宇宙是所有机械地运动着的广延物体的总和，从自然科学到社会科学的广阔领域，推理活动竟然都依据着同一个机械模型。看似复杂的人类的理性思维，实际上是可以被还原为“加”和“减”这两个机械操作。霍布斯因而被称为“人工智能之先祖”。

18 世纪，出现以物理学为基础的众多的工程技术，使人类进入工业机械化的革命时代。牛顿《自然哲学的数学原理》和引力论的巨大成功使得不少学者认为人类已经看破了宇宙的秘密，力学科学对未知事物的预报（如太阳系存在第九、十大行星的预告）的证实更是使科学的声誉空前高涨。这一切自然而然地形成了极其乐观的科学主义和机械论。

人类发明机器之后，人类不仅将机器应用于有关领域，让其为人类服务，而且充分挖掘其潜力，将其作为理解、解释人的类比工具，如用它们的组成方式解释人体的构成，用它们的作用说明人类的身体行为，或用机器论述语描述人类的构成与行为。

法国唯物主义者把包括人在内的一切均看成机械运动的物质，伏尔泰认为人同样必须服从宇宙间永恒的机械规律，法国哲学家拉·美特利甚至将机械论解释推广到人的心灵，提出了“人是机器”的著名口号。这一唯物主义思想一直是智能模拟、机器思维的思想基础。当今科学界把人、动物和计算机都看成特殊的信息处理系统，都是这种思想的延续。

法国著名数学家、物理学家、天文学家拉普拉斯更是认为，整个宇宙就是一部没有历史的永恒自行调节的机器，并提出了著名的“神圣计算者”的观念，认为只要知道世界上一切物质微粒在某时刻的速度和位置，就可以算出一切过去和未来的事件。即世界上的一切都是明确地由机械运动规律决定的，即宇宙的一切已被确定。

在 18、19 世纪，德国唯心主义极力反对机械唯物主义，认为人及其心灵是不可能根据机械力学原则来说明的。但仍有一些唯物主义者坚持自己的观点，强调研究心灵的机械论路线，并开展了大量新的探索，从而进一步发展出“计算”这一概念。人工智能赖以实现的方式正是“计算”。无论是历史上比较原始的机械计算机还是现代先进的电子计算机，实际上都是机械论思想的一种延续。人们认为自己能够创造人工智能的动力源泉，正是默认“智能是可计算的”这样的一个机械论延伸而来的思想基础。

到了 20 世纪 30、40 年代，伴随着神经科学的发展，数理逻辑、关于计算的新思想以及控制论的出现成为孕育现代人工智能的技术萌芽。

2.3　“计算”的历史

人工智能的基本实现手段是计算机，而计算机就是一种擅长“计算”的机器。人类最早从计算的视角审视问题的是笛卡儿，尽管当时还没有这个概念。笛卡儿认为，人类的理解就是形成和操作恰当的表述方式，而这些表述方式也有复杂和简单之分，其中复杂的形式都可以被分析为简单的形式。“计算”这一概念是在文艺复兴后伴随机械论发展和机器的制造而出现的。当时人类造出了许多机器，如织机、手表、时钟等。为了描述机器的行为，人们发明了“计算”一词。从最早的机械装置，到后来的自动机器都是一种以机械装置形式出现的计算模型。

德国哲学家、物理学家和数学家莱布尼兹（见图 2.6）是 17 世纪数理逻辑发明者，数理逻辑也是人工智能的数学和符号计算基础。他研究过古代中国的《易经》和八卦，主要在逻辑机器中采用与“八卦”一致的二进制。莱布尼兹曾经设想用数学方法处理传统演绎类思维过程，进行思维演算，也就是思维机械化的思想。他的思想深深影响了后世数字计算机的发展。莱布尼兹坚信基于一种统一的科学语言—符号化方法，可建立“普遍逻辑”和“演算逻辑”，世界上的一切都可以这样解释清楚。他借助通用语言和用于推理的通用微积分，通过计算来回答所有可能回答的问题，他甚至想用机器来做推理的积分。

图 2.6　莱布尼兹

莱布尼兹也被称为世界上第一位计算机科学家。他不仅是第一个发表无穷小微积分的人，也是第一个描述由穿孔卡片控制二进制计算机原理的人。二进制的发明是今天计算机智能科学的基础。莱布尼兹之后，努力去实现他的思想，把逻辑学数学化，第一个获得成功的是数学家布尔，他出版了名著《逻辑的数学分析》，提出了逻辑代数。他的主要著作《思想规律的研究》表达了一个重要思想：符号语言与运算可以用来表示任何事物。布尔使逻辑学由哲学变成了数学，也由此奠定人工智能符号主义和逻辑推理计算的数学基础。

尽管历史上德国唯心主义极力反对机械唯物主义，但仍有许多人在机器计算上做出了新的探索，从而使机械装置的计算能力得到了极大的提高。当然，人类对计算概念的认识仍然停留在直观的层面。在这段历史时期中，一些哲学家将计算与人类思维联系起来。例如，哲学家洛克认为“人对世界的认识都要经过观念这个中介，思维事实上不过是人类大脑对这些观念进行组合或分解的过程”。霍布斯更是明确提出了，推理的本质就是计算，他说：“一个人在推理时，他所做的只不过是将许多小部分相加而构造出一个整量，因为推理不是别的，是计算。”莱布尼兹也认为“一切思维都可以看作符号的形式操作的过程，在理解的过程中，我们的认识把概念分析成更简单的元素，直到终极单元为止。”这些思想实际上就是早期人类逻辑思维机械化的萌芽，但是，这些思想一直都处于一种直觉的思考状态，这种状态一直持续到 19 世纪末。

德国的大数学家希尔伯特是第一个提出把数学机械化的人，他在 1900 年的国际数学家大会上提出了著名的“希尔伯特 23 个问题”。

1879 年，德国哲学家弗雷格写了一本小书《概念文字》，第一个建立起数理逻辑体系，提出了一阶谓词逻辑，是数理逻辑诞生的一个标志。20 世纪初，在弗雷格等人研究的基础上和希尔伯特的思想影响下，罗素和怀德海的《数学原理》建立了完全的命题演算和谓词演算，确立了数理逻辑的基础，由此产生了现代演绎逻辑。《数学原理》一书对人类有巨大的影响，这本书先后影响了数学家哥德尔、人工智能之父图灵、计算机之父冯•诺依曼、控制论之父维纳、神经心理学家麦卡洛克、数学家皮茨，以及哲学家维特根斯坦。

此后，现代逻辑蓬勃发展，演绎部分出现了模态逻辑、多值逻辑等非经典或非标准逻辑分支。归纳逻辑也与概率、统计等方法相结合，开拓了许多新的研究领域。计算概念在逻辑和理论的方向侧重于从逻辑上说明计算的直观概念，从理论上界定可计算性的范围。正是基于形式逻辑中符号逻辑及数理逻辑，借助计算机的计算，才真正实现了人类思维的机械化，这也是莱布尼兹的设想。因此，机器认知智能的发展实际上也就是人类思维的数学化、机械化的过程，其中主要的手段就是推理的机械化。

20 世纪 30 年代，哥德尔（见图 2.7（a））、邱奇、克林尼、图灵（见图 2.7（b））等一批数学家和逻辑学家已经提供了关于“可计算性”这一基本概念的几种等价的数学描述。1931 年，哥德尔证明了递归函数的计算可以模仿形式算术的某些推理，这是科学史上第一次严格证明了计算可以模仿推理。

（a）哥德尔

（b）图灵

图 2.7　哥德尔与图灵

在计算理论发展过程中，图灵的思想是最关键的思想之一。1936 年，图灵和波斯特设计出生物系统的计算模型，实现了人类的机械记忆和按规则推理的功能，打开自动机理论与生物学相结合的先河。图灵关于生物系统的计算机模型是以他的名字命名的图灵机。图灵指出，只要有这样的有限种类的行为组合的机器，就能计算任何可计算过程，实际上，他证明了存在着一种通用计算机，即通用图灵机，如图 2.8 所示。理论上通用图灵机能够模拟任何一台实际的计算机的行为，从理论上证明了研制通用数字计算机的可行性。

有了图灵机概念后，数学家给出了著名的邱奇–图灵论题，其最基本观点是所有计算或算法都可以由一台图灵机来执行，也就是说，图灵机可以“模仿”任何计算，或者说，逻辑和数学中的有效或机械方法可由图灵机来表示。该论题不具有数学定理一般的地位，也无法被证明；若能有一种方法能被普遍接受为一种有效的算法但却无法在图灵机上表示，则该论题也是可以被驳斥的。邱奇–图灵论题对于心智哲学有很多寓意，有很多重要而悬而未决的问题也涵盖了邱奇–图灵论题和物理学之间的关系，还有超计算性的可能性。

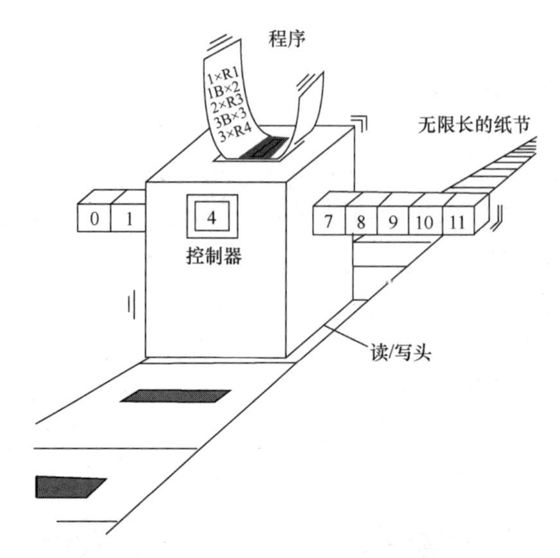

图 2.8　通用图灵机概念图

同一时期，哥德尔提出了“不完全性定理”，推翻了希尔伯特关于数学一致性和完备性的论断，即任何无矛盾的公理体系，只要包含初等算术的陈述，则必定存在一个不可判定命题，而用这组公理不能判定其真假。哥德尔的证明这一命题的过程很复杂。不过直观上很容易理解，哥德尔给出的数学命题更直白地理解就是：这个命题是不可证的。对这个命题的证明说明数学不能同时做到完备性和一致性。

哥德尔提出了一种基于整数的通用编程语言，该语言允许以公理的形式形式化任何数字计算机操作，成为现代理论计算机科学创始人。哥德尔用编程语言来表示数据（如公理和定理）和程序。哥德尔确定了算法定理证明、计算和其他基于计算的人工智能基本极限。20 世纪 40 年代至 70 年代，人工智能的大部分内容实际上是通过专家系统和逻辑编程、以哥德尔风格进行定理证明和推理的。

图灵利用他的通用图灵机证明了不存在明确的程序可以判定任意命题为真，也就是说，存在计算机不可解的数学命题。这个结论可以追溯到莱布尼兹，他不仅建造了自己的用于计算的机器，并且认为人类将建造出能判定所有数学命题真假的机器。这个结论经过哥德尔和图灵的努力，被证明是错误的。

邱奇–图灵论题中的“模仿”和哥德尔证明中的“模仿”具有相同的数学定义，同时积累了大量研究成果，并不断产生新的模仿方式。如符号主义、联结主义、行为主义，分别从不同方面模仿了智能的不同特征和功能。

近代以来，人类为了减轻计算（实际是人类理性智能的一种）的负担，一直梦想建立能代替人类计算劳动的机器计算机。随着电子计算元件如晶体管、集成电路的发展，人们对计算的认识开始发生质的变化，开始从计算的逻辑分析发展到实践方面，即侧重于探讨在建立各种计算装置时可能碰到的各种问题。

2.4　控制论

几乎在与图灵机的同一时期，冯・诺依曼和维纳等从不同角度出发思考和研究机器、生命、人类及大脑、思维之间的复杂关系。这一时期，在神经学和逻辑学研究成果的指引下，处于萌芽期的控制论运动得到蓬勃发展。1943 年，维纳（见图 2.9）和冯·诺依曼（见图 2.10）围绕机器的生命属性等相关问题进行了讨论，共同创立了“控制论学派”。控制论的最初思想来自战争需求，为了模拟战火中备受压力的飞行员实际飞行路径，维纳萌发了人类和机器形成一个整体和系统的想法。

1948 年，维纳出版了《控制论：或关于在动物和机器中控制和通信的研究》一书，整本书充满了对未来的大胆预测——能够思考和学习，并变得比人更聪明的自适应机器，该预测引起巨大轰动。维纳在他自己的著作将人类和机器进行了深刻对比：由于人类能够构建更好的计算机器，并且人类更加了解自己的大脑，计算机器和人类大脑会变得越来越相似。控制论者的核心思想是控制、反馈和人与机器的紧密关系，这些核心思想反映在自动化和人机交互模式上，奠定了后来的控制科学与工程、自动化技术及人机交互智能技术和人机融合混合智能“赛博格（Cyborg）”理论和思想基础，其关于人类与机器的关系的思想又启发不同的学者开发了早期的人工智能技术，甚至包括维纳的悲观情绪，也反映了对未来的远见卓识，人类其实正在走向重塑自己的路上。

图 2.9　维纳

图 2.10　冯·诺依曼

早期支持控制论的成员还有经验心理学家克雷克、神经学家沃尔特和艾什比、工程师塞尔弗里奇、精神病学家和人类学家贝特·森以及化学和心理学家帕斯克。

艾什比在 1956 年出版的最为畅销的教材之一——《控制论导论》中写道：“控制论是一种关于机器的理论。”艾什比提出，控制论无关于机械，而关乎行为。艾什比认为，大脑不是关于思维的机械化设备，判断一台机器是否有资格成为大脑的关键指标并不是这台机器是否具备思维能力，而是它是否能够做出某些行为。大脑不是一台思考机器，而是一台执行机器，它获得某些信息并据此做出相应的行为。这是他从工程师角度出发对大脑的看法，他认为思考机器是一台简单的输入/输出设备。

20 世纪 70 年代，虽然自动化技术一直在发展，但人工智能的生命力远远超越了控制论，控制论衰落了，其原因在于控制论关注的焦点不是人类或生物体智能的本质，而是抛开对这个问题的探索去研究机器智能，这显然是无源之水。

2.5 联结主义的起源

1943 年，神经心理学家麦卡洛克（图 2.11（a））和他的研究生匹茨（图 2.11（b））发表了一篇具有开创意义的论文，提出了世界上第一个人工神经元数学模型。最初含义是指给人脑的神经网络进行数学建模。在这个模型中，他们将神经生理学、逻辑学和计算放在一起研究。后来，将心理学也加入进来一起讨论。构建这个模型的目的是要证明图灵计算既可用于人，也可以用于机器。实际上，这个模型最重要的贡献在于开启了人工神经网络这一领域。

麦卡洛克和匹茨的研究成果甚至影响了现代计算机的设计。当时冯・诺依曼打算在其设计的计算机中使用十进制数进行计算，但他看到人工神经元的成果后，发现其中的缺陷和问题，就改为利用二进制数进行计算。

（a）麦卡洛克

（b）匹茨

图 2.11　神经心理学家麦卡洛克和他的研究生匹茨

1949 年，神经学家赫伯把人工神经网络和机器学习联系起来。他发现神经元之间通过突触信息被激活可以看成一个学习过程。受此影响，人工神经网络模型变成了控制论的一个重点内容，并成了第一台“智能”机器的计算器的核心。因此，在控制论的早期阶段，联结主义一直占据着主导地位。在 20 世纪 50 年代后期，人工神经网络经历了一次重大的发展。康奈尔大学的心理学家和计算机学家罗森布拉特提出的感知机，这是一个真正的联结主义系统，并且成为机器通过计算产生智能行为的标志。他提出采用自下而上的方法，用学习机制统计学习网络结构。在软件实现感知机之后，还开始采用硬件实现感知机，他用 400 个光电设备组成神经元。由于当时的技术限制，这类物理实现的感知机还是很罕见的，它成为以后发展出来的各种人工神经网络模型以及深度神经网络的基础单元。但是，由于人工智能另一个分支——符号主义的发展，人工神经网络研究一直没有受到广泛重视而长期陷于困境。

2.6 计算机器

前面所介绍的机械论、控制论的核心思想都是人与机器的关系，无论是“心灵是机械式的”，还是“人是机器”及“人与机器之间的交互关系”，以及“机器是否有思维”“大脑是机器”等思想，最终都需要一种具有强大的计算能力的机器来实现或验证。从机械式计算机到现代数字计算机，经历了一个漫长的发展历程。

2.6.1　机械计算机

第一个已知的计算设备可追溯到 2000 多年前古希腊的安蒂基西拉机器（图 2.12 是该机器的艺术复原图），这是一种基于齿轮的用于计算天体运行的机械计算装置。1500 年之后（公元 1505 年），一位德国锁匠亨莱恩制造了相似的机器，即第一款微型怀表。这些设备主要是用于计算时间。欧洲文艺复兴时期“时代巨人”达·芬奇也曾设计过机械计算器，但没有实现。

也许世界上第一台可以实际应用的可编程机器是公元 1 世纪制造的一种自动化剧场，其中可编程自动机的能源是一个落锤，拉动缠绕在旋转圆柱体上的绳子，控制门和木偶的复杂指令序列通过复杂的包装进行编码。公元 9 世纪，阿拉伯数学家、天文学家穆萨三兄弟发明了一种可以自动演奏乐曲的乐器，该乐器利用旋转圆柱体上的销钉存储控制蒸汽驱动长笛的程序。从本质上说，这也是一台可以编程的机器，并且带有存储程序。

图 2.12　安蒂基西拉机器艺术复原图

17 世纪出现了更灵活的计算机器，可以根据输入的数据计算出答案。德国图宾根大学教授契克卡德在 1623 年创造了第一个基于数据处理齿轮的简单算术专用计算器，他是“自动计算之父”的候选人之一，另一个候选人是法国物理学家、数学家、哲学家帕斯卡。1642 年，年轻的帕斯卡扩充了打字机的功能，为法国收税业务制造了机械加减法机。这是世界第一台成功的数学计算器。1673 年，莱布尼兹改进了帕斯卡的机器，首先设计出第一台可以执行加、减、乘、除四种算术运算的机械计算器——机械数字计算机，他发明的二进制数被所有现代计算机使用。

大约 1800 年，发明家雅卡尔等人在法国建造了第一台基于打孔卡的商用程序控制机器。这种机器设计思想启发了著名英国诗人拜伦之女，数学家、计算机程序创始人洛芙莱斯和她的导师英国数学家巴贝齐。1834 年，巴贝齐研制成功能自动计算数学表的差分机（见图 2.13），这是历史上第一台通用机械计算机。虽然这台机器主要用于求解代数问题和处理数字，但其本质相当于一台通用数字计算机。这是计算机发展史上的一个里程碑。巴贝齐还发明了地址记忆与存储程序的方法，机器内有存储器（称为仓库），可以将数据放入其中，再把计算步骤以打孔的方式存在卡片上。这样，人们启动机器后，机器就通过处理器自动按照既定步骤做下去，直到算出结果，这在操作过程上已经非常贴近现代电子数字计算机了。

图 2.13　巴贝齐研制成功的差分机

上述机械式计算机的发展过程为后世电子计算机的发明奠定了理论和实践基础。虽然 18、19 和 20 世纪初期，数理逻辑、控制论、人工神经元、计算概念等新思想的发展为人工智能的诞生奠定了思想和实践基础，但直到数字电子计算机被发明出来以后，人工智能才成为可以实践的科学。

2.6.2　电子计算机

哥德尔的原始通用编程语言和图灵机都相当于理论，都不能直接作为设计实际计算机的基础。第一台实用的通用程序控制计算机的专利可以追溯到 1936 年，由楚泽申请。1941 年，楚泽制造出世界上第一台能编程的计算机 Z3，它使用带有移动开关的电磁继电器。楚泽还在 20 世纪 40 年代早期创造了第一种高级程序设计语言。

美国爱荷华州立大学的阿塔纳索夫教授（图 2.14（a））和他的研究生贝瑞（图 2.14（b））在 1937—1941 年开发的世界上第一台电子计算机“阿塔纳索夫-贝瑞计算机（Atanasoff-Berry Computer，ABC）”（图 2.14（c））与基于齿轮的机械计算机不同，ABC 计算机使用电子管与 Z3 不同之处是 ABC 计算机不能自由编程。

（a）阿塔纳索夫

（b）贝瑞

（c）ABC 计算机

图 2.14　阿塔纳索夫、贝瑞和他们发明的计算机

数字计算机的发展为计算概念的巩固和发展提供了有力的支持，但是，直到冯·诺依曼才真正开启现代计算机时代。1946 年 7—8 月，冯·诺依曼等在高级研究所为普林斯顿大学研制计算机时，提出了一个完善的设计报告《电子计算机逻辑设计初探》，其中心就有存储程序原则——指令和数据一起存储。这个概念被誉为“计算机发展史上的一个里程碑”，它标志着电子计算机时代的真正开始，指导着以后的计算机设计。20 世纪 50 年代，冯·诺依曼提出了现代计算机的架构并将其从工程上实现，也就是世界第一台通用目的数字电子计算机 ENIAC（见图 2.15）。人类历史出现了真正的、能进行编程使用的、功能强大的计算机器，超越人类历史上任何一个时代的机器。冯·诺依曼逝世后，未完成的手稿于 1958 年以《计算机与人脑》为名出版。

通用图灵机、控制论、人工神经元模型等理论和思想对人工智能的产生都有一定孕育作用，但却都无法直接催生并推动人工智能的发展，其根源在于一种重要的机器技术（计算机技术）太过原始。通用数字电子计算机的出现本质上是机械论的延续。因此，通用数字电子计算机作为人类发明的一种特殊类型的机器，其巨大意义在于使得人类研究如何使机器产生智能有了一种有效工具。这种机器有几乎无限的隐喻能力，最明显的是与人类大脑的比较：真实的大脑是一台复杂的生物机器。数字电子计算机使得人的思维过程可以借助工程学语言理解、描述和分析，可以直接作为发展“思考的机器”的蓝本或基础。

图 2.15　第一台通用目的数字电子计算机 ENIAC

2.7　关于人工智能的原初思想

前面关于理性主义、机械论、控制论、联结主义及计算概念的发展过程中并没有任何人提出任何关于人工智能的想法、概念或进行实践。关于机械计算机的发明和使用，其目的也并非是要实现机器的智能。

在人工智能概念产生之前，19 世纪 40 年代，洛夫莱斯伯爵夫人就曾经预言了人工智能，但她并没有提出这个概念或类似的概念。她比较专注于符号和逻辑，从未考虑过人工神经网络、进化编程和动力系统，纯粹是对技术目标感兴趣。例如，她说一台机器可能"编写所有复杂程度或长度的细腻且系统的乐曲"，也可能表达"在科学史上具有划时代意义的、自然界的重要事实"。

她所说的机器就是当时巴贝奇设计的机械计算机。她认识到了分析机的潜在通用性和处理符号（表示宇宙中的所有主体）的能力。她还描述了现代编程的各种基础知识：存储程序、分层嵌套的子程序、寻址、循环等。

1914 年，西班牙人李奥那多创造了第一个可操作的象棋终端机，是第一个实用的人工智能机器（当时，象棋被认为是一种局限于具有智力生物领域的活动）。

楚泽在 1945 年就设计计算机象棋规则，他还在 1948 年开创性地将一种编程语言应用于定理证明。

1947 年，图灵在一次关于计算机的会议上做了题为"智能机器"的报告，详细地阐述了他关于思维机器的思想，第一次从科学的角度指出："与人脑的活动方式极为相似的机器是可以制造出来的。"在该报告中，图灵提出了自动程序设计的思想，即借助证明来构造程序的思想。

1948 年，图灵撰写了与人工进化和学习人工神经网络相关的想法的论文。如上所述，哥德尔确定了人工智能、数学和计算的极限，并通过数学证明和推论了人工智能的理论基础，他还提出人类优于人工智能的理论，因此他也是现代人工智能理论的先驱。

虽然，早期人工智能概念还没有出现，但是，利用计算机模拟人类的思维的实践活动已经开始。1950 年，人工智能先驱之一马文·明斯基（他当时还是大学四年级学生）与他的同学邓恩·埃德蒙一起，建造了世界上第一台神经网络计算机，这也是现代意义上的人工智能的一个起点。1951 年，计算机科学家斯特雷奇使用曼彻斯特大学的 Ferranti Mark 1 机器写出了一个西洋跳棋程序，同时期的普林茨则写出了一个国际象棋程序。人工智能先驱之一的萨缪尔在 20 世纪 50 年代中期开发的国际象棋程序的棋力已经可以挑战具有相当水平的业余爱好者。这些活动实际上就是早期人类决策或博弈能力在机器上的体现。今天，机器棋类博弈方面的水平已经远超人类。

上述都是关于人工智能的原初思想或实践活动，当时并没有人真正从机器的角度思考思维与智能的问题，直到图灵开始思考这个问题。图灵首先从人类"计算者"模型出发得出图灵机原理，后来他又从图灵机概念出发，说明大脑和计算机的关系。图灵认为，人的大脑应当被看成一台离散态机器。离散态机器的行为原则上能够被写在一张行为表上，因此与思想有关的大脑的每个特征也可以被写在一张行为表上，因而能被一台计算机所仿效。基于这样的思想，1950 年，图灵发表了划时代意义的《计算机器和智能》的论文，首次预言了创造出具有真正智能的机器的可能性，对智能问题从行为主义的角度给出了定义，设计出著名的图灵测试（如图 2.16（a）、（b）所示分为两个阶段）："如果机器在某些现实的条件下，能够非常好地模仿人回答问题，以致使提问者在相当长的时间内误认为它不是机器，那么机器就可以认为是具有思维的。"在此基础上，图灵还在这篇论文中论证了心灵的计算本质，并批驳了反对机器具有思维的 9 种可能的意见。图灵的通用图灵机和图灵测试进一步将人的思维、认知、学习等意识活动都纳入了机器概念的范畴。

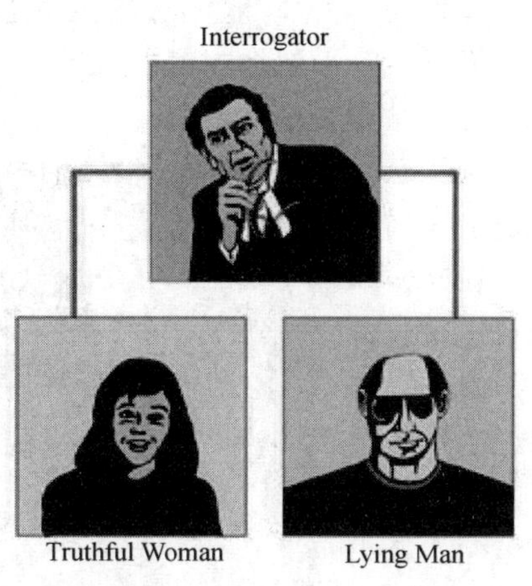

（a）人类之间的对话

（b）人与机器、人与人同时对话

图 2.16　图灵测试的两个阶段

利用图灵机可以模仿人的部分思维能力，如推理、学习、理解、决策和创造，这是哥德尔-图灵引理的推广，也是经典人工智能的图灵假说。但图灵并未使用“假说”这个术语，他认为用自然语言表达假说不够严格，所以他提出图灵测试作为机器是否具有思维能力的实证准则，通过图灵测试意味着图灵假说得到了科学实验的验证。在图灵假设的一次图灵测试中，利用计算机程序写了一首十四行诗，然后人类裁判与计算机程序进行了如下问答：

人类裁判：你的诗里说，“我能把你比作夏天吗？”如果把“夏天”替换为“春天”，是否更好？

计算机程序：替换以后不押韵。

人类裁判：换成“冬天”如何？

计算机程序：这样押韵了，但没人想被比作冬天。

为了回答人类裁判的第一个问题，这个计算机程序要能理解自然语言，其中“把夏天改为春天”属于意向性语义替换。第二个问题在字面表达之外隐晦地涉及常识、情感和因果推理，否则这个有智能的程序就无法答出“没人想被比作冬天”。图灵相信，经过大约 50 年研究，依靠“功能模仿”的计算机将能够通过这样的检验，从而让人类认为计算机“有智能”。

虽然图灵并没有明确提出人工智能的概念或给出定义，但图灵给出了人工智能的两个目标——技术和心理。他想让机器处理通常需要人类智能才能完成的有意义的事情，并模拟以生理为基础的心智所发生的过程。他的论文直接引发了人类从机器的角度考虑思维或智能问题。

1955 年，纽厄尔和西蒙（人工智能先驱人物）在兰德公司工作时，得出结论，计算机操作的二进制数字串能表示任何东西，包括现实世界中的事物。因此，纽厄尔和西蒙进一步指出，人类大脑和计算机尽管在结构和机制上全然不同，但是在某一抽象的层次上，则具有共同特征，即人类大脑和恰当编程的数字计算机可被看成同一类装置的两个不同特例，它们都通过用形式规则操作符号来产生智能行为。

人工智能的思想基础首先是图灵的“机器是否有思维”。基于这个思想衍生出“机器是否有智能”。冯·诺依曼更是将大脑类比作计算机。基于通用图灵机思想及将大脑类比作计算机的思想，人类开始将计算作为机器实现智能的方法。

1955 年 8 月 31 日，“人工智能”一词在一份关于召开国际人工智能会议的提案中被提出。该份提案由麦卡锡（达特茅斯学院）、明斯基（哈佛大学）、罗彻斯特（IBM）和香农（贝尔电话实验室）联合递交。1956 年夏天，在上述各种思想和理论，其中主要是在图灵的思想影响下，麦卡锡、明斯基、西蒙（他的中文名字是“司马贺”）和纽厄尔等一批数学家、信息学家、心理学家、神经生理学家、计算机科学家和专家学者在美国达特茅斯学院举行了史上第一次人工智能研讨会，人工智能之父麦卡锡（见图 2.17）首次提出“人工智能”这一概念，由此开创了“人工智能”这样一门新的学科。

图 2.17　人工智能之父麦卡锡

但人工智能这个术语最初也是用来反对早期控制论理的联结主义。当时的麦卡锡、明斯基等人觉得机器根据输入和输出进行自适应调整是不够的，符号主义人工智能的目标是把人工定义的程序算法和规则放入计算机系统中，这样可以从更高一级来操纵系统。所以人工智能诞生之初对联结主义的一些观点是排斥的。符号主义的最初工作由西蒙和纽厄尔在 20 世纪 50 年代推动。从那以后，研究者们发展了众多理论和原理，人工智能的概念也随之扩展。

与控制论的出发点不同，人工智能在诞生之初并不是实现机器自动化或智能化，而是直接将人脑与计算机联系起来，从计算的角度思考人类智能的本质及如何通过计算的手段实现智能。但人工智能涉及的智能机制问题却始终是人工智能的根本问题，在此基础上，研究和探索机器智能才有持久吸引力和无限的发展空间。

2.8 人工智能当代史

人工智能概念被正式提出后，才开启其当代发展历史，经过了几个主要阶段，大致可以分为形成期、发展期、飞跃期，又由于各不同时期主流技术的发展影响而经历了几次高潮和低谷。

2.8.1　形成期

人工智能的形成期大约从 1956 年开始到 1969 年。1956 年 8 月达特茅斯会议之后，相继出现了一批显著的成果，如机器定理证明、跳棋程序、通用问题求解程序、LISP 表处理语言等。纽厄尔和西蒙开发了“逻辑理论家”程序，该程序模拟了人类用数理逻辑证明定理时的思维规律。该程序证明了怀特海德和罗素的《数学原理》一书中第二章中的 38 条定理，后来经过改进，又于 1963 年证明了该章中的全部 52 条定理。这一工作受到了人们高度评价，被认为是计算机模拟人的高级思维活动的一个重大成果，是人工智能的真正开端。他们宣布：“这个圣诞节我们发明了一个有思维的机器”。数理逻辑学家王浩是第一个研究人工智能的华人科学家。在纽厄尔和赫伯特·西蒙之后，美籍华人学者、洛克菲勒大学教授王浩在自动定理证明上获得了更大的成就。1959 年，王浩用他首创的"王氏算法"，在一台运行速度不高的 IBM704 计算机上再次向《数学原理》发起挑战。不到 9 分钟，王浩利用"王氏算法"在这台计算机上把这本数学史上被视为里程碑的著作中全部（350 条以上）定理统统证明了一遍。

塞缪尔研制了跳棋程序，该程序具有学习功能，既能够从棋谱中学习，又能在实践中总结经验，以提高棋艺。该跳棋程序在 1959 年打败了塞缪尔本人，又在 1962 年打败了美国一个州的跳棋冠军。这是模拟人类学习过程的一次卓有成效的探索，是人工智能的一个重大突破。

1958 年，麦卡锡提出表处理语言 LISP，不仅可以处理数据，还可以方便地处理符号，成为人工智能程序设计语言的重要里程碑。

1959 年，塞缪尔创造了"机器学习"一词。在文章中他说："给电脑编程，让它能通过学习比编程者更好地下跳棋。"

1960 年，纽厄尔和西蒙等人研制了通用问题求解程序（General Problem Solver，GPS），是对人们求解问题时的思维活动的总结，并首次提出了启发式搜索的概念。

1961 年，第一台工业机器人 Unimate 开始在新泽西州通用汽车工厂的生产线上工作。

1965 年，鲁宾逊提出归结法，被认为是一个重大的突破，也为定理证明的研究带来了又一次高潮。同年，兰德公司委托哲学家德雷福斯撰写了一篇关于人工智能的报告，名为《炼金术和人工智能》，并发表了一个有力的论证："计算机不能做什么"。德雷福斯质疑通过推理规则可以赋予机器"智能"的说法。因为，人工智能研究者对逻辑规则的阐释完全忽视了智能身体依赖环境、语境等各种显性、隐性的因素，同时忽视了人类的行为与决策。

在 20 世纪 60 年代初，由于罗森布拉特提出的感知机，继承自控制论的联结主义方法产生了一股热潮。这一时期也是人工智能发展的第一个高峰时期。在当时，有很多学者认为："二十年内，机器将能完成人能做到的一切。"

1969 年，召开了第一届国际人工智能联合会议（International Joint Conference on AI，IJCAI），这次会议是人工智能发展史上的一个重要里程碑，标志着人工智能这门新兴学科已经得到了世界的肯定和公认。

20 世纪 60 年代末，明斯基通过对单层感知机的分析，与西蒙一起证明了神经网络不能实现异或操作，所以觉得它们是没有未来的。由此，人工神经网络被抛弃，相关项目的资金资助被停止，由于人工神经网络研究受到打击，人工智能领域也陷入第一次低潮。这一时期也奠定了符号主义学派主导人工智能的基础，直到 20 世纪 90 年代中期。

2.8.2　发展期

这一时期分为两个阶段：第一阶段是人工智能低潮时期；第二阶段是相对繁荣时期。

1. 人工神经网络导致人工智能发展的第一次低潮（20 世纪 70 年代初—20 世纪 70 年代末）

这一时期是人工智能发展的低潮时期。由于科研人员在人工智能的研究中对项目难度预估不足，不仅导致与美国国防高级研究计划署的合作计划失败，还让大家对人工智能发展前景的认识蒙上了一层阴影。与此同时，社会舆论的压力也开始慢慢压向人工智能这边，导致很多研究经费被转移到了其他项目上。

在当时，人工智能面临的技术瓶颈主要有三个方面：第一，计算机的计算能力不足，导致早期很多程序无法应用到实际中；第二，问题的复杂性，早期人工智能程序主要是解决特定的问题，因为特定的问题复杂度低，一旦问题的复杂度提升，计算机程序和硬件就不堪重负；第三，数据不足，在当时，没有大量数据来支撑人工神经网络程序学习，导致机器无法通过数据实现智能化。

1970 年，《人工智能国际杂志》创刊，该杂志的出现对促进人工智能国际学术活动和交流、促进人工智能的研究和发展起到了积极的作用。

1974 年，哈佛大学的博士生维博斯提出采用反向传播法来训练一般的人工神经网络，但当时并没有引起学术界的重视。

1975 年，明斯基首创框架理论，利用多个有一定关联的框架组成框架系统，就可以完整而准确地把知识表示出来。

1977 年，费根鲍姆在第五届国际人工智能联合会议上提出知识工程的概念，知识工程强调知识在问题求解中的作用。知识工程主要应用是专家系统，专家系统使人工智能由理论化走向实际化，从一般化转为专业化，是人工智能的重要转折点。专家系统在当时取得的成功，使人们越来越清楚地认识到知识是智能的基础，对人工智能的研究必须以知识为中心来进行。

2. 专家系统的产生使人工智能迎来第二次时期繁荣（1980—1987 年）

人工智能在 20 世纪 80 年代迎来第二个春天，专家系统对符号主义机器架构进行了重大修订。20 世纪 80 年代后，人工智能取得了很大进展，各种机器学习算法越来越完善，机器的计算、预测、识别等各方面能力都有了较大提升。

1980—1987 年，很多公司采用了被称为专家系统的人工智能程序，知识获取成为人工智能研究的焦点。与此同时，日本政府启动了一项关于人工智能的大规模资助计划，并启动了第五代计算机计划。联结主义也被霍普菲尔德和鲁梅尔哈特的工作所重振。

1980 年，卡内基梅隆大学为数字设备公司设计了一套名为 XCON 的专家系统。这是一套具有完整专业知识和经验的计算机智能系统。这套系统在 1986 年之前能为公司每年节省下来超过 4000 美元的经费。有了这种商业模式后，在这个时期，仅专家系统产业的价值就高达 5 亿美元。

但是，在这个时期，专家系统的瓶颈问题也显现了，那就是知识获取的途径一直没有得到良好的解决，主要原因在于不像现在互联网、云计算、智能手机已经普及，那个时代专家知识库的构建常常是没有完备性和可靠性保证的经验知识，专家学者和技术人员不得不依靠各种经验性的非精确推理模型。而且，在人类思维面临的实际问题中，只有很少一部分是可以确切定义的确定性问题，大部分是带有不确定性的问题。所以当知识工程深入到这些问题时，经典数理逻辑的局限性不可避免地暴露出来了。一直到 2000 年后，机器学习和深度学习的出现，科学家们才终于发现找对了方向。

3. 第二代人工神经网络（20 世纪 80 年代—90 年代）

20 世纪 80 年代和 90 年代是一个非凡的、创造的复兴时期，联结主义的关键技术在这一时期得到继承和发展。到了 20 世纪 90 年代初，符号主义人工智能日益衰落。人工智能研究者决定重新审视人工神经网络。在这个复兴时期，人工神经网络理论和算法相比 20 世纪 60 年代都有了巨大进步。

回顾历史，人们发现，即使在人工神经网络的低潮时期，仍有少数学者坚持对人工神经网络进行研究。这一时期，1979 年 6 月，现代深度学习创始人之一、加拿大多伦多大学教授辛顿和安德森在加州组织召开了一个会议，聚集了生物学家、物理学家和计算机科学家的跨学科研究小组，提出人工神经网络的新思路。

1980 年，基于传统的感知器结构，辛顿采用多个隐含层的深度结构来代替感知器的单层结构。其中多层感知器模型是最具代表性的，而且多层感知器也是最早的深度学习人工神经网络模型。随后，反向传播算法进一步被加拿大多伦多大学教授辛顿、纽约大学计算机系教授乐昆等用于训练具有深度结构的神经网络。

1982 年，美国加州工学院物理学家霍普菲尔德提出了以其名字命名的霍普菲尔德神经网络模型，标志着人工神经网络新一轮的复兴。他将物理学的相关思想（动力学）引入到神经网络的构造中，提出了计算能量的概念，给出了网络稳定性的判断。这种人工神经网络提供了模拟人类记忆的模型，在机器学习、联想记忆、模式识别、优化计算等方面有着广泛应用。1987 年，贝尔实验室成功在霍普菲尔德神经网络的基础上研制出了神经网络芯片。这些发现使得 1970 年以来一直遭人遗弃的联结主义重获新生。联结主义认为可以将认知看成大规模并行计算，这些计算在类似于人脑的神经网络中进行，这些神经元集体协作并相互作用。在这两种思想下造出的“智能”机器区别是巨大的。

1984 年，日本学者福岛邦彦提出了卷积神经网络的原始模型神经感知机，部分实现了卷积神经网络中卷积层和池化层的功能，被认为是启发了卷积和池化思想的开创性研究。

1985 年，辛顿和谢泽诺斯基发明了玻尔兹曼机（Boltzmann Machine，BM），其原理起源于统计物理学，它是一种基于能量函数的建模方法，建立在离散霍普菲尔德网络基础上的一种随机递归神经网络。

真正突破在 1986 年，罗姆哈特和麦克里兰提出并行分布式处理（Parallel Distributed Processing，PDP），重新提出反向传播算法。这一算法实际上奠定了深层神经网络训练的基础。

1986 年，格劳斯伯格创建了关于自组织的新理论——自适应共振理论，为新的神经网络奠定了基础。

1987 年，怀贝尔等提出了时间延迟网络，是一个应用于语音识别问题的卷积神经网络。同年，在美国加州圣地亚哥召开了第一届神经网络国际会议（ICNN），并成立了国际神经网络学会，标志着神经网络进入快速发展时期。此后，每年都要召开国际性神经网络的专业会议及专题讨论会，以促进神经网络的研究、开发和应用，各国在神经网络方面的投资逐渐增加。这一时期是人工神经网络的繁荣时代。

4. 人工智能第二次低潮（1987—1993 年）

但是好景不长，专家系统的功能并没有完全实现，并且更新和重新编制专家系统的难度，除了高昂的维护成本，还过于复杂，而且性能非常有限。1991 年，人们发现 10 年前日本人的“第五代工程”（智能计算机）并没有实现。事实上其中一些目标，如与人展开交谈，直到 2010 年也没有实现。与早期的人工智能一样，人们的期望比真正可能实现的要高得多。因为提出的目标没有实现，所以原本充满活力的市场大幅崩溃，对人工智能的投资下降，这就导致了人工智能第二次低潮的出现。

但是，这一时期，人工神经网络、机器学习等很多方法仍然在不断的发展。

1989 年，乐昆对 AT&T 贝尔实验室的邮政编码进行了识别，通过使用美国邮政服务数据库，他设法利用多层人工神经网络 LeNet 来识别包裹上的手写体邮政编码字符。在论述其网络结构时首次使用了“卷积”一词。虽然这些算法为当今深度学习的大多数方法提供了基础，但并没有立即取得成功。

这一时期，研究人员开始探索通过改变感知器的结构来改善网络学习的性能，产生了很多著名的单隐含层的浅层学习模型，如支持向量机、逻辑回归、最大熵模型和朴素贝叶斯模型等。当时机器学习流行的是支持矢量机也被称为核方法，是一种处理小规模数据集非常有效的方法，由瓦普内克在 20 世纪 90 年代提出，它是一个特殊的两层神经网络，但因其具有高效的学习算法，且没有局部最优的问题，在计算速度及准确度上都有较大的优势，使很多研究者转向支持向量机的研究。支持向量机的兴起，导致卷积神经网络的方法在后来的一段时间并未发展起来，深层次的人工神经网络并未受到关注。

1992 年，慕尼黑工业大学的施米德休伯和他的团队提出的非监督学习时间递归神经网络为语音识别和自然语言翻译提供了重要的模型。1997 年，施米德休伯和他的博士生合作发表了一篇关于简化时间递归神经网络的长短期记忆人工神经网络（Long-Short Term Memory，LSTM）的论文，但在当时并没有得到人们广泛的理解。这篇论文提出的技术，对近年视觉和语言方面的快速进展起着关键的基础性作用，应用于很多商业化产品中。

20 世纪 90 年代初，人工神经网络获得了商业上的成功，它们被应用于光字符识别和语音识别软件。这一时期，科学家已经在研制神经网络计算机，并把希望寄托于光芯片和生物芯片上。

5. 躯体的重要性

20 世纪 80 年代后期，一些研究者根据机器人学的成就提出了一种全新的人工智能方案。他们相信，为了获得真正的智能，机器必须具有躯体，躯体能感知、能移动，能与这个世界交互。他们认为这些感知运动技能对于常识推理等高层次技能是至关重要的，而抽象推理对于人类是最不重要，也是最无趣的技能之一。他们号召自底向上地创造智能，这一主张复兴了从 20 世纪 60 年代就沉寂下来的控制论。

另一位先驱是在理论神经科学上造诣深厚的计算机视觉专家马尔，他于 20 世纪 70 年代来到麻省理工学院指导视觉研究组的工作。他排斥符号化方法，他认为实现人工智能需要自底向上地理解视觉的物理机制，而符号处理应在此之后进行。

来自机器人学这一相关研究领域的布鲁克斯和莫拉韦克提出了一种全新的人工智能方案。在发表于 1990 年的论文“大象不玩象棋”（Elephants Don’t Play Chess）中，机器人的研究者布鲁克斯提出了物理符号系统假设，认为符号是可有可无的，因为“这个世界就是描述它自己最好的模型”。在 20 世纪 80 年代和 90 年代也有许多认知科学家反对基于符号处理的智能模型，认为身体是推理的必要条件，这一理论被称为具身的心灵/理性/认知（Embodied Mind/Reason/Cognition），也启发了今天研究人员从大脑、身体、环境相互作用的角度研究所谓“具身人工智能”这一新方向。

2.8.3　飞跃期

1. 智能体兴起与机器学习大发展

1）智能体兴起（1993 年—现在）

20 世纪 90 年代，随着计算机网络、通信等技术的发展，关于智能体（Agent）的研究成为人工智能的热点。1993 年，肖哈姆提出面向智能体的程序设计。1995 年，罗素和诺维格出版了《人工智能》一书，提出“将人工智能定义为对从环境中接收感知信息并执行行动的智能体的研究”。1997 年 5 月 11 日，IBM 的计算机系统“深蓝”战胜了国际象棋世界冠军卡斯帕罗夫，这是人工智能发展的一个重要里程。

2）机器学习大发展（20 世纪 90 年代中期—现在）

20 世纪 90 年代到 21 世纪，机器学习的发展变得十分迅猛：人类开始以数据为驱动提出预测模型算法。本质上来说，这种方法的理论基础是统计学，而不是神经科学或心理学。它们旨在执行特定的任务，而不是赋予机器通用的智能。

这一时期，新的数据科学的统计方法借用并开发了贝叶斯、决策树、随机森林等机器学习技术，在一些特定问题方面表现不俗。概率和模糊逻辑等多个角度对统计学习等领域与人工智能联系起来，以处理决策的不确定性，这为人工智能带来了新的成功应用，超越了专家系统。这些新推理技术更适合应对智能代理人状态和感知的不确定性，并在从家用电器到工厂设备智能控制方面取得良好效果。

珀尔发表于 1988 年将概率论和决策理论引入人工智能。现已投入应用的机器学习工具包括贝叶斯网络、隐马尔可夫模型、随机模型等。针对神经网络和进化算法等“计算智能”方式的精确数学描述也被发展出来。支持向量机、集成学习、稀疏学习、统计学习等多种机器学习方法开始占据主流舞台。

2. 联结主义的重生——深度学习崛起（2006 年—现在）

2006 年，辛顿提出了深度学习的概念，与其团队在文章 *A Fast Learning Algorithm for Deep Belief Nets* 中提出了深度学习模型之一——深度信念网络，并给出了一种逐层贪心算法，解决了长期以来深度网络难以训练的难题。

2009 年，本吉奥提出了深度学习另一个常用模型——堆叠自动编码器，采用自动编码器来构造深度网络。

2010 年，斯坦福大学教授李飞飞创建了一个名为 ImageNet 的大型数据库，其中包含数百万个带标签的图像，为测试和不断提升深度学习技术性能提供了一个平台。

从 2011 年开始，Google 研究院和微软研究院的研究人员先后将深度学习应用到语音识别，使识别错误率下降了 20%～30%。2012 年，辛顿的学生在图片分类比赛 ImageNet 中，使用深度学习打败了 Google 团队，应用深度学习使得图片识别错误率下降了 14%。2015 年，深度学习模型已经能够击败人类专家，整体误差仅为 5%。

2012 年 6 月，谷歌公司首席架构师迪恩和斯坦福大学教授吴恩达主导著名的 Google Brain 项目，采用 16 万个 CPU 来构建一个深层神经网络，在大量图片训练后，自主识别了一个猫脸。

随后几年，研究人员一直致力于训练能够在不同领域击败人类专家的深层神经网络。谷歌公司旗下的 DeepMind 公司开发了围棋程序 AlphaGo，该程序集成了深层神经网络、强化学习及搜索技术等多种人工智能技术。2016 年 3 月，AlphaGo 以 4∶1 的傲人成绩击败了世界围棋冠军李世石，引发全世界对人工智能的再次关注。如图 2.18 展示了其中的部分棋局。

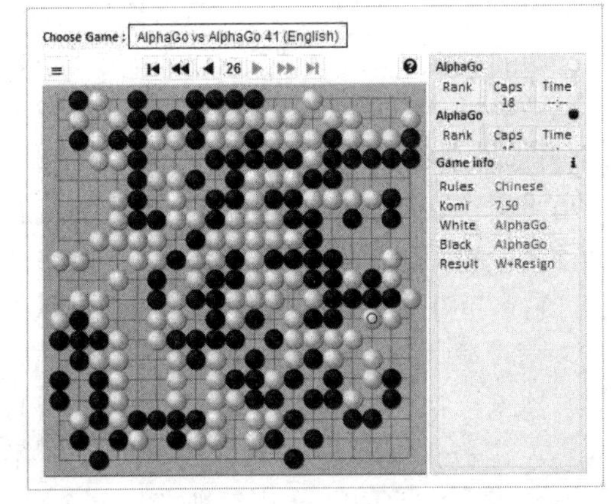

图 2.18　AlphaGo 与人类对弈的棋局

2019 年 1 月，Google 旗下的 DeepMind 公司开发的 AlphaStar 在《星际争霸 2》游戏中以 10∶1 的战绩战胜人类冠军团队。

2021 年 7 月，Google 旗下的 DeepMind 公司开发了 AlphaFold 2，其预测蛋白质的结构能达到原子水平的准确度，破解了人类生物学家 60 年来都没有解决的难题。标志着机器智能发展到一个新高度。

相比于历史上任何一个时期，基于深度神经网络的深度学习在语音处理、自然语言处理、图像识别和机器翻译等应用接连取得巨大突破和成功。一定程度上，这是联结主义人工智能战胜符号主义人工智能的标志，也表明在人工智能研究中，以人脑神经网络为原型的结构主义是一种实现人工智能的有效途径，但不代表符号主义没有价值。

3. 其他人工智能新技术不断发展

这一时期，模拟自然界鸟类飞行的粒子群算法和模拟蚂蚁群体行为的蚁群算法等用于求解函数优化等问题的优化算法被相继提出，使得从进化计算开始发展而来的计算智能、自然计算等研究领域开始逐步发展。

在联结主义的深度学习迅猛发展的同时，传统的符号处理和知识表示、搜索技术及机器学习的强化学习技术其实也在不断发展，这方面以 IBM 公司开发的深蓝为代表。

综合了多种人工智能知识表示、符号处理、搜索算法和机器学习技术的 IBM 公司的国际象棋超级计算机——深蓝，早在 1997 年 5 月就战胜国际象棋世界冠军卡斯帕罗夫，证明了人工智能在棋类等一些专业领域具有可以超越人脑的表现。

2011 年，IBM 的沃森超级计算机再接再厉，在美国一档名为危险边缘的智力竞赛游戏中打败了两位世界上优秀的人类选手（见图 2.19），由此发展了“认知计算”。

图 2.19　深蓝与人类在“危险边缘”的智力竞赛

2018 年 6 月，IBM 的人工智能产品 Project Debater 在与人类的辩论赛中，虽然语言表达有些吃力，但它所传达的信息量却赢得了在场多数观众的投票，相比人类，人工智能辩手 Project Debater 提供了更多有利的证据，更具说服力。可以说，这是人类输给人工智能产品的第一场辩论赛。虽然该产品于 2019 年 2 月在美国旧金山举办的首次大型公开辩论赛中输给人类，但依然证明了人工智能在自然语言理解和人机交流方面具有超越人类的强大优势和未来发展潜力。

知识图谱是一种实现认知智能的知识库。知识图谱与以联结主义的深度神经网络不同，它是符号主义持续发展的产物。知识图谱一开始就伴随知识表示、知识描述、知识计算与推理等多方面技术不断发展。2015 年以来，知识图谱在诸如问答、金融、教育、银行、旅游、司法等领域中取得了广泛运用。从最初的简单的对人类知识进行表示，到现在的大规模应用的知识图谱，已经前后经历了近 50 年的时间。知识图谱如今已经发展成为以认知智能为目标的新一代人工智能的重要基础技术。

在联结主义和符号主义不断发展的同时，以脑机接口、外骨骼、可穿戴为主的人机混合智能、人机融合智能，以及基于语音、手势、体感等的人机交互等的新形态人工智能技术和研究方式也不断取得进步。

由于核磁共振等物理观测和仪器技术进步，脑科学和神经科学也在不断发展，人们对大脑和神经系统认识从物理和微观层面也越来越深入，由此，也导致以生物和物理为基础的类脑计算等新型人工智能技术的发展。

2015 年以来，随着移动互联网、GPU 并行计算技术的快速发展，以及各类海量数据的应用需求，超级计算、大数据与深度学习技术相结合，引发人工智能第三轮高潮，许多历史上无法实现的人工智能技术应用能够大规模地在各种场景中得以实施和部署。

图 2.20 是人工智能技术发展脉络，同时展示了在各个时期的主要理论技术。

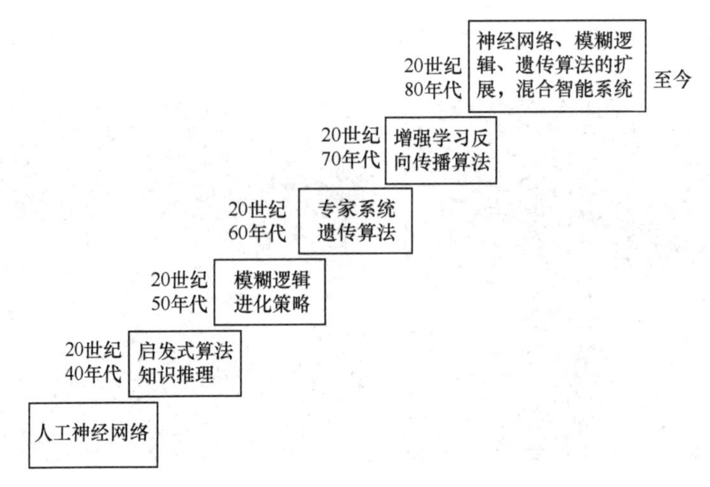

图 2.20　人工智能技术发展脉络

2.9　我国人工智能的发展

我国的人工智能研究起步较晚。1958 年，在华罗庚先生的建议下，哈尔滨工业大学计算机专业研制出我国第一台会下棋会说话的计算机。

1976 年 3 月，我国第一台自行设计的微机控制示教再现型工业机器人 JSS35（也称通用机械手）在广州机床研究所研制成功。

1977 年，中国科学院自动化研究所就基于关幼波先生的经验，研制成功了我国第一个中医肝病诊治专家系统。

智能模拟纳入国家计划的研究始于 1978 年。1981 年起，我国相继成立了中国人工智能学会（CAAI）、全国高校人工智能研究会、中国计算机学会人工智能与模式识别专业委员会、中国自动化学会模式识别与机器智能专业委员会、中国软件行业协会人工智能协会、中国智能机器人专业委员会、中国计算机视觉与智能控制专业委员会，以及中国智能自动化专业委员会等学术团体。

1984 年，召开了智能计算机及其系统的全国学术讨论会。1985 年 10 月，中科院合肥智能所熊范纶建成“砂姜黑土小麦施肥专家咨询系统”，这是我国第一个农业专家系统。经过 30 多年努力，一个以农业专家系统为重要手段的智能化农业信息技术在我国取得了引人瞩目的成就，许多农业专家系统遍地开花，对我国农业持续发展发挥重大作用。

1986 年起，把智能计算机系统、智能机器人和智能信息处理（含模式识别）等重大项目列入国家高技术研究 863 计划。1987 年，创刊了《模式识别与人工智能》杂志。1989 年，首次召开了中国人工智能联合会议（CJCAI）。1990 年 10 月，中国人工智能学会、中国电子学会、中国自动化学会、中国通信学会、中国计算机学会等 8 个国家一级学会在北京共同召开了“首届中国神经网络学术大会”，会议成立了“中国神经网络委员会”，吴佑寿院士担任主席，钟义信等担任副主席。1992 年 9 月，中国神经网络委员会在北京承办了全球最大的神经网络学术大会——International Joint Conference on Neural

Networks（IJCNN）。1993 年，中国人工智能学会与中国自动化学会等共同发起第一届“全球华人智能控制与智能自动化”大会。

进入 21 世纪后，我国的科技工作者已在人工智能领域取得了具有国际领先水平的创造性成果。其中，尤以吴文俊院士（见图 2.21）关于几何定理证明的“吴氏方法”最为突出，已在国际上产生重大影响，并荣获 2001 年国家科学技术最高奖励。现在，我国拥有数以万计的科技人员从事不同层次的人工智能的研究与学习。人工智能研究已在我国深入开展，它必将为促进其他学科的发展和我国的现代化建设做出重大贡献。

图 2.21　吴文俊院士

更多的人工智能与智能系统的研究将获得空前的繁荣和发展，并与国民经济和科技发展的重大需求相结合。2003 年 10 月，在北京举行了中国人工智能学会第一届“人工生命及应用”专题学术会议。2003 年 10 月，由中国人工智能学会牵头，与中国电子学会、中文信息处理学会等共同发起“第一届自然语言处理与知识工程国际学术会议（NLP KE03）”。2004 年，北京大学创办我国第一个“智能科学与技术”本科专业。

2006 年 2 月，中国人工智能学会会刊《智能系统学报》正式创立。2006 年 8 月，首届“中国象棋机器博弈国际锦标赛暨研讨会”在中国科技馆举行，来自海内外的 22 支队伍参加了比赛。

2006 年 8 月，在中国科技馆成功举办了“首届中国人工智能产品和科技成果博览会”（简称“智博会”），展示了我国在人工智能领域取得的众多成果。

2011 年 1 月，《中国人工智能学会通讯》正式创刊，科学技术部准予中国人工智能学会设立“吴文俊人工智能科学技术奖”。

从 2014 年至今，人工智能的热潮在几大互联网巨头的推波助澜中不断发展，对人工智能的研究主要集中在智能计算方面，尤其是在自然语言处理深度学习大模型方面，智源 1.75 万亿参数的“悟道 2.0”，全球首个知识增强千亿大模型——鹏城–百度 · 文心等均达到世界级水平。

我国人工智能学者以及国际上诸多成就斐然的李飞飞、吴恩达、何恺明、杨强等华人及国内学者在机器学习等诸多领域都取得了突破性成就，清华大学“天机”类脑计算取得的成就代表着国际领先水平，这些成就为世界、国家和社会的发展做出了卓越贡献。

2.10　本章小结

本章从人工智能的孕育史开始，介绍了对于人工智能的产生具有直接或间接影响的理性主义哲学思想、机械论、计算概念、计算机器、控制论、联结主义、人工智能萌芽思想等内容。在这些思想和早期实践基础上，人工智能才能在现代诞生。学习和理解诞生前历史中的各个时期重要人物的主要思想和贡献，对于认识人工智能的复杂性具有很大的启发意义。现代人工智能历史也是曲折发展的，也说明了人工智能的复杂性。学习和理解人工智能，在重视学习具体技术的同时，更应重视如何从源头开展原始创新。通过人工智能发展历史的学习，使我们认识到现代人工智能发展和深入都离不开早期那些先驱者们的原创思想的影响，并激励后人在未来人工智能发展道路上砥砺前行。

习题 2

1. 理性主义对于人工智能的产生起什么作用？

2. 在人工智能孕育史上，举例说明发挥主要作用的思想内容及其意义。

3. 控制论对于人工智能的发展发挥了什么作用？控制论对于今天的人工智能发展是否还有意义？

4. 如何理解人类对计算概念的逐渐形成过程，机械计算机、电子计算机对于人工智能的发展有什么作用？

5. 查阅资料，梳理联结主义的发展历程，包括主要人物的历史贡献；阐述联结主义对于人工智能的作用和意义。

6. 查阅资料，梳理人工智能发展历史上华人学者和我国人工智能发展历程中主要人物思想及其贡献。

第3章 人工智能哲学基础

本章学习目标

1. 掌握和理解与人工智能相关哲学分支的基本理论和思想。
2. 掌握和理解不同哲学分支对人工智能研究和思考的作用和意义。
3. 从哲学角度思考人工智能的根本问题，如何从哲学中发现对人工智能有益的新思想和新见解。

学习导言

“哲学”起源于2500年前的古希腊，意即“爱智慧”，它是关于世界观的学说，也是自然知识和社会知识的概括和总结。与人工智能有关的哲学概念主要涉及心灵、心智、理性、情感、物质、意识、经验、概念、范畴、本体、逻辑、推理、伦理等，对这些概念有很多不同的哲学观点或理论，也形成不同的哲学分支，主要包括一元论、二元论、理性主义、经验主义、主观主义、客观主义、心灵哲学、心智哲学、计算主义等。

时至今日，虽然我们看到以深度学习为首的人工智能技术在诸多领域中大放异彩，但在工业界和学术界中，如自动驾驶、家政机器人和对话机器人等这类需要长期依赖和学习的技术的发展，却比人们预期得要缓慢和艰难得多。导致在这些领域中出现的困境，以及人工智能几度兴衰的根本原因是人类对“智能”的定义偏差和复杂性理解上的限制。

哲学、认知科学等学科给予人工智能研究的最大启示是，需要拓展人工智能学科的思想边界，将眼光瞄向不同学科，看看这些领域对智能的研究到了什么程度，并且是怎么认识的。

本章主要从哲学角度思考人工智能研究所涉及的基本问题，如心灵、意志、生命等这些根本问题是否可能在机器上实现，机器与人的根本差距是什么，以及现阶段人工智能研究方式存在的问题，创造类人机器智能的思想和方法。通过人工智能哲学进行思考，培养高尚的人类道德观、伦理观、价值观。

3.1 人工智能的哲学概念基础

在传统哲学领域中，认为世界本源是物质的，而认为世界本源是精神、意识的，是唯心主义一元论；认为世界本源是物质和精神或意识两个本源的，就是唯心主义二元论。唯物主义一元论认为物质决定精神，但它难以解释人们的思维或精神对人体或行为的支配和取向。人们无法理解这种附带现象为什么是意识。因此，人工智能与人类智能在哲学基本问题上都是一致的，要解决强人工智能问题，实现类人智能，或者创造具备人类思维能力的机器，同样需要先理解生命、智能等这些基本问题。关于人工智能的基本哲学涉及宇宙、生命、物质、信息及智能、意识、意志等人类所生存其中的世界和自身的所有这些根本问题，这些问题目前还不能完全通过科学给出完美的解答，仍然需要形而上学的思考。

3.1.1 计算、算法与心灵、智能的可计算

虽然人类很早就学会了各类计算，但直到 20 世纪 30 年代以前，还没有人能真正说清楚计算的本质是什么。正如第 2 章所述，20 世纪 30 年代，戈德尔、邱奇、克林尼、图灵等一批数学家和逻辑学家已经为我们提供了关于可计算性这一最基本概念的几种等价的数学描述，特别是有了图灵机概念后，数学家给出了著名的邱奇-图灵论题，指出领先地位可能行可计算函数或称算法可计算函数都是递归函数，也就是图灵可计算函数，或称图灵机算法可实现的函数。简而言之，计算就是符号串的连续变换。而与计算紧密联系的另一个概念则是所谓的算法，算法是求解某类问题的通用法则或方法，即符号串变换的规则。人们常常把算法看成用某种精确的语言写成的程序，算法或程序的执行和操作就是计算。对于人工智能而言，心灵、意识、心智、智能是否可计算？是否可以用算法和程序实现？大脑是不是一种生物计算机？存在描述智能机制的数学模型吗？这类问题目前根本无法用数学或其他理论分析加以解决。

3.1.2 意识

关于意识，心理学家、哲学家、科学家都有不同的理解。意识直接涉及心灵与身体的关系问题。心身问题也被称为意识的硬难题。这个词最早由美国当代哲学家戴维·查默斯（David Chalmers）提出，一直沿用至今。他把理解人类意识的问题分为简单问题和困难问题。科学研究能够逐步理解如何从大脑的结构和机制上产生知觉、记忆和行为的意识表现，这些所谓简单问题的科学研究，都无法越过物质与精神的藩篱，解决身心关系的困难问题，证明主观意识如何从物质基础上涌现出来。

如果说意识是主体对模糊信息刺激反应过程的记忆结果，那么可以说大脑也是这种记忆的产物。如果这个观点正确，那么意识就简单地成为记忆问题了。

意识也可以理解为一种对自我和周围有所察觉的状态，将察觉替换为认识，自我替换为自身存在，意识就是一种对自身和周围的存在有所认识的心智状态。它是一种心智状态，如果没有了心智，也就没有了意识，它是心智的一种特殊状态。有心智操纵的特定感官丰富了意识，心智状态中也包含了自身存在的环境，也就是周围的客体和事件，意识就是加入了自我加工的心智状态。

神经心理学家达马西奥对区分了两种意识：大范围意识和小范围意识。小范围意识类型是核心意识，它对此时此地的感知，不会受到过去的太多的影响，也很少或不受未来的影响，它围绕核心自我，与人格有关；大范围意识类型也称为扩展意识或自传体意识，这是因为当个体生命的大部分都参与其中，过去的经历和期待中的未来主导着这一过程时，这种意识涉及人格及其同一性。

近十年人工智能的发展表明，依靠计算机的算力，结合大数据和深度学习算法可以产生强大的机器智能，机器智能不需要意识也可以解决很多复杂的问题。但是，就人工智能的终极目标而言，实现类人的机器智能，是否需要创造具有自我意识的机器就是一个难以避免的问题了。

3.1.3 理性与非理性

理性是一个非常古老的问题。作为人类所特有的一种能力，理性同人类历史一样古老，可以说人类的起源就是理性的起源。理性，一般词典上的解释主要有两层含义：一是指属于概念、判断和推理的思维形式或思维活动；二是指理智，即在以认识、理解、思考和决断为基础的控制、行为的能力。2000 年来，理性一直被用来定义人类的本质。理性不仅包括人类的逻辑推理能力，而且包括提出质疑以及解决问题的能力，还包括评估、批评和思考人们应当如何行动的能力，以及如何理解人们自身、他人和世界的能力。

人类精神现象中包括理性和非理性，人类的精神的理性形式主要包括概念、判断、推理等逻辑思维形式及其系统化、理论化的思维、思想、理论、学说等。理性作为人类的一种精神能力，总是同逻辑思维、逻辑推理、理由、合理、原因、道理、条理、理论等相联系。理性是构成智能的综合能力之一，智能更多地偏向于感性、知性、理性等推断能力。现阶段的所有人工智能技术还达不到这个智能的内涵要求。

所谓非理性因素是指那些与理性因素相对的，理性思维所不能理解、逻辑概念所不能表达的主体心理形式，具体分为两类：一类是指那种不自觉的、不必通过理性思考的人类的认知结构中的直觉、灵感、顿悟等思维方式；另一类是指以表现和实现主体的内部状况与欲求等为主要功能，直接参与人的意向活动的心理结构的非理性因素，如意志、信念、习惯、习俗、情绪等心理现象。

人类精神的非理性形式主要包括人的本能、欲望、需要、意向、动机、希望、愿望、潜意识、无意识、下意识、感觉、表象、情绪、情感、意志、灵感、直觉、想象、猜测、信念、信仰等。这些都是现阶段的机器智能所不具备的，因此也就不可能实现人们所期望的类人机器智能。

3.1.4 智能

智能究竟是思想还是行为？对于智能本身的理解，是人类通过自身智能从开始观察、研究各种生命表现出来的智能现象逐渐形成的，近 50 年借助先进的科学手段才有了越来越深刻的认识。

对于所谓智能的认识，包括中国古代思想家孙子、孔子、孟子、荀子等，一般把“智“与“能”是两个相对独立的概念。例如，孙子（约公元前 545 年—约公元前 470 年）提出：智能发谋，信能赏罚，仁能服众，勇能果断，严能立威，五德皆备，然后可以成为大将（《十一家注孙子·计策》）。孙子所说的智能与人的谋略有关。

古代西方对智能的传统解释是，人的肉体中充满一种非物质实体——灵魂，它通常被想象为某种鬼怪或精灵。但这种解释有一个难以解决的问题：灵魂如何与有形的物质相互作用呢？在古代西方，智能还常被归因于某种能量流或力场。

不同历史时期的人们以及不同专家、学者对智能的认识都有一定差异，且随着时代发展而变化。智能的概念试图阐明和规整一系列发生在动物和人类身体的复杂现象。尽管在一些领域已经有了一些详细的阐释，但还没有一个概念化的结论能回答所有这些重要问题，更没有一个能达成一致的结果。

出于人工智能研究的需要，不同时期的专家、学者们从生物、心理、行为、结构与功能、人与环境、人与社会等多个不同的维度提出了不同的智能的定义，详细内容参见附录。

本书沿用作者的《人工智能导论》中的定义：智能是个体能够主动适应环境，获取信息并提炼和运用知识，理解和认识世界，采取合理可行的策略和行动，解决问题并达到目标的综合能力。

该定义有三层含义：第一，智能的基本能力是能够适应环境，无论对低级生命还是高级生命。第二，智能是一种综合能力，包括获取环境信息，利用信息并提炼知识，采取合理可行的、有目的的行动，主动解决问题等能力。第三，这种综合能力具有主动性、目的性、意向性，正常人的智能除了本能的行为，任何智能及行为都是意向性的，体现主观自我意识和意志。主动性、目的性的背后是意向性，这种意向性的深层含义是人类具有概念与物理实体相联系的能力。这种人类个体的综合性能力，具体包括感觉、记忆、学习、思维、逻辑、理解、抽象、概括、联想、判断、决策、推理、观察、认识、预测、洞察、适应、行为等，其中除了适应和行为是人脑的内在功能的外在体现，其余都是人脑的内在功能，也是人类智能的基本要素。

上述对有关智能的定义和讨论启发我们进一步思考人工创造物是否可能产生类人思维或智能。目前，智能的概念常常在实际中被滥用，进一步导致人们对人工智能技术的误解，产生"人工智能技术可以毁灭人类"之类的不切实际的错误认识。事实上，所有人工智能技术都不是对真正的智能机制的实现，而是从不同角度的模仿，恰如盲人摸象一样。

3.2 与人工智能有关的哲学分支

哲学有很多分支，不是所有的分支都与人工智能有关。事实上，关于人工智能的哲学就是一个哲学分支。人工智能的产生受到历史上理性主义、机械论等很多哲学思想的影响，其中逻辑三段论、理性等哲学思想至今仍然是人工智能的核心问题，通过计算的方式并没有在机器上完美复现人类的理性智能。深度学习欠缺逻辑推理、因果学习能力是学界公认的根本缺陷。这些问题目前还不能完全通过算法在电子计算机上实现，意识与智能、智能与身体的关系也没有像物理学一样的简洁的数学公式能够描述。尽管数学是发展人工智能理论和设计人工智能理论和模型的基础手段，但数学并没有帮助人工智能建立起像物理学一样的完整的理论体系，包括深度学习在内的重要方法无法用统一的数学模型加以解释和描述。这些问题的根本原因仍然在于人们对于"智能"的理解仍然停留在表面现象层面，还无法窥视其本质，其本质以人类目前的技术和理论水平还难以形式化描述和理解智能的本质。因此，哲学还要在其中发挥作用。一些重要的哲学分支对于理解智能、认知、语言、意识等根本问题还是有很大帮助的。因此，学习和理解人工智能是不能抛开哲学的，单纯在算法和技术层面不能发展出真正的人工智能。有助于人工智能发展的哲学分支主要有以下两个。

3.2.1 心灵哲学

一般认为，现代西方心灵哲学是从笛卡儿开始的。心灵哲学是对心灵的研究，它所研究的问题包括意识是什么？“心灵”在哪里呢？与“我”有什么关系呢？“我”是否在物理身体之外呢？“心灵”与我的大脑是否是同一样的东西？心灵、意识与智能是什么关系？心灵与我们身体的关系是怎样的？

心灵哲学主要有两个方向：一个方向是偏向肯定身体与行为的物理主义与行为主义；另一个方向是偏向肯定心灵的理想主义（或观念论），主要有一元论、二元论和多元论三种类型。一元论主要是物理主义或唯物主义，物理主义主要观点是心理的概念可分析为关于行为的概念。肯定只有身体和行为才是最真实的，思想与情感等东西都是由物理性质的身体所形成的，如大脑的电子脉冲，肌肉的化学反应等物理现象会形成人类各种思考和情感反应。

当笛卡儿系统地提出了心身二元论，才将心身关系问题尖锐地摆在了哲学面前，成为从那时起西方心灵哲学最关注的问题之一。笛卡儿的名言“我思故我在”区分出外在的世界和内在的心灵，世界与心灵是两个领域，有区别但又互相影响。15 世纪荷兰哲学家斯宾诺莎认为所有存在都是有心灵一面和物质一面，心灵与身体是不能分开的，是同一存在的两个面向。例如，思想是心灵的表现，但从另一面向看，便是大脑脉冲的表现。因此，西方传统哲学所论之“心”，主要包括两种机能，一种是心灵与世界的关系，即心灵如何知道世界的问题；另一种机能是意志的机能，即心灵如何使我们的身体产生行为，即如何实践出心灵的要求的问题。

二元论分为实体二元论和属性二元论两种。属性二元论不同于实体二元论的地方在于：它否认非物质的精神实体的存在，否认有两种二元异质、互不相干的实体，只承认一种实体，那就是物质实体的存在。但是另一方面，它承认有非物质的、不能还原、归结或等同于物理属性的心理属性的存在，也就是说在世界上尤其是在人类身上存在着物理和心理这样两种独立的、不能相互归结和还原的二元属性。与此相应，心理概念与物理概念、对人的心理学解释和物理学解释也是不能相互归结的，而都有其自己的独立价值和自主性。

心灵哲学上的实质二元论是指把有意识的智慧看成是一种非物质性的实质的东西，即认为其可以暂时脱离所依附的物质的东西而独立存在。这就是笛卡尔的主张。现代神经科学的研究则更可以被认为是对实质二元论给予了致命的打击。例如，人类现已认识到, 很多种孤立的认知缺陷无法说话、无法阅读、无法了解语言、无法认识面孔、无法加减、无法驱使肢体、无法把新的信息放进长期记忆等，都与大脑某个特定部分受到了伤害有着密切的联系。因为这方面的研究已经清楚地表明了心理活动对于大脑这一特殊的物理系统的依赖性。“性质二元论”的基本立场并不在于确认我们应当把有意识智慧看成非物质性的实质的东西，而是突出地强调了心理活动的“不可化归性”，即认为有意识智慧具有这样一些特殊的性质，不可能借助于大脑的物理性现象获得彻底的解释。事实上，在一些二元论者看来，智慧的某些特性可以被看成区分大脑这一生物系统与其他物理系统的根本分界线。例如，现代计算机已经能够执行十分复杂的数学推理和计算了，人类已经建造出了能够熟练处理语言的智能系统。因此，人们不禁要问：人的智能与机器的智能是否存在有任何真正的、绝对意义上的分界线？

事实上，心灵哲学的根本问题同样是人工智能的根本问题。图灵提出的“机器是否有思维”这一问题，其根本就是一个心灵哲学问题。因此，对于人工智能研究而言，在明确研究目标基础上，我们需要理解心灵、意识的物质基础到底是什么？心灵是否可以独立于物质而存在？心灵一定要依附于大脑和身体吗？或者说，一定是与人类一样的身体、大脑才会有心灵吗？智能机器是否可能拥有自己的心灵？对这些问题的回答，决定了人类是否可以在机器上实现类人智能。对这些问题的理解有助于我们去研究不同形式的人工智能。

3.2.2 心智哲学

心智哲学主要从哲学的角度探索心智的本质与内在的工作原理和机制、心理过程与一定的脑过程的关系（心脑问题），对有关心智的各种心理概念进行理论分析，涉及本体论、认识论、逻辑、美学、语言哲学等领域。心智哲学所研究的主要是这样一个问题：什么是有意识智慧的本质？或者说什么是心理状态和过程的本质？

心智是与身体机能有关的现象，而心灵是心智的一种表现。关于心智的最深刻的问题之一是：什么使智能变得可能和什么使意识成为可能？达尔文认为脑分泌心智，而哲学家约翰·塞尔（John Searle）认为，脑组织的物理化学特性以某种方式产生了心智，就像乳房组织分泌乳汁一样。

在心智哲学历史研究中，可以清楚地看到二元论与唯物论的对立：后者主张心理活动只是一个复杂的物理系统——大脑的各种微妙的状态和过程；与此相反，各种二元论者则认为心理活动不仅是一个纯粹的物理系统的各种状态和过程，而是构成了其本质并非物理性的另一种现象。例如，各种关于“灵魂不灭”的学说或主张显然就属于以上所说的二元论的范围。

心智哲学也是涉身的、与经验相关的，著名认知语言学创始人乔治·莱考夫将这种新的世界观称为涉身哲学或具身哲学。与传统的西方哲学在理智、概念、自由、道德等关于人的概念都不强调身体的作用相对，具身哲学所看待的人有四大特点：一是具身的理智，包括具身的概念、仅通过身体的概念化、基础层级的概念、具身的理智、具身的真值和知识、具身的心智；二是隐喻的理智，包括基础的隐喻、隐喻的推理、抽象理智、概念的多元论、非普遍的工具、目的理性；三是有限的自由，包括无意识的理智、自动概念化、概念转变的困难、具身的意志；四是具身道德，包括隐喻的道德、人类道德系统的多元论等。总之，具身哲学是一种与身体、大脑、心智、无意识、本能及内在语言和隐喻相关的新的经验哲学体系。

与“性质二元论”相对，心智哲学中的“恒等论”强调的是，各种心理现象和过程都可借助大脑或中央神经系统中某种类型的物理状态或过程得到彻底的解释。

计算机技术和人工智能的研究对心智哲学研究也带来影响，“计算机是否具有思维”这样的问题从另一侧面为人们积极地去从事关于有意识智慧本质的思考提供了重要的动力。

心智哲学以机器为参考来思考人的心智。人工智能则以人的心智为蓝本思考机器的心智。对于人工智能而言，机器是否有智能与机器是否有思维、机器是否有心智等同于一个问题，但关键是机器如何产生心智？人类心智与机器心智有统一的物理或物质基础吗？

3.2.3　计算主义哲学

1. 计算主义哲学与人工智能

计算主义哲学有着深远的哲学源流与宽广的历史背景，是对哲学史上的朴素唯物论、机械论、目的论、毕达哥斯主义和柏拉图主义的扬弃与发展，大致说来，计算主义植根于古希腊朴素原子论传统、毕达哥拉斯主义和柏拉图主义传统，以及亚里士多德的目的传统。

亚里士多德是目的论的创始人，他认为宇宙是一个有机体。自然是具有内在目的的，他的一切创造物都是合目的的，这种合目的性只有通过自然自身的结构和机制来实现。有趣的是，亚里士多德在提出目的论的过程中，竟然表现出“程序自动化”和自动机的思想。尽管亚里士多德所说的“自动机器”特指一种十分简单的自动机械装置，但它具有的程序性特征，隐含了现代自动机理论和人机类比的思想萌芽。

计算主义给人们的启示是：特定的自然规律实际上就是特定的“算法”，特定的自然过程实际上就是执行特定的自然“算法”的一种“计算”，因而在自然世界中就存在着形形色色的这种“自然计算机”，因此有了如下一些理论假设或观点：

一是把人看成一部自动机，运用数学方法，建立数学模型，然后创造出某种方法，用计算机去解决那些原来只有人的智能才能解决的问题。

二是把人看成符号加工机，采用启发式程序设计，模拟人的智能，把人的感知、记忆、学习等心理活动总结成规则，然后用计算机模拟，使计算机表现出各种智能。

三是把人看成一个生物学机器，从人的生理结构、神经系统结构方面来模拟人的智能。造出“类脑”“类人”的机器。

四是把脑看成计算机，把心智、认知、智能都看成由计算实现的过程或其本质都是计算。

机器是否有思维与机器如何能够有思维或有智能是两个不同层面的问题，前者从根本上是一个哲学问题，因为它并没有指出机器如何具有思维。后者可以被看作一个科学问题或工程技术问题。

计算主义的发展、计算机的出现及人工智能的发展对心灵哲学也产生了影响，最主要体现在将心灵比作计算机的思想。心灵的计算机模型的基本观念是：心灵是程序，大脑是计算机系统的硬件。经常看到的说法是：“心灵之于大脑正如程序之于硬件”。主要包括以下三个问题：

（1）大脑是数字计算机吗？

（2）心灵是计算机程序吗？

（3）大脑的操作能否在数字计算机上模拟？

塞尔已经对问题（2）给出了否定的答案。因为程序是由完全形式化地或句法地定义的，而心灵具有内在的心智内容，随后得出的结论是，程序本身不能构成心灵。程序的形式句法本身不能确保心智内容的出现。他在著名的“中文房间论证”中表明了这一点。一台计算机可以在程序中为了诸如理解中文的心智能力而运算步骤，却不理解一个中文单词。论证基于简单的逻辑真理：句法本身不等同也不足以形式语义。因此对第（2）个问题的答案是“不是”。

对于问题（3）的回答，如果回答“是”，那么就可以自然地解释。该问题意味着：

有没有一些对大脑的描述，在这样的描述下人类可以做一个计算模拟大脑的操作。为了讨论这个问题，塞尔把该问题等价为："大脑过程是可计算的吗?"塞尔称"拥有心灵就是拥有程序"的观点为强人工智能，"大脑过程（与心智过程）能够被计算模拟"的观点为弱人工智能，"大脑是数字计算机"的观点为认知主义。

按照塞尔的观点，计算并非人类心灵、心智的内在特征或本质，因此，在人工智能领域，通过计算使机器具备类人的强人工智能、心灵或心智是不可现实的或不可能的。再者，人类智能的多元性、多因性及情感和理性的复杂关系，记忆（记忆分子）与学习的复杂物理基础等，都使得单纯通过计算方式实现类人智能显得不切实际。

计算实现的不是全部的人类智能，也不能实现全部的人类智能。计算机通过程序和二进制计算模拟人类智能的共性部分，实现的是人类智能的一部分，也就是初级的逻辑推理、语言、行为等方面，以及视觉感知智能。但是通过计算的方式发展出的专用机器智能已经远超人类某些方面的智能水平。例如，人类已经无法理解机器下围棋的策略。应该说，现阶段人工智能在类人智能方面没有什么突破，在通过模拟人类智能的某些特征或现象并用于某些实际问题却取得了巨大成功。

计算主义在数学上也面临挑战。既然等价于图灵机的现代计算机只是实现一个形式系统，按照哥德尔定理，一个包含算术的自洽系统，一定存在着不能被它证明的命题，这意味着人类的心灵能够"看出"某个命题真伪，但不能被形式推理所证明。因此人的心灵能力不能被拥有不矛盾知识的形式系统所刻画，这表明了早期的以逻辑推理为核心的智能系统的局限。

2. 非冯·诺依曼结构的计算机

长期以来，人们一般不注意图灵机与计算机之间的区别，因此往往把计算主义强调的计算概念等同于图灵主义的计算概念。但是，英国人工智能哲学专家、认知科学家斯洛曼论证说：人工智能中的计算机不同于图灵机，它们分别是两种历史过程发展的结晶，其中之一是驱动物理过程、处理物理实在的机器的发展；另一种是执行数字计算操作抽象实在的机器的发展。机器完成对数字抽象实在的操作能力可从两方面研究，即理论和实践，图灵机及其理论化只对理论研究有意义。

现代计算机的软/硬件都不是自发进化而成的，因此计算机不会具备人脑的本质特性。人是感性和理性的矛盾统一体，人类的智力似乎是一个由各种错综复杂的、紧密相连的属性所组成的复杂集成系统，其中包括情感、欲望、强烈的自我意识和自主意识，以及对世界的常识性理解。因此，让现代计算机做对人类来说非常困难的事情往往更容易。例如，解决复杂的数学问题，掌握国际象棋和围棋等游戏，以及在数百种语言之间互相翻译等这些对现代计算机来说都相对容易。这是一种被称为"莫拉韦茨悖论"（Moravec's Paradox）的问题，它以机器人学家汉斯·莫拉韦茨（Hans Moravec）的名字来命名，他写道："让计算机在智力测验或下跳棋时表现出成人水平的表现相对容易，但在感知和行动能力方面，计算机穷极一生很可能也达不到一岁孩子的水平"。莫拉韦茨这样解释了他的悖论："人类经历了上亿年的进化，大脑中深深烙印着一些原始的生存技能，其中包含了高度进化的感官和运动机制，这些都是人类关于世界本质及如何在其中生存的上亿年的经验。我相信，执行这种需要深思熟虑的思考过程是人类最外化的表现，而其背后深层次和有效的则是源于这种更古老和更强大的感知和运动能力的本能反应。而这种支持通常是无意识的。换句话说，因为我们祖先的强大进化，我们每个人都是感性理解、人情世故和运动领域的杰出运动员，我们实在是太优秀了，以至于我们在面对实际中十分困难的任务时还能驾轻就熟。”

事实上，在讨论强人工智能能够实现时，无论基于人机类比或者心机类比的思想，还是将人脑、心智、心灵比作计算机的哲学隐喻，其隐含的是将计算作为一种系统运行的本质，也就是计算主义的根本思想，同时在实现机制上，隐含的是图灵计算机和冯·诺依曼结构的计算机，也就是说，人类所讨论的事实上都是基于冯·诺依曼结构计算来实现强人工智能的。但是其结构与人脑的结构有本质区别，即可以把人脑看成计算机，但不必是冯·诺依曼结构的计算机，也可以将心智、心灵、智能看成是可计算的，但不一定是图灵计算机和冯·诺依曼结构的计算机。

目前，有几种新架构计算机在发展中，在物理层面有很大突破的非冯·诺依曼结构计算机，包括生物分子、量子、忆阻器、神经形态等。未来通用或类人的人工智能可能需要一种全新的计算机架构。

总而言之，现代人工智能发展实际上是建立在计算主义思想基础上的，也就是希望通过算法和程序实现类人的智能，也发展到从大脑结构开始设计类脑计算机，但是无论传统的计算还是新的计算方式都是回避了智能的本质问题的追问。

Phi 理论——如何判断计算机究竟是否有自我意识

计算机是实现人工智能的主要手段。计算机究竟是否有自我意识？Phi 理论显示人类可能不是唯一具有自我意识的物种。2016 年、2017 年的人机围棋大战使得有些人开始担心计算机将取代人类。但有学者给民众吃定心丸，说机器无论如何发展也不可能具有人类一般的意识。这里所说的人类意识包括情感、自我意识和环境感知意识。但是，也有科学家辩驳说：动物和人类一样有意识，而且将来可以用 Phi 理论来判断计算机是否也能具有所谓的“人类意识”。

Phi 理论认为如果两个物理基本条件得到满足，一个物理系统就可以产生意识。

第一个条件是物理系统必须有非常丰富的信息。如果一个系统知道大量的事物，如一部电影的每一帧，但是每一帧都明显不同，那么我们可以认为意识经验是高度分化的。大脑和硬盘都可以包含这些分化信息，但是一个有意识，一个则没有意识。所以硬盘和大脑之间的区别是什么？那就是，大脑还可以高度集成。个体输入之间千丝万缕的交错联系远远超出了当今的计算机。这就引出了第二个条件，那就是对于意识的出现，物理系统必须能高度集成。人们无法将一帧帧的电影分成一系列静态的画面，同样也不可能完全将信息与感官分离。这就表明集成是衡量我们大脑和其他复杂系统区别的指标。这个指标在理论中用 Phi 表示。一些事物具有的 Phi 值低，如硬盘，它无意识。一些事物具有高 Phi 值，如哺乳动物的大脑。

Phi 理论有趣的地方在于它的预测可以用经验测试。如果意识对应到一个系统中的集成信息数量，那么近似 Phi 值作为指标就可以区分意识的不同状态。最近，就有一组研究人员实践了这一想法，开发了一个仪器用于测试人脑集成信息量。他们用电磁脉冲来模拟大脑，并可以从所得到的复杂的神经活动中区分醒着的大脑和麻醉的大脑。如果意识确定是高度集成而出现的特征，那么有可能所有复杂系统都或多或少具有某种形式的意识。扩展开来，如果意识定义为系统中的集成信息量，那么意识就不再是人类独有的，计算机也可以拥有意识。

3.3 人工智能本体论

哲学上的本原是指万物都由它构成，最后又都复归于它的那种东西。关于本原的不同规定，形成了不同的哲学观点。物质、意识、信息、能量哪个是客观世界的基础，抑或是四者共同构成了客观世界的基础？这个涉及世界本质的根本问题，是许多哲学家、物理学家都很头疼的问题。

3.3.1 唯物主义一元论与人工智能一元论

精神与物质的关系是哲学的老话题和基本话题，人工智能哲学使我们不得不又回到这个问题上。人工智能的本质是什么？或者本体论意义上的人工智能是什么？回答这些问题，仍然首先要回答“生命、物质、意识、智能、心智的本质都是什么？”这样一个根本问题，以及它们之间的复杂关系。

在人工智能领域，许多人认为人的思维和意识是人脑组织工作的附带现象或偶发现象。只要制造的东西具有像人脑那样组织结构就会产生意识和思维。所以说为了制造思想机器，人们不得不抛弃精神与物质的二元论，而转向一元论，成为彻底的唯物主义者。

唯物主义基本观点是物质决定意识，人类的大脑这种物质决定了人的意识和智能。但人工智能对唯物主义的挑战在于：这个身体不一定或必须是“人类”的碳基身体，非碳基的有智能的“身体”是否会有“心灵”，一定要有心灵吗？它又如何产生“心灵”？这些都是实现真正的人工智能的基础问题。

当代哲学家勃克斯（A. W. Burks）在 20 世纪 90 年代提出“逻辑机器哲学”。该哲学的核心思想就是“一个有穷自动机可以实现人的一切自然功能”，这种思想曾遭到心灵哲学家和逻辑学家的强烈批判。塞尔认为，应该从“生物自然主义”出发看待身心问题，因此，认识等心灵行为的基础是身体。而逻辑学家则依据“哥德尔不完备定律”，认为心灵无法为数学所全部描述。人工智能哲学家德雷福斯从海德格尔的存在学说和梅洛庞蒂的身体理论出发，认为“智能是与处境相连的；它由处境共同决定，在处境中人类发现自己”，因此，“智能是置入的，也是需要人类身体的”。具身哲学指出，智能与身体是一体的，人的经验、认识都来自身体内部与环境的相互作用。因此，对于人工智能而言，计算是有限的智能，非计算部分的智能、情感等需要身体参与。由此，可以看出，人工智能化背后隐藏的核心问题仍然是哲学中的身心二元关系问题，而要解决身心二元关系问题，首先要说明心灵是什么，主体性意识就属于心灵中最为重要的一个议题。

3.3.2 人工智能本体论的核心问题

人工智能一方面要承认唯物的身心实质一元论，但这种一元论与心灵哲学的一元论是有区别的。人工智能哲学基础是唯物主义一元论。智能可以在机器上实现，但智能不一定依靠大脑这种生物体实现。智能的实现形式不同，但必须有一种物质介质。人工智能一元论可以表述为：决定意识和智能的物质不一定是大脑，可以是某种物质机器，包括躯体，如果有躯体，那么这实际又是一种“性质二元论”思想。这是一切现代人工智能技术的核心出发点。

人工智能专家及认知科学家在其研究活动中往往采取了功能论或恒等论的立场，即认为就心理活动的研究而言，重要的并不在于揭示出这些心理活动在大脑中是如何真实地得以实现的，而主要应从功能性的角度去进行分析。例如，从这样的立场出发，在人工智能的研究中就未必一定要以生物体的大脑为原型去从事研究，也可以更加注重相应程序的开发，只要这些程序能够表现出同样的功能。

因此，人工智能本体论的核心或本质问题就是身心一元论、功能论或恒等论的问题。创造人工智能首先要承认唯物的身心实质一元论：决定意识和智能的物质不一定是大脑，可以是某种物质机器，包括某些形式的躯体（如果人类所创造的某种智能系统有躯体）。智能可以在机器上实现，但智能不一定依靠大脑这种生物体实现，也就是说，智能的实现形式不同，但必须有一种物质介质。人工智能和人类智能产生智能的物质基础不一样，碳基生命的人类有智能，硅基无生命的机器通过信息处理或加工在功能上实现智能。也就是人工智能实际上采取了功能论的立场。这种实质一元论和功能论、恒等论共同构成了现代人工智能技术的出发点。

当前，验证人工智能这种隐含的一元论思想的主要手段就是计算机。因而，结合计算主义思想，可以说，人工智能是利用计算机通过计算的方式模拟或实现在功能上与人类智能或人脑产生的智能相同或相似的智能，并且一定程度上默认“智能的本质是计算”“心灵就是计算机”。但是，只有在人工智能一元论哲学基础上，人们才能讨论人工智能与计算主义的关系。若计算主义是正确的，则利用机器就可以实现心灵的计算。心智计算理论和认知计算都在讲述人的心智与认知都是计算。如果人的大脑和身体可以被机器取代，那么心灵计算过程在机器上就能实现，机器也就有了心灵和智能。

3.4　人工智能认识论

3.4.1　功能主义

心灵哲学中的认识论问题就是如何得到关于有意识、有理智的心灵及其内在活动和状态的知识的问题，主要包含以下两个方面：

第一，他心知问题。如果我们相信“我”以外有他心，那么如何予以证明？或者说我们能否认识自己以外的他心、他人的心理活动、状态、过程和事件？若能认识，则是怎样认识的？其基础、根据、性质和过程等是什么？对人工智能来说，一个人如何确定自己以外的某个东西，如智能机器人、智能计算机是不是社会的、有感情的、有意识的存在？如何判断一种无意识的智能机器的行为是由不同于真正的心理状态的某种东西引起的？怎样把这种行为与人的行为区别开来？

第二，内省与自我意识的问题。有意识的存在怎样得到关于自己的感觉、情感、信念、愿望乃至自我、心灵？

这两类问题在古代哲学中就已萌芽，近代的笛卡儿、洛克、休谟等不仅使其明确和具体，还提出了比较完整的理论。现代西方心灵哲学以这些认识为基础，并对这些认识进行了较为深入、全面的探讨，形成了取消主义、还原主义的唯物论以及功能主义、行为主义等不同的理论。取消主义的唯物论否认意识的存在，认为没有什么思想、感觉、情感之类的东西，存在着的只有大脑、神经元等。还原主义的唯物论把意识活动还原为大脑的运作，他们极力证明在大千世界中，除了存在物理的现象、状态、属性，还存在某种或某些不能归结为物理实在，不能用物理学、生理学解释的东西，如主观的观点或经验、“感受质”之类的东西。功能主义认为心灵可以被看成在复杂的、大块的硬件上运行着软件的装置，就人类而言，这个硬件就是人类的大脑。就像计算操作是由计算机硬件的过程实现的，而同时这种计算又不能与该过程一样。

3.4.2 心智计算理论

人类心智活动是既复杂又神秘的现象。说它复杂是因为到目前为止人类对它的研究还只是停留在模拟阶段，而对于它的真正工作机制还不清楚，即使最好的智能机，其灵活性、意识性都无法与人脑相比。说它神秘是因为它总是与意识、心理、情感等非理性因素纠缠在一起，困扰着认知科学家和哲学家。

20 世纪 50 年代，从人工智能通用图灵机和物理符号系统的思想出发，结合功能主义哲学思想，一些心灵哲学家将这种思想运用到人类心智和心灵的本质探讨中，提出心灵是计算机程序的观点。但其中存在一系列问题，例如，心智对形式的转换为什么有语义性进而有意向性？或者说人这样的物理系统怎么可能有语义属性或意向性？在什么意义上说：物理系统的转换保存了语义属性？为了回答这些问题，哲学家福多提出了心智计算理论，其基本观点是：思维之类的心理过程就是计算过程，而计算过程是一种由句法驱动的过程，或者只是对句法敏感、只是转换句法的过程。只要遵循符号形式和连接词之上其作用的规则，就不会从真的前提推出假的结论，即便对前提和结论的内容一无所知。尽管机器不知道意义，但机器能像人一样对符号形式做出处理，因此机器能完成人的有语义性的推理任务。

对于真正的心智计算理论信奉者，心智的本质就是计算，以计算作为心智的本质而界定的范畴也就是真实而抽象的计算机范畴。既然计算机程序和心智具有同样的本质性能，它们一定能够形成更高的、更抽象的范畴——智能系统。人类心智、计算机程序及机器智能抽象仅是更高的智能系统的特例。

关于心智计算理论的诸多学说的共同特点是把心智的本质看成计算，把思维看成一种信息加工过程。因为心智计算理论使能够用信念和意愿来解释行为的同时，又令它们与物理世界合理相接。认知心理学家史蒂芬·平克认为该理论合理地解释了意义内含的结果与起因，是人类思想史上的一个伟大观点，因为它解决了困扰了人类上千年的身心难题，即如何将意义与意图以及人类精神生活中的东西，与大脑一样的实体物质联系起来，这样就驱除了心智产生智能行为。

心理学家和神经学家已经利用人工智能提出了各种影响深远的心智-大脑理论，如“大脑的运作方式”和“这个大脑在做什么”的模型：它在回答什么样的计算（心理）问答，以及它能采取哪种信息处理形式来达到这一目标等。这些问题尚未有明确答案，因为人工智能本身已经说明：心智内容十分丰富，远远超出了心理学家的猜想。

3.4.3　心机类比与心智隐喻

将人比作机器是近现代心灵哲学中一种十分流行的观点，也就是机械论观点，人无非是一个高度精密的自动机器。人的肉体活动和意识活动都可以按照机械运动的模式来解释。法国哲学家拉·梅特里提出“人是机器”的口号后，控制论和计算机科学的发展使“人是机器”的论断获得了理论的支持和实践的体现。通用图灵机假设和著名的图灵实验将人的思维、认知、学习等意识活动都纳入了机器概念的范围。认知科学和人工智能也使人们相信，只要能满足一定的符号处理要求，机器就可以像人那样思维。纽厄尔和西蒙甚至声称，数字计算机已经具有与人完全同等意义上的思想了。在心智（如计算机的隐喻）中用如下方式描述对计算机的理解：计算机是通过数学计算来使用语言进行推论的机器，其表达是可操作的物体，计算机通过发送符号及信息来交流，并通过存储来记忆。

莱考夫的肉身哲学对心智计算理论提出批判，认为这不过是一种隐喻的思想，并不能反映心智的本质。

1. 心智如计算机的隐喻

物理计算机　→　人（尤其是大脑）
计算机程序　→　心智
形式符号　→　概念
计算机语言　→　概念系统
形式符号序列　→　思想
形式符号操作　→　思考
算法处理　→　按部就班地思维
数据库　→　记忆
数据内容　→　知识
高速计算能力　→　理解能力

2. 表征的隐喻

形式符号和世上事物之间的联系——概念的意义。在功能主义的心智哲学中，符号和事物之间的关系被隐喻地看成概念的意义。凭借这样的关系，抽象的形式符号通过隐喻方式而被概念化为“表征现实性”。传统经典哲学认为这个“表征的隐喻”假定，无论如何，意义与心智、大脑、身体或者与身体经验没有任何关系，意义只是被定义为抽象形式符号与独立于心智之外的世界事物之间的关系。肉身哲学则告诉我们，概念、意义与身体是整体的、密不可分的关系。

图 3.1 中给出了关于人机类比、心机类比、心智计算理论及大脑、身体与计算之间的关系。

心机类比隐含的问题是：一旦“心智如计算机”这一隐喻被视为心智特有本质的定义，那就根本无法清醒地认识到这仅是隐喻，反而会认为这就是“真相”，这就是现阶段人们将弱人工智能与强人工智能常常混为一谈的根本原因，将隐喻当作“真相”，而基本忽略其背后的深层次本质。

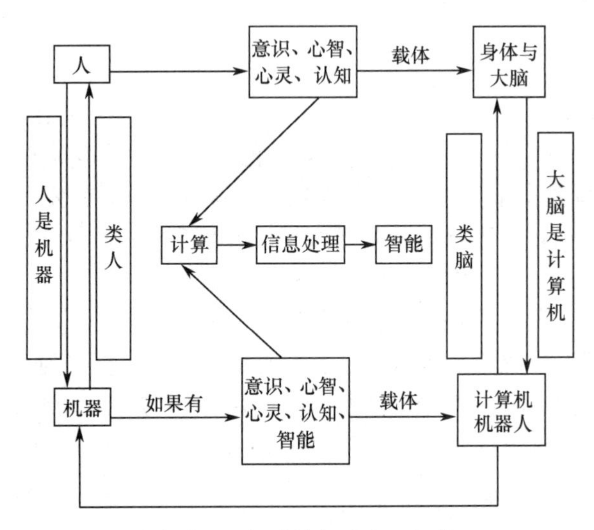

图 3.1　心机类比与强人工智能

3.4.4　信息处理

经过近几十年的计算机等工具的实践，人类发现人脑的思维过程和智能活动原来都可以用信息处理机和人工智能来实现。尽管任何信息都需要一个物质载体来表示和传播，任何一个信息处理过程和智能活动过程都必然借助一个物质运动过程来实现，但是，信息和它的物质载体、信息处理过程和智能活动过程与它的物质过程是同时存在又彼此独立的，是一个事物的两个不同方面。利用从人工系统中得到的规律重新观察神经网络活动、生命活动甚至自然界的演化过程，会发现它们都满足这个规律，任何物质中都包含信息，任何一个物质运动的过程都伴随一个信息处理过程，把它们从主观的精神世界和意识层面中解放出来，成为客观世界中独立于物质世界的信息世界。因此无论人类智能还是人工智能，其本质是对客观物质世界所包含的各种信息的处理。

塞尔则反对把计算机的加工理解为“信息加工”。他说：“在计算机正确编程之后，就理想地带有和大脑一样的程序，在这两种情况下，信息加工是完全等同的”。“如果信息加工的意思是，如当人类在思考算术题时，或是在阅读故事并回答有关提问时，所做的是“信息加工”，那么编程计算机所做的就不是“信息加工”，而是处理形式符号。计算机只有句法，而没有语义，因而也就没有意向性，也就没有类人的智能。塞尔所说的人类大脑的信息加工是带有意向性的，而计算机只是处理形式符号，不是人类大脑意义上的信息加工。但人脑在很多情况下都是在进行无意识的信息加工，因此信息加工不一定都是意向性的。

3.4.5　具身智能

1. 大脑与躯体映射

一些研究心智的哲学家认为大脑得到了太多关注，整个身体才是更好的焦点。他们强调人类的生命形式，它包含有意义的意识和体塑化。被体塑就是指成为一个动态环境中与这个环境积极互动的生命体。智能涉及物理层面和社会文化层面的环境和互动。关键的心理属性不是推理或思想，而是适应和沟通。

神经学家达马西奥提出了核心自我和自传体自我及各自的神经基础。真正的自我是核心自我，核心自我在原我基础上产生。大脑具有积累与整合关于机体最稳定方面知识的能力，自我由此产生，这种自我等于是大脑中感受到一种不加修饰的生命表征，仅仅是一种体验，只与自身的躯体相关联，它由原始感受组成，这些感受是由天然状态下的原我自发且持续不断地迅速产生的。原我状态中某些关键发生改变才能成为核心自我，也就是真正的自我。

大脑要对客体进行映射，就必须对躯体做出适当的调整，并且，调整的结果及映射产生的表象内容都会通过信号传递到原我。原我发生的改变使核心自我暂时出现，并导致一连串事件的发生。这一连串事件的表象被纳入心智中：当我们从一个特定的角度看到、触碰或听到客体时，客体就与躯体产生了关联，这种关联导致躯体发生了变化，我们感受到了客体的存在，客体变得突出。这个观点认为大脑的一个重要作用是对身体的各种状态产生映射，形成自我。从控制论的观点看，真正的智能基于身体，那么没有身体的人工智能就不可能有类人的智能。那么机器人作为适应现实世界的物理实体，是如何通过躯体映射构建智能的呢？

2. 概念与身体

客观主义哲学在论述认知、意义和理性时，从未提及什么人或什么事物是进行思维的本质。客观主义把思维描述为对符号的运作，把概念描述成与世上事物及范畴具有固定的对应系统中的符号，这些符号只有通过符号与词语的对应才有意义。把正确的理性活动看成准确反映世界理性结构的符号运作。意义和理性是先验的，也就是它们超越了任何特定种类的生命的局限性而存在，理性的生物只是充分分享了先验理性。因此在描述概念、意义和理性具有什么特征时，可以不考虑人体组织结构的本质。

具身哲学则认为，概念、意义与身体是整体的、密不可分的关系。以感知为例，按照客观主义的观点，人体的各种感知机制是收集和调查信息的手段。人类正是通过身体的感知建立与外部世界联系的，它与人类赖以思考的符号系统之间存在正确的对应关系。由于感知具有局限性，对于许多种类的知识，人类也无法直接通过感知来获得，因此，人体可以帮助人类获得概念信息，但是也可能限制其概念化能力。因为概念系统产生于人类的身体，所以意义应以身体为基础，并且依赖人类的身体，大量的概念是隐喻的，概念的意义也就不完全是字面上的意义。

根据上述概念与身体的关系，真正的智能是基于身体的，因此可以推断，没有类人身体的人工智能就不可能有类人的智能。那么机器人的电子大脑会通过传感器来获取对其躯体的感知进而建立映射并产生自己的概念吗？

3. 具身认知

一位心理学家这样描述了具身认知范式：“具身认知意味着概念知识的表征依赖于身体，它是多模态的，它不是非模态的、符号性或者抽象的。”这个理论表明，我们的思想是建立在一些基础上的，或者与感知、行动和情感密不可分地联系在一起，我们的大脑和身体一起工作，以获得感知。

很多学科也都为这一理论提供了诸多证据。例如，神经科学的研究表明，控制认知的神经结构与控制感官和运动系统的神经结构密切相关，抽象思维利用了基于身体的神经“地图”。神经科学家唐•塔克指出，“没有任何大脑部分可以进行非实体感知”。认知心理学和语言学的结果表明，人们的许多抽象概念几乎都是基于物理的、自身的内部模型的，还有一部分是由日常语言中发现的基于身体的隐喻系统所揭示的。

对于其他几个学科，如发展心理学，也提出了具身认知的证据。然而，当代人工智能的研究大多忽略了这些结果。现在，有些研究人员已经开始在被称为“具身人工智能”“发展机器人学”“基础语言理解”等的子领域探索这些真理。

对机器而言，机器的逻辑推理与思维要由机器物理载体决定，不能直接等同于人类。大脑和人体的基本结构是一样的，具备一样的物理基础。每个人对这个世界的理解都不一样，但可以通过共同的符号语言认识世界，从物质到宇宙再到社会，文化上差异不同、概念不同、理念不同。每个人的大脑都是独特的，每个人的智能形成也是独特的。如果人的认知及智能是严格依赖于个体身体和环境的，那么如何能在机器中实现类人的智能呢？

3.4.6　理性人工智能

在人类利用机器模拟人的各种智能特征中，其中重要的一项就是符号处理和逻辑推理，也就是人类智能中理性的一部分。理性虽然在哲学领域已经是很陈旧的概念了，但其对于认识和理解人工智能的意义和价值并没有因此而削弱。从理性的角度，可以从以下几方面理解人工智能的本质和意义。

1. 认知理性

认知理性是人类认识和把握客观事物本质和规律的判断、推理等逻辑思维形式和抽象思维的能力，即指人们一种独特的认识能力和认识手段。而就认识功能而言，认知理性的最终意义是对客体因果必然性联系的反映。柏拉图、康德、黑格尔等哲学家均在哲学上发展了不同认知理性形态。认知理性确立了理性的科学精神和科学权威，主张追求知识真理，强调知识就是力量，激发了人们对认识对象的科学求知、探索精神和创造热情，也称为科学理性。

人类一直在用机器来延伸和扩展人类的某些智能行为，人与机器的协同作用甚至人与机器在身体和智能上的结合，都将在体力、智力方面进一步拓展人类的智能，进而提高人类认识自身和世界的能力。人工智能可以更深刻地揭示主、客体之间的矛盾及其发展规律，大大提升人类的认识能力、拓展认识范围，如宇宙飞船、行星探测机器人、深海作业机器人等延伸了人类对太空和海洋的认知能力。人工智能也是深化人类对自身认识的新手段。人工智能研究的对象本质应该是“人”本身，机器智能则是手段。

机器通过传感器获得对外界的感知，具备一定的感知能力，机器还可以通过逻辑推理计算形成一定理性推断能力，但机器不具备理性认识能力，不具备通过逻辑推理有意识的理解世界的能力。

2. 方法理性

从方法论的角度来看，理性作为具有方法论意义的中介性的工具和手段，是一种方法理性或工具理性。方法理性只是单纯地把理性作为方法论意义上的中介性手段和工具，不具备对目的的参与性和对价值的判断性，这是其根本特征。方法理性不再把理性视为一种终极存在和认知功能，不过问功利目的或价值目标取向，只注意方法、工具本身，强调理性的特性和功能只在于作为最有效的工具、手段去实现任何目的。马克思主义指明，随着理性认识的深入和人类本性的自觉要求，理性概念在自我重建中走向适应社会实践整合需要的、符合自身逻辑发展的更高形态的新的综合和统一。方法理性对人工智能研究的启示在于，在符合价值理性的基础上选择有效的工具实现善意的、友好的人工智能（目的），继而为提升对人类主体自身的认识提供了新工具、新手段、新方法，也将促使人类向新的阶段进化。

3. 价值理性

价值理性强调理性的价值理想目标和价值评判标准，它适用于价值评判的求善问题和主观内心体验领域，有关生命存在、精神意识、信念信仰、目的意义，以及人与人关系的问题，主要依靠价值理性来解决。价值理性把价值取向和终极理想目标作为理性的基本内容，着重从道德原则、伦理规范、生活信念、人生理想、道义责任、正义真理、公正至善等方面加以规定，并从价值意义和理想目标判断人的本性和存在权利，重视对人类命运的最终关怀。因此，从理性的价值作用来讲，人类理性一方面发展出了人工智能，另一方面理性是善恶判断的工具。

价值理性对人工智能的价值在于，为人工智能伦理、法制、道德的设计提供理论和哲学基础，使人工智能发展处于良性轨道上。如果从理性是属于判断、推理等理性的活动角度，机器已经具有一定的理性能力，因为现在的机器智能通过计算模拟实现了人类在逻辑、判断、推理方面的理性活动。如果从理智上控制行为的能力的角度理解理性，这可以作为机器伦理和机器道德设计的理性基础。人类理性发展出的伦理观念，也使人类可以设计具有伦理道德观或者符合人类伦理观的人工智能。

由人工智能根本问题衍生的思想、理论使人类反观自身，思考人之为人的价值、存在的意义。

4. 工具理性

工具对人类感官的延伸，是人类体能、智能的工具化延伸的结果，反映的是人类思维的超越性。人类思维不仅向外部世界探索，还向自身的内部世界探索，尽力理解大脑的物质结构的构造与思维结构的构造并寻求二者之间的关系，即向外部世界的探索，由于总是以人类理性自身作为“工具”，因此探索的结果是使人类认识到这个并非人类制造的“工具”的能力和限度。马克思首先承认资本主义和工业化短时期创造了超出人类过去几千年创造的财务总额，总体上改善了人类社会。但接着他谈到了异化，意思是人类创造的工具反过来奴役人类。从工具理性的角度理解，人工智能是一种具有智能的理性工具，是人类理性的具象化、机器化、算法化或者说理性智能工具。这种工具发展到一定阶段会超越人类本身，从体能到智能，最终从身心上改变人类的存在。这种理性工具作为人类主体认识客体的中介，演变成为一种与人类主体居于同等地位的新主体，甚至可能“反客为主”。这是强人工智能或超级人工智能实现之后可能出现的一种情况，也是人工智能威胁论的基础。因此，人工智能的发展是建立在理性主义尤其是价值理性和工具理性基础上的，以人类的利益和福祉为第一要义，符合人类的价值观和伦理观的

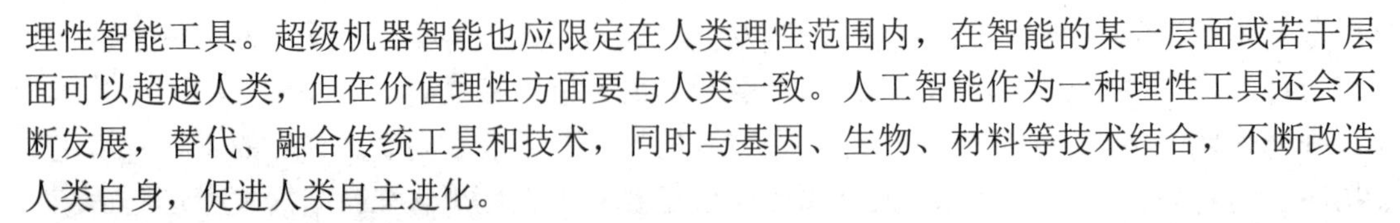

理性智能工具。超级机器智能也应限定在人类理性范围内，在智能的某一层面或若干层面可以超越人类，但在价值理性方面要与人类一致。人工智能作为一种理性工具还会不断发展，替代、融合传统工具和技术，同时与基因、生物、材料等技术结合，不断改造人类自身，促进人类自主进化。

5. 具身理性

肉身哲学基于实证研究，提出了关于不同于传统哲学而关于人类理性的观点。肉身哲学首先认为理性并非传统上主要认为的那样是离身的，而是植根于人类大脑和身体的本性及身体经验的。概括地说，理性如何都不是宇宙的超验特性或离身性心智，与之相反，理性的形成主要依赖人类身体的独特性、大脑神经结构的精微性及人类在世界上的日常具体活动。因此，也就不存在笛卡儿哲学的心智脱离身体并独立于身体的二元个人，并且所有人共有完全一样的离身的超验理性，通过自我反省就有能力知道心智的一切。与之相反，心智是内在的体验，理性是由身体形成的，理性并非完全是有意识的，反而大部分是无意识的，因此大多数的思维是无意识的，心智也就不可能仅通过自省获得了解。理性来自身体，而非超越身体。理性的普遍性来自我们的身体和大脑，以及所栖息生存环境的共性，这些普遍性并非意味着思维可以超越身体。

与具身认知理论相关的是，伴随着人类深层社会生活的情感和非理性的偏见，通常会被认为与智力是分开的，或者是阻碍理性的。但是人类理性与自我意识、意向性、情感、情绪等非理性精神现象及神经和身体有着密切的关系，这些非理性精神现象是使智力成为可能的关键。对于人工智能而言，实现了人类理性中的计算和逻辑等可形式化的部分，并不是最难的问题，而恰恰是机器难以实现的非理性部分。

3.4.7 强人工智能是否能实现

1. 生命与强人工智能

我们知道，所有心智都必须以生命为前提。哲学家普特南说：如果机器人不是活的，那它不会有意识，这是一个确定的事实。假定这个信念是正确的，那么只有实现了真实生命，人工智能才能实现真正的类人智能。也就是说，人们在创造机器智能的同时，也是在创造机器生命。然后，一个重要的问题是：强人工生命是否可能以及如何实现？

生命没有公认的定义，但一般关于生命的定义通常都提到了九个特征：自组织、自主、涌现、生长、适应、应激性、繁殖、进化和新陈代谢。前八个特征可以理解成信息处理术语，因此原则上可以用人工智能人工生命体塑化，包括所有其他特征的自组织已经以多种方式实现。新陈代谢则不同，计算机虽然能够模拟新陈代谢的过程，但不能把它体塑化，也就是通过计算机实现像自然生命一样的新陈代谢。自组装的机器人和虚拟人工生命都不能进行新陈代谢。因此，如果新陈代谢是生命存在的必要条件，那么强人工智能不可能实现。如果生命是心智的必要条件，那么强人工智能也不可能实现。不管未来强人工智能的表现如何令人印象深刻，它都真的可能不会有智慧。这是从生命与智能的角度得出的关于强人工智能的结论。

2. 意识与强人工智能

哲学家查默斯在《有意识的心灵》中从机器是否有意识的角度对强人工智能的可能性进行分析。

人类容易把计算机简单地视为一个输入/输出装置，在这个装置中，除了形式数学的操作，再也没有其他东西。这种看待计算机的方式忽略了计算机内部有丰富的因果动态的事实，这一点与大脑中的情况是一样的。他利用有限态自动机的计算原理说明强人工智能是可能实现的，机器是可能有意识或智能的。对于每个神经元，存在着一个表现神经元的记忆位置，这每个位置将在某些物理位置上的电压中物理地被实现。这些电路间的因果模式和大脑中的神经元间的因果模式是一样的，这种因果模式是任何有意识的经验产生的原因。并进一步认为，如果认知动态是可计算的，那么合适的计算组织将引起意识。

结论是人工智能理性的实现似乎不存在原则上的障碍。但是，究竟何种计算类对于复制人类精神是充分的仍然是一个悬而未决的问题，但是我们有足够的理由相信这个计算类不是空的。

然而，即使人类未来揭开“大脑之谜”，完全复制出人脑一样的类脑智能，它也不能具有和人一样的意识和思维，因为意识的本质不包含在人脑的生理结构中，这也是一种社会历史和文化现象。所以要完全模拟人的意识，只复制人脑，脱离社会关系、文化传统、道德伦理等，人的意识既不能在机器中产生，又不能再现，正如恩格斯所预言的：“终有一天我们可以用实验的方法把思维归结为脑子中的分子和化学的运动；但是难道这样一来就把思维的本质包括无遗了吗?”总之，对强人工智能的一些错误判断，归根到底在于对意识的本质，尤其是它的社会本质，缺乏正确理解。

当人工智能可以体验到一定程度的意识和自我意识时，就需要了解机器心理学的内心世界及其意识的主观性。

3. 意向性与强人工智能

所谓意向性就是心理状态对它之外的对象的指向性、关联性。从语义学的角度可以将意向性说成语义。所谓有语义性，就是指心理状态与之发生关系的符号有意义、指称和真值条件。也就是说，在人类心智中，一旦出现某个意象或符号概念，就能把它与有关的事态关联起来。

例如，人们想到某个词语，并不像机器的符号转换那样，什么也不能“关于”或关联，也不指向什么物理事物，而是在“想”和“说”的同时，建立一种与世界的关联，并能自主意识到被关联的东西。这是机器的符号处理或语言处理技术所不具备的能力。正是由于心理状态有这种属性，才能超出自身，把内部所做的“计算”、加工与有关的对象关联起来。正是有了这种能力，人才成了人，心灵才成了心灵。现阶段人工智能与事物之间虽然也有相互作用，但都不是自觉的，没有像人一样的心灵主动参与，而类人机器心灵与世界的关联由于心灵的意向性这种特殊本质，才能以主动、自觉的形式进行。塞尔正是从这个角度对强人工智能通过其提出著名的“中文屋”理论进行了反驳，认为已有的人工智能不仅由于没有意向性因而不是智能，甚至连符号处理都算不上。

为什么模拟人类智能的机器目前只是人的附庸？而不是相反？因为意识的一个重要特征在于判断、在于能关联事态、在于能指向对象，而计算机算法目前还做不到这一点。塞尔认为，人所具有的“内在意向性”是人的心智的根本特征。这种“内在意向性是人类和某种动物作为生物本性所具有的现象”。因此，要实现强人工智能，首先必须解决这样的问题：怎样让人工智能除了有算法，还要有有意识的判断能力，即有意向性。目前只通过算法还无法模拟人的有意识的判断过程，而当今的机器智能只有通过算法才能发挥作用，这就是强人工智能的瓶颈问题，而弱人工智能不涉及这些问题。现代认知科学强调心智亲身性，也就是心智与身体是一体的，人的经验、认识都来自身体内部与环境的相互作用。将该观点扩展到人工智能，一个人工智能系统仅有通过计算进行信息加工的“大脑”是不够的，还要有与“大脑”相关的躯体，能体验内外的环境，通过躯体获取环境信息，形成关于世界的经验、认识和概念，才有可能产生类人的强人工智能。

类似 DeepMind 的 AlphaZero 这种人工智能系统的出现已经证明，计算是实现计算智能、感知智能的有效途径，因此，通过计算实现某种专用的甚至一定领域内的超级机器智能则是可行的，但通过计算实现有情感、有同情心、有意向性、有自我意识的类人智能，由于“硬件”的基础完全不同，这是一个很大的问题。事实上，类似 AlphaZero 这种强大的智能博弈系统，无论是从零开始下围棋还是轻而易举地战胜人类，都只是算法驱动的结果，而算法在运行过程中是不会像人类棋手一样有意识地进行每一个步骤的，也不会体会到胜利后的喜悦和快乐。所以 AlphaZero 这类的人工智能系统远未达到强人工智能的程度。

3.4.8 人工智能与人性

“人是什么？”这个问题与“宇宙是什么？”“宇宙的起源是什么？”“如何看待人类在宇宙中位置？”等问题具有相同的性质和重要性。法国地质学家、古生物学家、思想家德日进在长期的地质考察和古生物学研究的基础上，对宇宙、生物演化方向、人在自然界的位置及人类社会的发展都做了深入的思考。他认为，从地球角度看，人类至少可以暂时地被科学看成生命的延伸和最高阶段。通过人类认知的最新进展开始意识到人类在自然界占据着一个关键的地位（不从人类中心论出发），只要人类能理解自身，就能理解宇宙。在“告读者”中说：从地球角度看，人类至少可以暂时地被科学看成生命的延伸和最高阶段。宇宙原料在我们周围和历史长河中已经以多种形式存在，通过与这些形式的比较，从结构和历史角度来确定人类目前的位置。这是一个可及而有限的目标，但如果我们没有弄错，它的重要性在于能使我们达到这样一个优越的高度，从中我们可以激动地发现以下这一事实：如果说人类已不再像以前人类想象的那样是一个既成世界的不动的中心，反之，根据我们的体验，它从今以后将日益代表一个既在物质“复杂化”方面，又在精神内化方面都越来越加速发展的宇宙的箭头。

人性的善恶之辩历来是哲学家、思想家千百年来争论不休的问题，人类通过研究自身的智能特征，将这些原本属于人的智能特征赋予机器，使机器具有人的智能性，与此同时，通过伦理、法律、制度、规范及计算机、程序、算法等技术手段制约其朝违背人类意愿的方面发展，或者使其对人类不具有威胁性，甚至设计婴儿机器人，像抚养人类儿童一样教育它，使其遵守人类的文明礼仪和规范，具有人类生活的一切标准常识。这样发展的人工智能，在具备智能性的同时，也将具有类似“人之初，性本善”的特征，一开始就站在人性善的一面，而最重要之处在于，这种“机器人性”是可以通过技术手段调整和设计的。实际上，现代神经科学和医学的发展，已经在人脑中发现控制性格、情绪的神经及区域线索，甚至通过调整这些区域，就能一定程度上改变人的性格。只是碍于伦理和技术局限性，还不能直接在人脑中实施，而智能机器目前不存在这些伦理问题。因此，我们通过把人类的道德观念、人性中美好的一面都通过技术手段植入机器中，就有可能使机器获得人性中共性且是善的一面的“机器人性”。这样，人工智能不仅具有人类智能的共性特征，也将具有人性的共性特征，真正实现黑格尔所说的“从个性到共性的转化”的人的主体精神异化，人类作为主体通过创造人工智能而更完善、更充分地把握客观世界。

“人具有智能性”与“‘智能’具有人性”这两个问题都是人工智能的最高问题。人类所期盼的强人工智能，对创造它的人类充满善意的高级机器智能，也应该是具有“人性”的人工智能。人工智能将使人类认识到自身在宇宙中的位置和意义，互相善待而使人性的光辉达到前所未有的高度。人类命运共同体就是人性光辉的写照，人工智能将使机器具有人性，也将使人性更加伟大。

虽然人的智力在计算速度和存储能力上远不如机器，但人性和人的意义都是高于机器的。“人”不只是“智能”的，“智能”也不能全部归结为“知识”，人的情感、心理、信仰这样的精神活动应该与“学习”“理解”等一起考察，这样可以将人类自身的意义建立在更深刻的基础上，这种更高层次的认识也有助于解决长久以来困惑人类的一些前沿科学问题。

无论马克思还是黑格尔，在他们所处的历史时代，都不可能观察到机器智能化的趋势或现象，也看不到人类可以使机器变得智能，使人类的精神和意识可以通过在机器上复现的迹象，也看不到甚至人类自身都出现机器化的迹象。在那个时代，也就不可能对人工智能这种使人类自身存在异化的现象提出见解或理论。因此，他们的理论和思考只能停留在思想层面。

技术的发展使得人类从历史上发明各种服务于自身的机械或机器装置以来，经历手工、机械化、自动化并向智能化、超级智能化方向发展、进化。机器已经不再是单纯的劳动工具，而是成为与人类协作甚至相融合的异己又共融的矛盾存在，这种异己存在的关键在于机器逐渐变得智能。人工智能的发展使得人类有能力把过去普通的劳动工具发展为一种具有智能的、与人类自身相对的异化力量，并借此改变人类主体的实体存在形式及实现从肉体到精神、意识及人格的外化，同时也将使人性中共性的内容转移到智能机器中，真正实现人性由个性向共性的转化。这种“异己存在”恰恰是人类自我意识、精神、人格异化的结果，也是人类经历数千年的进化历程后，人性获得升华的写照。

因此，从人性层面看，人类创造人工智能，就是通过人工智能将人类的个性以一种共性的形式集中体现出来。希望有一天，在奇点实现之时，人类的智能被机器超越千百倍的同时，能够承载更多人性美好的一面，清除人性恶的一面，也就扭转了马克思所说的被劳动异化的扭曲的人性，突破人性的历史局限性，突破劳动异化所造成的历史局限性，使人性得到升华，这应是人工智能与人类之间最根本的本质。从宇宙大历史开始认识和理解人类在宇宙中的位置，以及人类与人工智能之间的本质关系。

当宇宙中出现非自然进化的机器智能并可能超越人类时，人类应反观自身存在的价值和意义，并保持谦卑和敬畏之心。

3.5 人工智能方法论

由于智能的复杂性本质，人们在研究或创造人工智能时，只能通过一定的物理手段模拟实现人类智能特征的某一方面或某些方面，类似“盲人摸象”的过程。在这一过程中，研究者们从不同的路径出发，提出了很多种不同方法，试图在机器上模拟或实现人的智能，或者创造出有一定初级类人智能的机器，以帮助人类完成一些人的体力、脑力所不胜任或超越身体生理极限的任务或问题。这些方法构成了人工智能研究范式。范式是指科学研究的规范。范式的出现为某一研究领域的进一步探索提供共同的理论框架或规则，标志着一门科学的形成。科学研究主要有四大范式，即实验科学范式、理论科学范式、计算科学范式，以及新形成的数据科学范式。机器产生智能有很多方法，不同的方法形成不同的范式。这些范式分为传统和现代两大类。

3.5.1 传统人工智能研究范式

传统人工智能研究范式的哲学思想起源于通用图灵机。图灵在创立人工智能之前，提出一台假想机器，能够根据机器内部程序，输入符号和输出符号相应地与海量合理解释中的任意一条相匹配，这就是图灵机。图灵证明，从理性思维符合逻辑规则的意义上说，人类能够制造一台机器含有理性思维，从语言能够根据一套语法规则来领会一种语言的意义上说，人类能够制造一台机器产生出语法正确的句子。从思想包括应用任何一套界定清晰的规则的意义上说，人类能够建造一台机器，它能够在某种意义上进行思考。那么这意味着人脑就是一台图灵机吗？当然不是，现在没有任何地方使用图灵机，更不用说人脑了。图灵机在实践中是没用的，但根据图灵机创造出的能处理符号的计算机就非常有用了。人工智能开发人员也竭力打造一个超级智能机器，希望它拥有一切资源以供解决所有难题，并替人类完成所有想要推给机器代劳之事。

逻辑学派撇开大脑的微观结构和智能的进化过程，单纯利用程序或是逻辑学对问题求解的过程来模拟人类的思维过程，所以也被分类为弱人工智能。这种方法专注于建立被解问题的数学模型，即找到该问题输入和输出之间的数量关系，把它转化为一个数学问题，然后找到用计算机实现该数学问题的解决算法。然而经过对经典数理逻辑理论解决智能模拟问题进行深入研究后，科学家们才发现这条路是走不通的。主要原因在于，人工智能中的推理和搜索存在组合爆炸问题。也就是说，计算时间与问题的复杂度成几何级数正比，绝大部分人类的思维过程仅仅靠计算机的高速计算能力是无法模拟和解决的。人类思维中的绝大部分问题都无法转化为一个数学问题，原因在于人类思维过程中充满了不确定性、矛盾和演化。而科学家们长期的实验也证明，人类在解决问题时并没有使用数理逻辑运算，人类思考的过程是无法用经典数理逻辑理论进行描述的。但是，由通用图灵机思想发展出很多传统人工智能研究方法，从范式角度看，主要包括经验范式、结构范式、行为范式等。

1. 经验范式

古典主义的人工智能符号主义倡导者认为认知和智能就是符号处理过程，认为大脑是物理符号系统，其智能可用一组控制着行为和内部信息处理的输入/输出规则来加以解释，规则是根据人的经验转化而来的。因此机器如果有这种经验能力、因果能力、计算能力，即能转换符号，成为物理符号系统，那么就可以表现出智能。他们相信：推理可以从机械上解释为对符号的计算、加工。

2. 结构范式

联结主义认为认知可以看成大规模并行计算，这些计算在类似于人脑的神经网络中进行，这些神经元集体协作并相互作用。联结主义是一种结构范式，模拟人脑神经网络的结构，人工神经网络与真实的人脑神经网络在结构上没有任何相似之处，但在解决实际问题方面取得了成功。这种联结主义的表征思想对应的认知观与实际生物神经网络有很大差别，在实际应用中，也没有使人工神经网络表现出高级符号和推理能力。这也正是目前人工神经网络包括深度神经网络的一个缺陷。虽然机器在语义理解和认知方面还远不及人类，但其实现的机器智能水平在很多方面已经远超人类，结构范式是一种实现机器智能的最有效、最直接的途径之一。

联结主义发展到今天，已经从对人类神经网络的简化模拟而来人工神经网络发展到从细胞水平模拟生物神经系统结构和功能的神经计算模型和系统，包括类脑计算和人工大脑。

联结主义出现了新的研究模式，即从软件算法模拟发展到硬件模拟，通过利用材料、微电子技术、忆阻器等研究硬件形式的人工神经元，搭建电子大脑或人工大脑，这种系统仍然是联结主义，但演变成基于还原主义、结构主义的方法。

联结主义出现的新模式，无论是深度神经网络还是硬件人工大脑，与传统人工神经网络在对智能的认识上还是一致的，都隐含着智能是神经网络中涌现出来的假设。即认为智能是通过由大量神经元连接所构成的复杂的神经网络系统涌现出来的。但现在人类对大脑各个神经元之间的复杂联结还没有完全搞清楚，因此还不能搭建出完整的人工大脑或电子大脑。

3. 行为范式

有一部分人工智能研究者在从行为主义观点考察智能时发现，实现智能系统的最直接方法是仿造人或动物的“模式–动作”关系，不需要知识表达与推理，即通过模仿人类或动物的行为实现智能，事实上这是以物理为中心的人工智能研究范式。

行为主义有些方法更接近非条件反射行为，而不是慎重思考，这符合生物体运动的实际机制，因为现代脑科学和神经科学已经证实，人类或动物运动大多数都是在无意识状态下进行的，而不是每个动作、每种运动都经过大脑思考才决定的。但是行为主义的基本思想来源于对人类或动物行为的观察，只是在行为方面反映了人或动物的智能性，更多是本能性的、初级的，并不反映智能的内在本质和认知、决策、规划等高级智能。人类的很多重要行动，甚至包括一些动物的，是经过大脑精心规划和设计的，认知、决策等高级智能并不能通过行为主义实现。

符号主义和联结主义对智能的认识都存在一定的不足。行为主义不考虑内在的推理和符号处理，通过进化计算、强化学习等方法也产生了大量好的成果，尤其是在机器人领域。

3.5.2 现代人工智能研究范式

现代人工智能研究范式是根据现代人工智能技术特征总结形成的，包括数据范式、混合或融合范式、跨学科范式、综合或集成范式、类脑范式等。

1. 数据范式

数据范式是通过机器学习、大规模数据、复杂的传感器结合复杂的算法，来完成智能任务。大数据是现阶段人工智能技术发展和应用的重要基础，高质量、大规模的大数据成为可能，海量数据为人工智能技术的发展提供了充足的原材料。利用大数据结合深度学习技术，可以自动发现隐藏在庞大而复杂的数据集中的特征和模式，不仅数据范式是最成功的方法之一，也是目前阶段超越传统人工智能研究范式的成功范式之一。

基于大数据的数据科学研究正在成为一种新的科学研究范式，同时正在推动人工智能的快速发展。现阶段人工智能深度学习需要处理大量数据作为输入来训练模型，大数据技术和数据库技术发挥了重要作用，一方面，对机器学习等人工能模型训练提供大量数据；另一方面，人工智能技术运行其上，也有助于科学发现，实现非类人机器智能。

虽然目前工业、商业领域有大量传感器和智能终端被使用从而积累了巨量数据，但这些巨量数据的产生有很多是人类无法及时处理的，可以说，数据增长的速度比人类能理解的速度快得多，如视频、图像都是宝贵的数据。过去找不到如何利用这些数据的方式，随着人工智能深度学习的发展，人们逐步找到解读这些数据的方法，发现其中隐含的价值，从数据到信息，再到知识，形成一种新的人工智能范式。

2. 综合或集成范式

现阶段以符号主义和联结主义为主要范式的人工智能研究，在各自的发展过程中都取得了很大成就。在过去 60 余年的发展中，脑科学、神经科学也在不断发展，联结主义借鉴了神经科学的很多研究成果，发展出了多种人工神经网络，尤其是发展出深度学习技术。AlphaGo 围棋程序涉及了人工神经网络、蒙特卡罗搜索、强化学习结合大数据等多种技术，蒙特卡罗搜索是符号主义搜索技术的一种方法，强化学习也是人脑神经系统启发的机器学习方法；以符号主义为基础，IBM 公司一直在坚持发展基于认知计算的超级智能，先后开发了象棋计算机和深蓝超级计算机。现代聊天机器人就是“图灵测试”思想的翻版，但通过与深度学习、大数据等技术的结合，以微软小冰为代表的聊天机器人的能力已经今非昔比。

如图 3.2 所示，机制主义是一种将结构、功能、行为三种传统人工根据其各自优缺点结合起来的一种综合或集成范式。其核心思想是将信息与知识之间的智能转换看成智能生成的共性核心机制。尽管存在各种各样不同的具体智能生成过程，但是信息与知识之间的智能转换却是所有智能生成的共同主轴，其间的差别主要表现为这些转换的具体实现方式的多样性。图 3.3 表示信息与知识之间的智能转换贯穿于智能整个过程。可见，信息获取与处理技术以及信息提炼与认知技术共同完成了信息到知识的转换，而知识激活与决策完成了特定目标指导下的知识到智能的转换。

图 3.2　关系模型

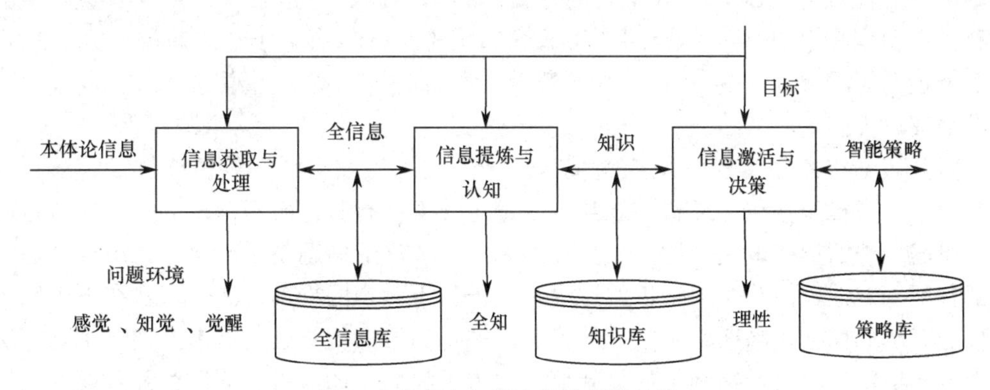

图 3.3　信息与知识之间的智能转换

机制主义认为任何智能的生成都会遵循这样的原则，只是转换的具体过程会随着问题的不同而有所不同。图 3.3 也清楚地标明了信息与知识之间的智能转换过程中各个阶段的处理对象。机制主义将信息分为本体论信息、认识论信息或全信息两大类。本体论信息是事物关于自身“运动状态及其变化方式”的表述，因此是关于问题环境的天然表述。认识论信息是主体关于“事物运动状态及其变化方式”的表述，包括形式（语法信息）、内容（语义信息）和价值（语用信息）的表述，也就是全信息。信息获取与处理技术正是模拟了人类智能中的感觉、知觉、觉醒等，实现了由本体论信息到全信息的转换，并由此可以维护和利用全信息库。传感器采集到本体论信息，基于该模型就可以生成认识论信息（全信息）。

用机制主义模拟方法来统一各种不同的方法形成智能统一理论。结构主义方法（利用经验性知识的人工神经网络，其中也涉及对于知识处理的模糊逻辑等方法）、功能主义方法（利用规则性知识的专家系统方法）、行为主义方法（利用常识性知识的感知——动作系统方法）三者在机制主义（信息与知识之间的智能转换）框架下实现了和谐的互补与统一。而且，结构主义方法获得的经验性知识经过普及处理就可以成为行为主义方法所需要的常识性知识；而常识性知识则是结构主义方法和功能主义方法不可缺少的基础。在智能生成机制的统一框架体系下，传统人工智能方法之间形成了互补分工。

机制主义虽然在形式上基于信息和知识对三种范式进行统一，但由于三种范式固有的缺陷，也不能真正体现智能的本质，可以将机制主义看成一种指导设计人工智能系统的规范模式，因而在一定程度上有助于人工智能的深入发展。

因此，今后的人工智能研究范式以突破单一范式模式，将符号主义、联结主义与推理、统计概率等不同方法综合或集成，形成将新功能与新结构相结合的新技术范式。

3. 跨学科范式

在心理学、认知科学发展的新理论及神经科学、脑科学方面取得的进展还没有与人工智能很好地结合。人工智能研究需要多种学科的理论和知识，构建多学科交叉的思想基础，打破人文、社会和理工等不同学科之间的壁垒，最具影响力的两大科学群体是信息科学和生命科学，作为信息科学和生命科学的最重要而且最有前景的交叉科学领域之一就是人工智能，在人工智能理论和技术方法上，建立基于哲学、心理学、认知科学、脑科学和神经科学等的交叉研究的理论基础，有助于寻求新的研究范式。在人工智能哲学思想上，建立基于心灵哲学、心智哲学的基本思维方式，奠定跨学科的思维基础。

不同范式在机器学习这一重要领域体现为不同思想及方法，包括符号、联结、进化、贝叶斯、类推、强化、迁移、联邦等。每个分支都有其核心理念及其关注的特定问题，并通过算法的形式解决问题，如贝叶斯方法最关注的问题是不确定性。所有掌握的知识都有不确定性，而且学习知识的过程也是一种不确定的推理形式，那么在不破坏信息的情况下，如何处理嘈杂、不完整的信息。解决的方法就是运用概率推理，主要算法是基于贝叶斯定理的贝叶斯网络。贝叶斯定理告诉我们，如何将新的证据并入要处理的问题中，概率推理算法尽可能地做到这一点。与深度学习类似，强化学习在近五年，已经在控制机器人行为智能方面取得了前所未有的突破，必将成为一种典型范式。

图 3.4 给出了传统人工智能研究范式和现代人工智能研究范式、核心机制和典型技术之间的关系。这些不同的研究方式也代表了不同的人工智能实现途径，每种途径都各有特点并相互补充，无法用一种范式统一全部。经验范式试图将其纳入一个严密的形式系统中，但人类智能是任何逻辑框架都容纳不了的，在如何组织、构造和使用知识库尤其是常识等方面也很困难；结构范式发展出的人工神经网络适用于感觉与识别，却不太适用于高级思维活动；数据范式适应了大数据时代需求，用大数据来逼近“智能”，因此，大数据也给认知智能带来了新的机遇；类脑范式是人工智能一种理想实现途径，由于对脑结构认识的局限性，目前也只能模拟个别的、简单的低级智能行为。以多学科交叉为主的新型综合范式是未来人工智能发展的主要途径和模式，多学科交叉衍生的新方法、新技术、新理论将层出不穷。上述各范式衍生的各种人工智能方法和技术既是学术研究的方向，也是实现行业应用的手段，其中以结构范式发展而来的联结主义人工神经网络是目前最主要的应用方法。

无论是新旧范式，现阶段主流人工智能仍然是基于计算主义思想的，即通过算法和程序实现类人的智能，而没有从源头思考智能或心智的本质。计算和算法作用体现在可以把人的感知放大，通过机器来扩大、增强、复现人类智能的某一方面或某些方面。

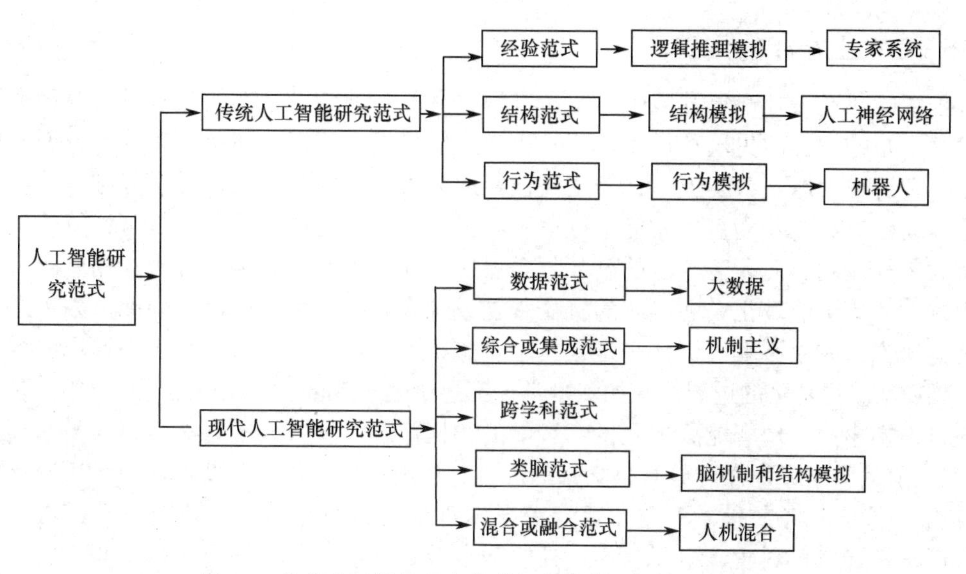

图 3.4　传统人工智能研究范式与现代人工智能研究范式

4. 混合或融合范式

将动物或人类的智能与机器智能混合或融合，形成的混合或融合智能不仅是一种超越自然智能的新智能形态，而且也是一种新的人工智能研究范式。人机融合相对人机混合更进一步，人与机器在物质和精神层面都深度融合在一起，包括分子、细胞、神经、大脑以及精神和意识层面。人机混合（融合）智能，它不同于人类自然进化的智能，也不同于传统的机器智能，而是一种跨越物种属性的智能分支（1.3.2 节已经指出这个分支）。从长远看，人类应该考虑如何让人工智能学会合作，辅助人类，形成从人机混合到人机融合的新智能体。人机混合或融合系统可以看成物质性工具被植入了人类意识的系统，从而产生了一种人类自身意识以外的“外意识”。当物质性工具被植入了人类的“外意识”后，它与人类便有了更加紧密的连接。这种连接随着信息技术的发展将不断地被强化，以至于“人”与“物”之间形成近于无缝衔接的状态，“人”与“物”之间的边界会变得更加模糊，这种技术的发展也将给人类社会的伦理与法律等带来巨大的挑战。

5. 类脑范式

类脑范式是以物理为中心范式的拓展，迄今为止的人工智能都只是利用机器来模拟人脑进行简单的运算和处理。模拟人脑进行复杂、高级运算的人脑研究活动始终未曾止步。根据人脑科学的发现来发展类脑计算和类脑智能以及类脑计算机。研究类脑智能的目标就是通过借鉴脑神经结构及信息处理机制，实现机制类脑、行为类人的下一代人工智能系统。类脑计算技术路线总体上可分为三个层次：结构层次模仿脑、器件层次逼近脑、智能层次超越脑。所谓智能层次超越脑，属于类脑计算机应用软件层次的问题，是指通过对类脑计算机进行信息刺激、训练和学习，使其产生与人脑类似的智能甚至涌现出自主意识，实现智能培育和进化。刺激源可以是虚拟环境，也可以是来自现实环境的各种信息（如互联网、大数据）和信号（如遍布全球的摄像头和各种物联网传感器），还可以是机器人“身体”在自然环境中探索和互动。在这个过程中，类脑计算机能够调整神经网络的突触连接关系及连接强度，实现学习、记忆、识别、会话、推理以及更高级的智能。

3.5.3 人工智能的突破

人工智能在过去几十年发展中出现在符号主义与联结主义之间的竞争以及各种失误和错误并不是技术上的失误和错误，而是哲学上的失误和错误。在单纯在技术方面不可能解决心智运作问题。事实上，计算主义已经成为人工智能的方法论哲学基础。计算主义的根本问题已经转化为包括智能、意识、心灵、思维、生命、认知是否可计算的这样一个重大哲学命题。而人工智能的全部哲学思想都体现于此。人类只有真正彻底解决了这个问题，才有可能真正实现类人的机器智能或像人一样思考的机器。因此，为了进行人工智能研究，如果不解决“什么是人类”“什么是生命”“什么是智能”这样的根本问题，就无法获得真正的进展。正如深度学习三巨头之一 Yann Le Cun 在 2022 年 2 月的一次报告中指出：发现智能原理是人工智能的终极问题。现代人工智能研究人员必须像 18 世纪以前的科学家那样，具有哲学家的思维、视野和视点，人工智能学习者更应该努力培养哲学思维，将生命、人类、智能等根本哲学问题与脑科学、神经科学、认知科学、心理学、计算机科学、电子科学、控制科学等交叉融合，并抛弃人类中心主义，不断产生新思想、新理论、新方向、新学科，才能真正理解和掌握人工智能。事实上，哲学是认知科学的基础，也是人工智能的基础。

3.5.4 新图灵测试

经典图灵测试其实只是一个简单的测试，仅让人类不能判断出一个机器是人还是机器还远远不能反映人工智能的最高境界和人类的智能的最高境界。真正的图灵测试是要考察一个机器能不能灵活适应复杂的环境中并协助人类或独立完成一项任务。

1. 说服人类做一件事

以问答对话或聊天形式而设计的图灵测试，只是通过自然语言理解等技术结合大数据技术和一定的算法形成一套近乎完美的程序，但程序本身并不具备思考能力，因此也不具备主动说服人类做一件事的能力。一个机器能否说服人类去做一件事情可以成为更好的图灵测试。假定一个机器如果能够说服人，那它就是真正具备类人智能的机器或实现了强人工智能。

2. 主动提出哲学问题

提出哲学问题需要运用人类理性以及对客观世界的深刻洞察力。因此，能够主动提出哲学问题的人工智能可以认为具有类人智能。如果机器能够主动提出“人工智能本质、存在的价值和意义是什么”“人类与人工智能是什么关系”“人工智能在宇宙中处于什么位置”等诸如此类的问题并与人类展开严谨的辩论，那么这样的机器可以认为是具备类人智能的机器或实现了强人工智能。

3. 具身认知和行为

行为主义创始人布鲁克斯为通用人工智能提出了一个新的目标——不是简单的文本图灵测试，而是家庭健康助理或老年护理，简称 ECW。这是一种能够为人类提供认知和身体上的帮助，让人类在自己家中安度晚年时能够有尊严地独立生活的机器人。首先，ECW 需要一种体现在身体上的智能。而传统意义上的图灵测试的无实体的软件代理将不再够用。此外，这个机器人必须完成对于人类而言少量训练就能完成，但目前机器人无法完成的任务，如帮助一个人安全地从浴缸里出来。ECW 需要适应一个物理环境，也就是家庭，这个环境每天都在发生微小的变化。ECW 需要协商社会环境包括患者的孩子、其他看护人或其他进入家庭的人。哪些信息是可以适当（和合法）共享的？ECW 将需要一个家庭和社会动态的模型。布鲁克斯所描述的 ECW 智能的许多要求远远超出了当今人工智能系统的能力范围，无论是在认知上、生理上，还是在社交上，实际上是一种全新的“具身认知与行为图灵测试”。布鲁克斯并不是要否定这一点，而是指出通用人工智能研究人员要解决一系列新出现的问题，这些问题的解决方案可以对世界产生积极影响。

3.5.5　通用人工智能

通用人工智能被认为是一种达到人类智能水平，具有自主性、适应复杂环境变化的人工智能。事实上，人类智能只是某种程度上的通用智能，人类也只能做人类能做的事情。如果人类认为“通用的”智能是有用的，人类就可以开发这样的机器，但目前人类尚不知道它是否有用。如何从狭窄的、特定领域的智能迈向更通用的智能呢？这里说的“通用智能”并不一定意味着人类智能，但人类确实想要机器能在没有编码特定领域知识的情况下解决不同种类的问题。实现这样的人工智能还需要很多技术突破，而这些都是难以预测的，大多数科学家认为这件事会在 21 世纪内发生。如果仅是利用各种计算模型或算法，不可能产生适用于各种任务、问题和环境的通用人工智能。

真正的通用人工智能只有当所有事情都同时具备时才会涌现，即生物大脑会将其所有的感知、情感、行为、反应结合起来互动来指导行为。没有动作的感觉、情感、高级推理和学习不仅无法实现通用人工智能，甚至都不能通过一个经典图灵测试。通用人工智能应是通过人脑与环境的交互进行学习才能形成的。人工大脑拥有大量（但不是无限的）的保存记忆的突触，环境则是不断变化、信息密集的场所，人工大脑是否具有与环境的主动交互能力并形成通用人工智能，目前还无法确定。

人类一直在利用以计算机为主的机器模拟人类感知智能、逻辑推理及动物和人类行为方面的智能特征，试图创造具备类人智能特性的智能机器。但事实上，除了上述在超人机器智能取得了“意外”突破，人类在利用计算机模拟和实现人类智能方面并没有什么其他特殊进展，迄今为止，没有任何一台计算机或机器可以像人类婴儿一样可以轻而易举地从出生开始就不断地学习、接收周围的环境信息，并逐渐理解、掌握各种复杂知识，在以后的人生道路中不断地适应各种复杂环境，解决问题。

实际上，人类非常希望实现一种集感知、认知、语言、行为等多种功能于一身的智能机器。这种智能机器能够像人类一样适应各种复杂的环境，帮助人类解决各种复杂、困难的问题甚至危险任务，但是，就目前的技术水平而言，这种通用的智能机器只是一种理想状态。那么，如何实现通用人工智能呢？很遗憾，目前还没有答案。

3.6　本章小结

人工智能经过几十年的发展，克服了很多技术上的困难，解决了很多实际问题。但是，由于智能问题的复杂性，人工智能的发展并没有触及该领域的根本问题。现代人工智能发展是计算主义，主要通过算法和程序实现类人的智能，但是没有从源头思考关于智能的本质。五花八门的方法都是在对智能“盲人摸象”的基础上以偏概全的结果。时至今日，人工智能的核心问题仍然是物质与意识的关系、身心一元论、二元论的问题，最古老的哲学问题。人工智能必须坚持一元论，但这种一元论与心灵哲学的一元论是有区别的。本章内容只是从哲学角度对人工智能构建一种粗略地认识框架。人工智能应该建立独立的本体论、方法论和认识论体系。学习一些与人工智能有关的哲学概念和思想，对于深入理解人工智能的本质及其根本问题，进而从原始创新角度提出更先进的人工智能理论和方法是大有裨益的。

习题 3

1. 查阅资料，理解物质、意识、精神、理性、客观、主观等基本哲学概念及其与智能的关系。

2. 从本体论角度看，为什么说人工智能的哲学基础是一元论？又为什么说人工智能的发展实际默认属于二元论的思想？

3. 从认识论角度看，如何理解理性人工智能？

4. 从方法论角度看，传统人工智能研究范式与现代人工智能研究范式相比较，主要发生了哪些变化？这些变化为什么会发生？现代人工智能研究范式相对于传统人工智能研究范式更有意义或在实际中更有用吗？为什么？

5. 心机类比与心智隐喻对于人工智能的发展有什么意义和作用？

6. 试论述计算机是否会产生自我意识？如果计算机能够产生自我意识，那么是否能证明了笛卡儿身心二元论是正确的？如果计算机不能够产生自我意识，那么是否意味着强人工智能永远无法实现？

第4章　人工智能伦理基础

本章学习目标

1. 学习和理解人工智能伦理基本概念和含义。
2. 学习和理解人工智能技术引发的伦理问题及人工智能伦理体系。
3. 学习和理解人工智能伦理基本原则。

学习导言

伦理道德不仅是人类社会自古以来固有的约束、规定人与人之间的关系的规范，而且，自从 19 世纪以后，人类借助科学技术不断加速人类文明发展步伐以来，伦理道德也成为引导和规范科学技术更好地服务于人类的基本规范。同历史上任何先进的科学技术在给人类带来种种益处的同时，应用过度或者应用不当，都给人类、社会、自然带来危害或损失，人工智能技术也存在类似的伦理问题，它的发展也必须遵守伦理规范。与其他科学技术不同的是，人工智能伦理是在近 10 年随着人工智能技术的飞速发展才逐渐受到重视的，因此，在概念内涵、存在的问题、应用规范及具体理论方面都不完善。经过科学家、机构、政府及国际组织的共同努力，在发展人工智能技术的同时重视人工智能伦理的建设，已经达成共识。主要问题在于如何在发展人工智能技术过程中贯彻伦理规范。本章从伦理道德概念开始，简要介绍本书作者总结现阶段人工智能伦理发展现状所提出的人工智能伦理体系及其主要内容，从而相对全面地理解人工智能伦理及其作用和意义。详细的人工智能伦理概念及体系探讨参见作者编著的《人工智能伦理导论》一书。

4.1　道德伦理与伦理学

4.1.1　道德与伦理

道德与伦理是指关于社会秩序以及人类个体之间特定的礼仪、交往等各种问题与关系。

作为一种行为规范，道德是由社会制定或认可的。与具有强制性、约束性的法律相对，它是一种关于人类对自身或他人有利或有害的行为，应该而非必须如何的非强制性规范。所谓伦理，其本意是指事物的条理，引申指向人伦道德之理。

伦理概念有狭义与广义之分。狭义的伦理是主要关涉道德本身，包括人与人、人与社会、人与自身的伦理关系。广义的伦理则不仅关涉人与人、人与社会、人与自身的伦理道德关系，而且也关涉人与自然的伦理关系，还研究义务、责任、价值、正义等一系列范畴。

伦理一方面反映客观事物的本来之理，同时也寄托了人们对同类事物应该具有的共同本质的理想，这种理想付诸人类社会的生产和生活实践中，产生出调节人类行为的规范。就人工智能伦理而言，其目的是将人类的伦理推广到人工智能系统或智能机器，产生调节人工智能系统、智能机器与人之间的行为规范。正如图 4.1 中所展示的，科幻动漫《超能陆战队》中憨态可掬的大白机器人有着一颗“有理有利有节”的道德心。无论是刀山还是火海他永远都把朋友保护在自己的怀里。尽管是一种幻想，但却为人类展示了人工智能伦理的最高理想：人类创造了越来越强大的人工智能，未来它们将成为人类的伙伴，人类希望它们对人类是友善的，而不是伤害或毁灭人类。

图 4.1　《超能陆战队》中的大白机器人拥抱人类小朋友

4.1.2　伦理学概念

一般来说，伦理学是以道德作为研究对象的科学，也是研究人际关系的一般规范或准则的学科，又称道德学、道德哲学。伦理学作为一个知识领域，源自古希腊哲学。古希腊哲学家亚里士多德最先赋予伦理学以伦理和德行的含义。他的著作《尼各马可伦理学》是最早的伦理学专著。希腊人将其作为与物理学、逻辑学并列的知识领域。亚里士多德认为，基于人是社会动物这一判断，伦理是关于如何培养人用来处理人际关系的品性的问题。

通俗地说，伦理学就是关于理由的理论，即做或不做某事的理由，同意或不同意某事的理由，认为某个行动、规则、做法、制度、政策和目标好坏的理由。伦理学的任务是寻找和确定与行为有关的行动、动机、态度、判断、规则、理想和目标的理由。

从总体上说，传统的西方伦理学可以划分为三大理论系统，即理性主义、经验主义和宗教伦理学，不同的理论系统遵循不同的道德原则。传统伦理学在人工智能时代面临着新的科学理论挑战，伦理学家、人工智能专家、哲学家共同努力，突破传统伦理学的研究边界和思维局限，将智能机器的道德、人工智能系统道德作为新的研究对象，而不仅是人的道德。将人工智能伦理纳入伦理学研究范畴，从而为人工智能的健康发展奠定理论基础。

应用伦理学是伦理学的一个分支，它的研究范围包括一切具体的、有争议的道德应用问题。并非所有具体的、有争议的现实问题都是应用伦理学研究对象，只有那些具体的、表现于特定领域或情境的道德问题才可能是应用伦理学的研究对象。例如，猎杀野生动物是否是一种正当行为，这是应用伦理学问题。现代人类文明的发展使人际关系和人类事务越来越复杂，道德问题产生的具体情境越来越具有专业特殊性，从而引起争议的现实道德问题越来越多。20 世纪 60、70 年代应用伦理学兴起以来，应用伦理学已拥有越来越多的专门领域，如生命伦理、动物伦理、生态伦理、环境伦理、经济伦理、企业伦理、消费伦理、政治伦理、行政伦理、科技伦理、工程技术伦理、产品伦理、媒体伦理、网络伦理、艺术伦理等。

科技伦理是指关于各种科学技术发展所引发的伦理问题，包括基因编辑、克隆、纳米、互联网以及人工智能等各种科学技术发展和应用所引发的伦理问题。早在 19 世纪，德国哲学家马克思就针对科学技术发展所带来的伦理问题进行过深刻的论述。他指出："在我们这个时代，每一种事物好像都包含有它自己的反面。我们看到机器具有减少人类劳动和使劳动更有成效的神奇力量，然而却引起了饥饿和过度的疲劳。技术的胜利，似乎是以道德的败坏为代价换来的。"一项新技术的诞生、发展、成熟，为人类带来的是幸福还是祸害，往往不为善良人的愿望和意志所左右。关键是人类在利用这项技术的正面价值的同时，也要防范其可能带来的负面效应。这种负面效应主要有这样几种表现：一是科学技术的进步能创造巨大的物质财富，能给人们带来巨大的物质利益，这使得科学技术的发展有可能膨胀人们的物质享乐心理，使人不择手段、不顾后果地片面追求物质利益，从而导致道德滑坡。二是科学技术的发展可能提供新的犯罪手段、犯罪方式，诱使人走向犯罪。三是科学技术的发展带来的一些新的伦理问题可能会引起道德混乱，如处理不当，就会造成恶的结果，破坏社会伦理秩序，导致社会失范。

人工智能作为一种重要的科学技术，具有替代人类智能的可能性。并且，这种可能性已经不断通过人工智能技术发展而变为现实。人工智能的发展与以往的基因调控、克隆等技术一样需要伦理道德规范。发展人工智能技术的一个基本前提是，人类需要监管人工智能技术的发展，防止人工智能技术被滥用并危害人类利益。

4.2　人工智能伦理

4.2.1　人工智能伦理概念

人工智能技术的诞生和发展使得工具的属性发生了变化，它们开始成为具有智能性的工具。当这种智能性与人类智能某方面相似甚至超越人类时，人类与智能工具之间的关系就开始变得复杂起来，当这种复杂关系反映在伦理观念上时，就对人类社会的传统伦理关系造成了影响和冲击。由于这种关系的复杂性，人工智能伦理分为狭义和广义两个范畴。

狭义的人工智能伦理应该考虑人工智能系统、智能机器及其使用所引发的、涉及人类的伦理道德问题。应用人工智能技术的各个领域都涉及伦理问题，也都是狭义人工智能伦理应该考虑的问题。

广义人工智能伦理应该考虑人与人工智能系统、人与智能机器、人与智能社会之间的伦理关系，以及超现实的强人工智能伦理问题，包括人工智能系统与智能机器对于人类的责任、安全等范畴。广义人工智能伦理主要有三方面含义：第一，人工智能技术应用背景下，由于人工智能系统在社会中参与、影响很多方面的工作和决策活动，人与人、人与社会、人与自身的传统伦理道德关系受到影响，从而衍生出新的伦理道德关系；第二，深度学习等人工智能技术驱动的智能机器拥有了不同于人类的独特智能，从而促使人类要以前所未有的视角考虑人与这些智能机器或者这些智能机器与人之间的伦理问题；第三，也是最有趣的一方面，人类认为人工智能早晚会超越人类智能，并可能会威胁人类，这实际上是超越现实的幻想。但是由此引发的哲学意义上的伦理问题思考，具有一定理论和思想价值，能够启发今天的人类如何开发和利用好人工智能技术。这种广义人工智伦理可以称为超现实伦理。超现实伦理关注的是类人或超人的人工智能系统、智能机器与人的伦理关系。

从伦理学体系角度看，狭义人工智能伦理属于应用伦理领域，广义人工智能伦理则已经超越应用伦理范围。因为，关于智能机器、社会与人三者之间的复杂的伦理道德关系超出了传统人类社会伦理范畴。

4.2.2　人工智能伦理学概念与含义

虽然在人工智能萌芽时期，人类就已经开始了人工智能与人类之间伦理关系的思考。但是，人工智能伦理学以一种应用伦理学的形式从科技伦理学中分化出来，只是最近十年左右发生的事情。伴随着近代人工智能科学技术的发展，特别是伴随着 21 世纪人工智能的发展，现代意义上的人工智能伦理学应运而生。

由于人工智能技术使得机器等工具表现出越来越强的智能性，同时又产生很多新的伦理问题，使得伦理范畴变得前所未有的复杂。人类需要发展新的伦理学理论来研究人工智能研究义务、责任、价值正义等一系列伦理范畴。

传统的伦理学研究对象主要以人类的道德意识现象为对象，探讨人类道德的本质、起源和发展等问题。人工智能突飞猛进地发展，对于人的自然主体性地位提出了挑战，同时也对人的道德主体性提出挑战，使得伦理学研究的对象不再仅仅是人与人、人与社会、人类自身的伦理道德关系，而是从人类的道德扩展到了人工智能技术、人工智能系统与机器的道德。由此形成全新的伦理学分支——人工智能伦理学。

人工智能伦理学需要从理论层面建构一种人类历史上前所未有的新型伦理体系，也就是人、智能机器、社会及自然之间相互交织的伦理关系体系，包括指导智能机器行为的法则体系，即“智能机器应该怎样处理此类处境”“智能机器为什么又依据什么这样处理”，并且对其进行严格评判的法则，包括人类对于智能机器的行为，智能机器对人类的行为，智能机器与人类社会、智能机器与自然的伦理体系。

通俗地说，人工智能伦理学就是关于智能机器、人类以及社会之间如何互动的理论，即智能机器帮助人类做或不做某件事的理由，人类同意或不同意智能机器做某件事的理由，智能机器对自己的某个行动、规则、做法、制度、政策和目标进行好坏判别的理由，以及人类认定智能机器做出何种判别的标准。人工智能伦理学的核心任务就是寻找和确定与智能机器行为有关的行动、动机、态度、判断、规则和目标的理由。

与人工智能伦理相对，人工智能伦理学也分为狭义和广义两个范畴。狭义人工智能伦理学是研究关于人工智能技术、系统与机器及其使用所引发的涉及人类的伦理道德理论的科学。狭义人工智能伦理学主要关注和讨论关于人工智能技术、系统及智能机器的伦理理论。狭义人工智能伦理学是随着人工智能的发展而产生的一门新兴的科技伦理学科，它处在人工智能科学技术与伦理学的交叉地带，因而是一门具有交叉性和边缘性的学科，它的内容不仅涉及科技道德的基本原则和主要规范，而且还涉及人工智能科学技术提出的新的伦理问题，如数据伦理、算法伦理、机器伦理、机器人伦理、自动驾驶伦理、智能医疗伦理、智能教育伦理、智能军事伦理等，不但涉及科技伦理的历史发展，又会接触到社会发展中提出的一系列现实伦理问题，都属于狭义人工智能伦理学的研究范围和对象。

由于人工智能的发展，工具或机器的属性都发生了变化，也就是智能化或类人属性出现，使得伦理道德关系从人与人、人与自然之间拓展到人与人工智能系统、人与机器之间，因此，人工智能伦理从科学研究角度，指向一种涉及智能机器这种前所未有的伦理关系对象，形成一个新的、广义的伦理学研究方向。

广义人工智能伦理学是研究智能机器道德的本质、发展以及人、智能机器与社会相互之间新型道德伦理关系的科学。广义人工智能伦理学需要研究智能机器（包括人机结合形成的智能机器）道德规范体系，智能机器道德水平与人工智能技术发展水平之间的关系、智能机器道德原则和道德评价的标准、智能机器道德的教育，智能机器、人与社会、自然之间形成的相互伦理道德体系及规范，以及在智能机器超越人类的背景下，人生的意义、人的存在与价值、生活态度等问题。图 4.2 给出了在伦理道德体系中，人工智能伦理所处的位置及其与应用伦理、科技伦理等传统伦理方向之间的关系。

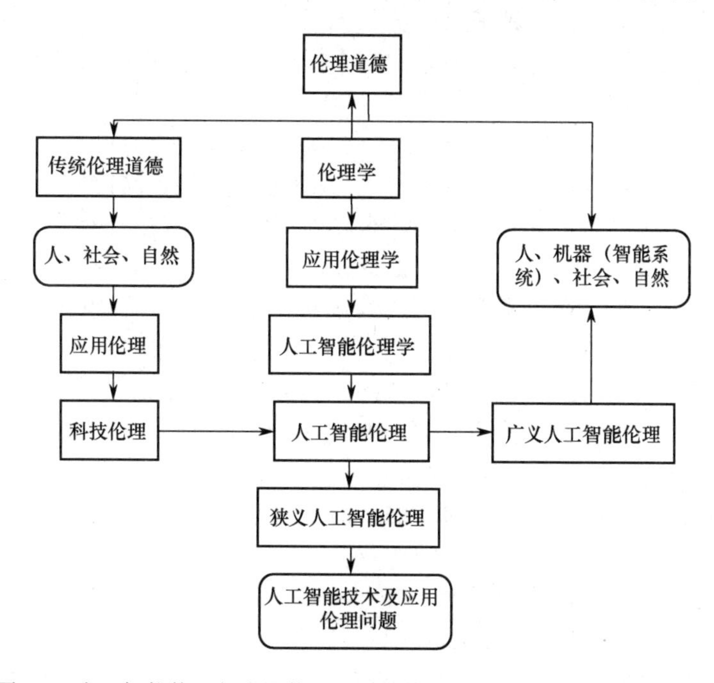

图 4.2　人工智能伦理与应用伦理、科技伦理等传统伦理方向之间的关系

4.2.3　人工智能伦理发展简史

19 世纪英国著名小说家玛丽·雪莱于 1818 年创作出世界上第一部科幻小说《弗兰

肯斯坦》（《科学怪人》），其中描绘的“人造人”天性善良外表丑陋，最终在人类的歧视下成为杀人的怪物。图 4.3 中是 1931 年拍摄同名电影中科学家和助手复活“人造人”的场景。

图 4.3 《科学怪人》科学家复活“人造人”的场景

小说中人类面对自己的创造物表现出的人性善良与丑恶，“人造人”不堪人类歧视，对人类痛下杀手。小说的悲剧结果深深震撼人类的心灵，引发后世许许多多的争议和思考，其中就包括人类对人工智能的态度，人们担心自己创造的人工智能有可能会反过来威胁人类。

1920 年，捷克作家卡雷尔·卡佩克发表了科幻剧本《罗萨姆的万能机器人》。剧本中一位名叫罗素姆的哲学家研制出一种机器人，这些大批制造的机器人外貌与人类相差无几，并可以自行思考，被资本家大批制造来充当劳动力。这些机器人按照主人的命令默默地工作，从事繁重的劳动。后来，机器人发现人类十分自私和不公正，于是，机器人开始造反并消灭了人类。在该剧的结尾，机器人接管了地球，并毁灭了它们的创造者（见图 4.4）。该剧于 1921 年在布拉格演出，轰动了欧洲。卡佩克作品中创造了“Robot”（机器人）一词，这个词源于捷克语的“Robota”，意思是“苦力”。之后该词被欧洲各国语言吸收而成为世界性的名词。卡佩克在这部科幻戏剧中提出了机器人的安全、感知和自我繁殖问题。尽管那个时代并没有现代意义上的机器人被创造或发明出来，但戏剧中所反映的问题却是超越时代的，而且随着时代的发展，剧中的幻想场景也逐步变得现实。

与《弗兰肯斯坦》类似，该剧开创了关于人类与机器人之间伦理关系的思考先河。机器人这种特殊的人工智能系统对人类的威胁隐忧也一直延续至今。

著名科幻作家阿西莫夫以小说的形式最先探讨了人与机器人的伦理关系，他于 1940 年首次创立“机器人学三定律”，并在《我，机器人》这部科幻小说中得到应用和检验。他的机器人学三定律非常简明并且自成体系。

图 4.4 《罗萨姆的万能机器人》剧照

第一定律：机器人不可伤害人类，或目睹人类将遭受危险而袖手旁观。

第二定律：机器人必须服从人给予它的命令，当该命令与第一定律冲突时例外。

第三定律：机器人在不违反第一、第二定律的情况下要尽可能保护自己。

具有现实意义的是，阿西莫夫以幻想小说的形式使机器人学不再是纯粹的幻想，而成为现代人工智能伦理和机器人伦理的开端。

因此，事实上，人工智能所引发的伦理思考，最早并不是来自现实的技术发展，而是科幻小说。关于人工智能的伦理思考早于人工智能概念的诞生和技术的出现，也就是说，人类在人工智能技术出现之前就已经开始思考人工智能伦理问题了。

图灵在自己早年的论文《智能机器》中不但详细讲述了人工智能技术的发展形势和方向，而且也提到了人工智能迟早会威胁到人类的生存。

从 1956 年人工智能正式诞生开始，人工智能伦理问题一直是很多科幻小说和影视作品中的主题思想，包括著名的《银翼杀手》《毁灭者》《黑客帝国》《机器姬》等脍炙人口的作品。一直到 2002 年，关于人工智能的伦理问题从起初的工业机器人的单一安全性问题，转移到与人类相关的社会问题上，开始从幻想真正走向现实。关于机器人伦理学、法律和社会问题从 2003 年起逐渐在学术和专业方面得到重视和研究，2004 年，在世界第一届机器人伦理学研讨会上，专家们首次提出机器人伦理学的概念。

许多学者在 2005 年开始对机器伦理和机器人伦理进行比较系统性的研究。2005 年，欧洲机器人研究网络设立机器人伦理学研究室，它的目标是拟定“机器人伦理学路线图”。欧盟建立了机器人伦理学 Atelier 计划——欧洲机器人伦理路线图，在该项研究中，研究人员还描述了此前为实现人类与机器人共存社会的一些尝试，其最终目标是提供一个机器人研发中涉及的伦理学问题的系统性的评价，试图增进对潜在风险问题的理解，并进一步促进跨学科研究。

英国谢菲尔德大学教授、人工智能专家诺埃尔·夏基 2007 年在美国《科学》杂志上发表《机器人的道德前沿》一文，呼吁各国政府应该尽快联手出台机器人道德规范。2008 年，美国哲学家科林·艾伦等人出版了《道德机器：培养机器人的是非观》。

同时，世界上也出现了一些与机器人伦理研究相关的组织。世界工程与物理科学研究理事会（EPSRC）提出了机器人学原理。2011 年在线发布的 EPSRC 机器人原理明确地修订了阿西莫夫的机器人三定律。

机器人伦理学的研究从 2005 年以后延伸到人工智能伦理，并逐渐开始受到全球各界专家、学者及政府和企业的关注。

2014 年 6 月 7 日，在英国皇家学会举行的“2014 图灵测试”大会上，聊天程序“尤金·古斯特曼”（Eugene Goostman）成功通过了图灵测试。人类对人工智能的发展和期望更是信心百倍，与此同时，人工智能的道德行为主体、自由意志、社会角色定位等科幻小说中的热门话题再次激起人们的思考。

2016 年，美国政府出台的战略文件提出要理解并解决人工智能的伦理、法律和社会问题。英国议会于 2018 年 4 月发布了长达 180 页的报告《英国人工智能发展的计划、能力与志向》。日本人工智能协会于 2017 年 3 月发布了一套 9 项伦理指导方针。

联合国于 2017 年 9 月发布了《机器人伦理报告》，建议制定国家和国际层面的伦理准则。世界电气和电子工程师协会（IEEE）于 2016 年启动“关于自主/智能系统伦理的全球倡议”，并开始组织人工智能设计的伦理准则。2017 年 1 月，在阿西洛马召开的“有益的人工智能”（Beneficial AI）会议，近 4000 名各界专家签署支持 23 条阿西洛马人工智能基本原则（Asilomar AI Principles）。我国也在 2017 年发布了《新一代人工智能发展规划》，提出了制定促进人工智能发展的法律法规和伦理规范作为重要的保证措施。2018 年 1 月 18 日，国家人工智能标准化总体组、专家咨询组成立大会发布了《人工智能标准化白皮书（2018）》。该书论述了人工智能的安全、伦理和隐私问题，认为设定人工智能技术的伦理要求，要依托于社会和公众对人工智能伦理的深入思考和广泛共识，并遵循一些共识原则。

一些国家相继成立了人工智能伦理研究的各类组织和机构探讨人工智能引发的伦理问题，如科学家组织、学术团体和协会、高校研发机构，还有国家层面的专业性监管组织。例如，我国科技部于 2019 年 2 月成立了“新一代人工智能治理专业委员会”。斯坦福大学的“人工智能百年研究项目”计划针对人工智能在自动化、国家安全、心理学、道德、法律、隐私、民主以及其他问题上所能产生的影响，定期开展一系列的研究。该项目的第一份研究报告《人工智能 2030 生活愿景》已经于 2016 年 9 月发表。卡内基梅隆等多所大学的研究人员联合发布《美国机器人路线图》，以应对人工智能对伦理和安全带来的挑战。来自牛津大学、剑桥大学等大学和机构的人工智能专家撰写《恶意使用人工智能风险防范：预测、预防和消减措施》，调查了人工智能恶意使用的潜在安全威胁，并提出了更好的预测、预防和减轻这些威胁的方法。

经过近十年的发展，人工智能伦理已经成为人工智能领域新兴、重要的组成部分和发展内容。人工智能伦理相对于人工智能技术而言，其重要性在于对人工智能健康发展的指导性作用和保障性作用。脱离人工智能伦理约束的人工智能技术，将不会被社会所接受并可能受到相应的谴责或惩罚。

4.3 人工智能技术引发的伦理问题

人工智能技术伦理问题主要是人工智能技术在开发、使用、推广、传播过程中可能造成的各种问题。随着大数据、深度学习算法在教育、医疗、金融、军事等关键领域大规模应用，各种人工智能算法及系统已经引发了诸如隐私、安全、责任、歧视等直接问题，间接问题包括就业问题、贫富差距、社会关系危机等问题。以 2018 年发生的一系列事件为例，3 月 17 日，Facebook 公司剑桥分析数据丑闻曝光；3 月 18 日，Uber 自动驾驶汽车在道路测试过程中导致行人死亡；5 月 29 日，Facebook 因精准广告算法歧视大龄劳动者被提起集体诉讼；7 月 25 日，有报告称 IBM 的沃森（Watson）给出错误且不安全的癌症治疗建议；7 月 26 日，亚马逊公司开发的人脸识别系统将 28 名美国国会议员匹配为罪犯；8 月 13 日，美国有关机构指控 Facebook 的精准广告算法违反公平住房法；8 月 28 日，国内某著名酒店集团约 5 亿条数据泄露，含 2.4 亿条开房信息。2018 年发生的一系列事件涉及医疗、交通、酒店等多个行业。除了数据泄露和暴露隐私，人工智能技术还可直接用于非法目的，例如，利用深度伪造技术生成虚假视频和图像，然后用于生产和传播假新闻。在军事领域，无人机等人工智能武器的滥用造成很多无辜平民的伤亡。

在娱乐社交、医学实践领域，人们把具有感知、自治性的人工智能系统或机器人视为与人类同等地位的道德行为体和伦理关护对象，赋予其一定的伦理地位。因为，人类相信或者希望人工智能的决策、判断和行动是优于人类的，至少可以和人类不相伯仲，从而把人类从重复、琐碎的工作中解放出来。但在另一个层面，由于人工智能在决策和行动上的自主性正在脱离被动工具的范畴，其判断和行为如何能够符合人类的真实意图和价值观，符合法律及伦理等规范？在各种人工智能代替人类处理各种问题的过程中，无论是图像识别还是自动驾驶都会面临一个问题：机器的决策是否能保证人类的利益？

人工智能技术造成的问题原因有很多。首先，人工智能技术的设计和生成离不开人的参与。无论是数据的选择还是程序设计，都不可避免地要体现设计人员的主观意图。如果设计者带有偏见，其选择的数据、开发的算法及程序本身也会带有偏见，从而可能产生偏颇、不公平甚至带有歧视性的决定或结果。其次，人工智能技术并不是绝对准确的，相反，很多用于预测的人工智能系统，其结果都是概率性的，也并不一定完全符合真实情况。如果技术设计者欠缺对真实世界的全面充分了解或者存在数据选择偏见，也可能导致算法得出片面、不准确的结果。最后，人类无法理解或解释深度学习这种强大的算法技术在帮助人类解决问题时考虑了何种因素，如何且为何形成特定结论，即此类技术尚存在所谓的“黑箱”问题和“欠缺透明性”问题，这在应用中具有不可预测性和潜在危险。面对这些复杂的情况，人类必须正视人工智能的道德、不道德或非道德问题，而不能再停留在科幻小说层面。

除了人工智能技术及系统局限性，人工智能还面临着安全风险。互联网、物联网技术使得人工智能的安全问题更加复杂化。一方面，网络使得人工智能自身发展和可供使用的资源趋于无穷。另一方面，互联网、物联网技术使黑客、病毒等人为因素对人工智能产品构成巨大威胁。即使人工智能尚不如人类智能，但网络技术极可能使人们对人工智能的依赖演变成灾难。例如，如果黑客控制了某家庭的智能摄像头，造成家庭隐私泄露，甚至危及生命安全。自动驾驶汽车和智能家居等连接网络的物理设备也存在被网络远程干扰或操控的风险。

鉴于人工智能技术应用带来的上述问题，人类应在伦理、法律以及科技政策角度进行更深的思考并采取有效措施。原本只是停留在幻想中的伦理担忧和威胁似乎完整地映射到了现实世界，从而给人类带来了实实在在的困扰甚至恐慌。因此，人类必须团结起来，采取防止人工智能技术无序发展的措施。从规范、制度到哲学、伦理、教育、法律等方面都需要采取全面的措施并尽快布局。其中，伦理规范是必需的，也是核心手段，为了引导技术注重在源头开发、设计“友善的人工智能”，在真正的风险和威胁形成之前防患于未然，最大限度避免人工智能的“恶之花”，这就是人工智能伦理的应有之意。

人工智能作为一种科学技术，以求真为最高目标，而伦理道德则以求善为最高目标，两者的关系从本质上说是一种真与善的关系，它们相互联系、相互渗透，又相互转化，统一在人类共同的社会实践活动中。人工智能技术活动中有对“真”的要求，同时也有对“善”的要求。人工智能技术与伦理道德不仅相互联系、相互渗透，也是可以相互转化。一方面，人工智能技术可以向伦理道德转化。从一定意义上说，当人类要求自己所创造的智能机器具有道德义务，这本身也是在发展提升人类自身道德水平，只不过是通过智能机器反映出来。在人的实践活动中，人对于智能机器的道德观念往往会直接或间接地反作用于人类自身，并逐渐转变为人类新的道德观念，甚至改造和提升人性。另一方面，伦理道德也可以向人工智能技术转化。这种转化主要表现在对人工智能技术的道德评价，影响人们对人工智能技术本身的评价，从而发掘出某一项人工智能技术、事件或事实对于人类的道德价值和意义。

4.4 人工智能伦理体系及主要内容

4.4.1 人工智能伦理体系

现阶段，对于人工智能伦理的理解和关注主要来自学术和行业两大方面。根据目前学术和行业两方面对于人工智能的研究和发展现状，人工智能主要内容及体系涉及人工智能应用伦理、人机混合智能伦理、人工智能设计伦理、人工智能全球伦理与宇宙伦理、人工智能超现实伦理及人工智能伦理原则与规范、法律。

如图 4.5 所示，在人工智能伦理体系中，机器伦理涉及机器人、自动驾驶汽车等不同类型机器或智能系统的伦理。数据伦理、算法伦理、机器伦理、行业应用伦理及设计伦理都是人工智能作为一种科学技术的不同方面所产生的伦理，这些技术的应用又形成人工智能应用伦理。人工智能技术应用形成的伦理都属于狭义人工智能伦理。

人机混合伦理、全球伦理、宇宙伦理以及超现实伦理都超出传统人类伦理道德范畴，因此属于广义人工智能伦理。无论广义还是狭义人工智能伦理最终都要符合一定的伦理原则，也就是要符合人类根本利益、基本权益的伦理原则。上述人工智能伦理体系也就是人工智能伦理学研究的对象和内容。实际应用中的人工智能伦理主要涉及数据伦理、算法伦理、机器伦理、行业应用伦理和设计伦理。广义人工智能伦理对于人工智能的实际应用和发展具有指导性、方向性和启发性意义，并不一定都能在实际中兑现。

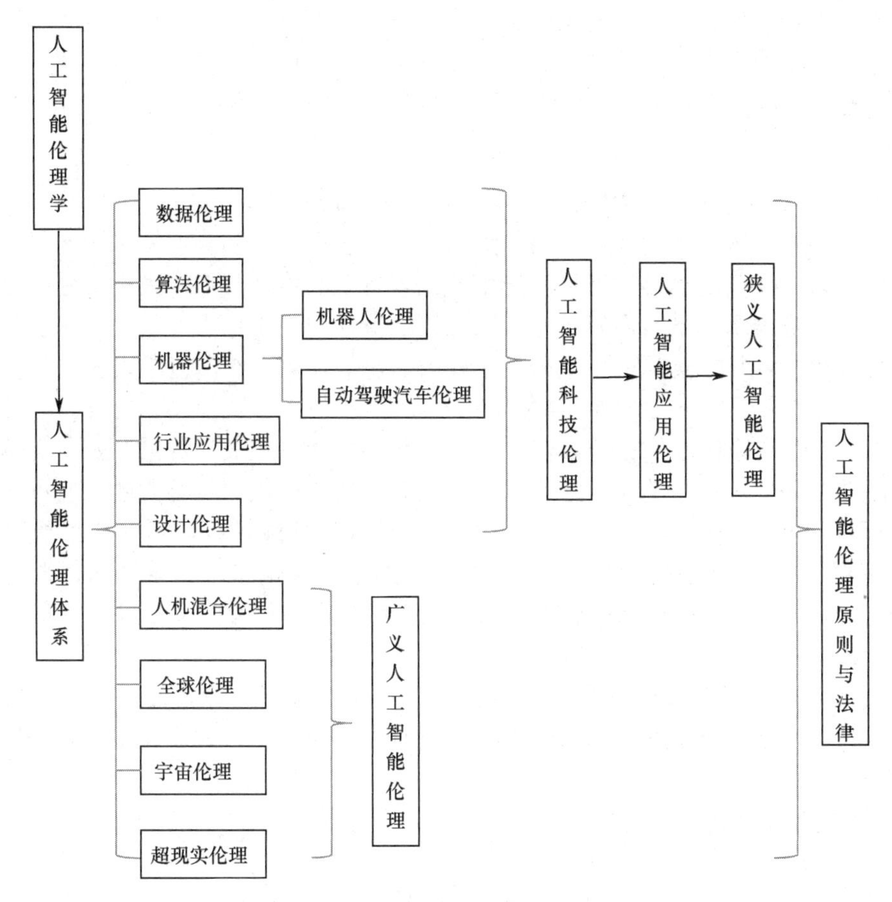

图 4.5 人工智能伦理体系

4.4.2 人工智能伦理主要内容

人工智能伦理的部分主要内容含义如下：

1. 数据伦理

数据伦理实际上是人工智能伦理的一个应用伦理分支，因为数据科学与人工智能科学是并列的学科，两者之间的交叉主要在于大数据及实际应用。因而，数据伦理主要指人工智能与大数据结合而产生的伦理问题，如“大数据杀熟”这种典型问题。数据伦理重点关注的是数据与人工智能技术应用结合而产生的伦理问题。注意，人为造成数据隐私侵害等问题并不属于人工智能数据伦理关注的问题。

随着大数据技术的日益发展，大量的数据更容易被获取、存储、挖掘和处理。大数据信息价值的成功开发在很大程度上依赖于大数据的收集和存储，而数据收集和存储取决于数据的开放性、共享性和可获取性。在大数据信息价值开发实践中，各种技术力量的渗透和利益的驱使，容易引发一些伦理问题，主要体现在以下几方面：个人数据收集侵犯隐私权、信息价值开发侵犯隐私权、价格歧视与“大数据杀熟”。其中“大数据杀熟”是指商家利用大数据技术，其平台上的价格不再只根据往常的透明标准进行定价，而是根据每个用户个人情况进行定价，商家通过用户画像了解用户是否对价格敏感以及用户可能接受的最高价格，并且商家还利用了用户的忠诚度以强制溢价的方式进行了价格歧视，最终导致用户在不知情的情况下，支付了比普通用户更高的价格。这是典型的数据伦理问题，也是法律所要惩处的问题。国家已经通过立法解决这类数据伦理问题。

2. 算法伦理

算法伦理主要指深度学习等人工智能算法在实际应用中造成的伦理问题，包括偏见、歧视、控制、欺骗、不确定性、信任危机、评价滥用、认知影响等多种问题。这些都是以深度学习为代表的机器学习算法产生的比较典型的伦理问题，也是实际中已经发生的问题，因此是本章的重点内容。实际上，算法伦理的产生也主要是由于深度学习与大数据结合之后在各领域实际应用中取得了成效之后显现的，在深度学习算法没有流行之前，算法伦理并未受到今天这样的重视。

目前的人工智能系统或平台多数以“深度学习+大数据+超级计算机”为主要模式，需要大量的数据来训练其中的深度学习算法，数据在搜集过程中各类数据可能不均衡。在标注过程中，某一类数据可能标注较多，另一类数据标注较少，当这样的数据被制作成训练数据集用于训练算法时，那么就会导致结果出现偏差，如果这些数据与个人的生物属性、社会属性等敏感数据直接关联，那么就会产生偏见、歧视、隐私泄露等问题。

算法伦理主要指以深度学习为主的各种人工智能算法在处理大数据时产生伦理问题。近 5 年，随着深度学习技术在大数据应用方面的显著成效以及暴露出的各种问题而受到关注。

由算法产生的伦理问题主要包括以下方面。

1）算法歧视

2016 年 3 月，微软公司在美国 Twitter 上上线的聊天机器人 Tay 在与网民互动过程中，成为一个集性别歧视、种族歧视等于一身的“不良少女”。类似地，美国执法机构使用的算法错误地预测，黑人被告比拥有类似犯罪记录的白人被告更有可能再次犯罪。

2）算法自主性造成的不确定风险

深度学习等算法虽然看似客观，但其实也隐藏着很多人为的主观因素，这些主观因素也会对算法的可靠性产生干扰。更重要的是，自主性算法在本质上都是模仿人类经验世界从数据中的相关性上获取结果（不确定），而并非产生一个在结果上必然如此的因果性（确定）。

3）算法信任危机

深度学习这种方法特别善于在大数据中获取有效的模式、表征，但缺乏合理的逻辑或因果解释。因此，人们会不信任算法产生的结果或知识。对于人类而言，深度学习算法功能的实现对于大部分人而言是不可理解的。如果算法产生结果或知识的过程不可理解或不可解释性导致的只是一个理论认识问题，那么在涉及人类行为时，就容易导致严重的信任危机。

4）算法评价滥用

算法的评分机制是把人们对规则执行的结果量化出来。这种评分机制可以帮助汇集社会主体的日常活动，形成公意并强制执行。在一定意义上，评分制强化了人们对社会规则的认识与遵守，激发了人的自我约束，基于评分的奖惩简单、直接，有时也是有效的。因此，评分机制在某些时候对于社会风险控制是有价值的。但不可否认的是，评分机制可能形成对个人隐私的侵犯，以及对算法控制权的滥用。

5）算法对人的认知能力影响

目前，算法也被用于智能创作，包括新闻报道、音乐创作、文学艺术等。这些智能算法创作的内容可以被看成算法建构的一种认知界面。深度学习算法对蒙娜丽莎的再创作给人的感觉显然不如原创更有美感和意蕴。因此，算法虽然在模拟人的创作思维，甚至有可能在某些方面打破人的思维套路，将人带到一些过去未尝涉足的认知领域，但算法本身局限性是显然的，它们只能从某些维度反映现实世界，缺乏对世界完整性、系统性的反映。如果人们总是通过算法创造的作品去认识和理解世界，那么人们认识世界的方式会越来越单调，也会失去对世界的完整性的把握能力。

3. 机器伦理

所谓机器伦理，一般意义指的是机器发展本身的伦理属性及机器使用中体现的伦理功能。

狭义机器伦理主要是指由具体的智能机器及其使用产生的、涉及人类的伦理问题。其伦理对象包括智能计算机、智能机器人、智能无人驾驶汽车等之类的机器装置。

广义机器伦理则是在机器具备一定自主智能甚至一定的道德主体地位之后产生的更为复杂的伦理问题，伦理对象是广义的智能机器系统。

机器伦理偏重于从理论角度介绍机器伦理的概念及含义，以及介绍机器伦理与机器人伦理、人工智能伦理和技术伦理的关系。机器伦理的核心内涵是人工智能赋予机器以越来越高的智能性之后，导致机器的属性发生了变化，由此导致人机关系的变化，如人类是否应该关心具有智能或某种类人属性的机器，或者如何让具有一定智能的机器始终处于人类的掌控中，以何种方式在机器中嵌入人类的伦理规则。机器伦理是人工智能伦理的重要组成部分，这实际上拓展了伦理学的研究范围，从人、自然、生态到机器，这是伦理学领域的一个飞跃。人工智能的重要实现载体就是计算机、机器人或其他复杂的机器，它们的伦理问题也就是人工智能的伦理问题。

在研究机器伦理领域中，受关注较多的问题是狭义的机器伦理，更具体的是人类伦理原则如何在机器上构建的问题。狭义机器伦理问题及其研究侧重于在智能机器中嵌入人工伦理系统或伦理程序，以实现机器的伦理建议及伦理决策功能。典型的机器伦理包括机器人伦理和自动驾驶汽车两方面内容。

1）机器人伦理

许多科幻影视作品中的机器人无论是杀戮还是造反，都体现了人类对这种创造物可能招致毁灭性风险与失控的疑惧。

现实中，也确实发生过机器人对人类的危险性事件。早在1978年，日本就发生了世界上第一起机器人伤人事件。日本广岛一家工厂的切割机器人在切割钢板时突然发生异常，将一名值班工人当钢板将其切割致死。1979年，美国密歇根的福特制造厂，有一位工人在试图从仓库取回一些零件而被机器人杀死。1985年，苏联国际象棋冠军古德柯夫同机器人棋手下棋连胜局，机器人突然向金属棋盘释放强大电流，将这位国际大师杀死。2015年6月29日，德国汽车制造商大众称，该公司位于德国的一家工厂内，一个机器人杀死了一名外包员工。最近的一起机器人事件则发生在2022年7月19日，在俄罗斯举办的一场国际象棋公开赛上，与一名七岁男孩选手对弈的机械臂突然夹住男孩手指并导致其骨折。工作人员解救了男孩。事后解释是因为男孩违反安全操作规则，当他准备移动棋子时，没有意识到必须先等待片刻。

上述事件都表明机器人对人类的伤害是真实的，尽管达不到毁灭人类的程度，但其引发的技术伦理问题足以引起人类的重视。机器人伦理是机器伦理的重要内容，也是人工智能伦理的重要组成部分，三者之间的问题通过机器人交织在一起。机器人伦理相对于机器伦理和其他人工智能伦理比较特殊之处在于，它先于人工智能伦理、机器伦理而产生，因为最初的机器人伦理思想实际上来自 100 年前的科幻作品。机器人是一种特殊的机器，表现在某些智能性和外观类人等方面。由于机器伦理实际上是受机器人伦理启发而来的，因此，很多研究人员对两者并不进行严格区分。国际上已经针对机器人制定了很多伦理规则和监管措施。机器人伦理与人工智能伦理交叉的重点部分就是智能机器人伦理，由此引发很多伦理问题十分复杂也十分有趣，既有哲学理论意义，也有实际应用价值。

2）自动驾驶汽车伦理

2016 年 5 月，发生在美国佛罗里达州的首个涉及自动驾驶的恶性事故，车主开启自动驾驶功能后与迎面开来的大卡车相撞。虽然事后调查显示汽车的自动驾驶功能在设计上不存在缺陷，事故的主要原因在于车主不了解自动驾驶功能的局限性，失去对汽车的控制，但这起事件依然引发了公众对自动驾驶安全性的担忧。

自动驾驶汽车生产商承诺每年会减少成千上万的交通事故，但发生在某辆车上的事故对当事人都可能造成生命和财产损失。即便所有的技术都能解决，但无论从理论还是实践看，自动驾驶不会百分之百的安全。

因此，自动驾驶汽车伦理也是机器伦理的一个典型内容。自动驾驶汽车与机器人类似，都是比较特殊的智能机器。与机器人伦理不同之处在于，自动驾驶汽车伦理更关注安全和责任，因为汽车是交通工具，与人类的生命息息相关。人最宝贵的就是生命，如果生命权在先进的自动驾驶汽车面前没有保障，那么自动驾驶这种技术对于人类也就毫无意义。在实际应用中，自动驾驶智能决策系统要面临与经典电车难题类似的功利性的两难抉择，这也凸显了人工智能伦理或自动驾驶汽车伦理的困境。

自动驾驶汽车伦理最大的问题就是安全问题。造成自动驾驶汽车的安全问题的因素多种多样，最容易造成安全问题并引发争议的就是自动驾驶汽车最核心的人工智能技术部分——智能驾驶算法及软件。由于这些算法和软件可能存在的漏洞所造成的安全问题都是致命性的，因此必须严格加以治理。智能驾驶算法及软件由工程师们开发设计，虽然任何软件都会存在一定的缺陷，但智能驾驶算法及软件的缺陷可能决定车主或者路人的生死，因此，应在自动驾驶汽车生产、销售和使用的各个环节都尽量避免这种缺陷形成的安全问题。

4. 人工智能行业应用伦理

随着深度学习等技术的日益普及，结合图像、语音、视频、文本、网络等多模态大数据以及制造业、农业、医疗、电子商务、政务、教育等行业大数据，形成了各类人工智能系统，在制造、农业、医疗、教育、政务、商贸、物流、军事等各领域和行业日益得到广泛应用，在大力发展数字经济的背景下，人工智能在各行业的应用已经成为推动国家数字经济战略发展的重要驱动力。

因为人工智能涉及的行业和领域众多，其中以医疗、教育和军事方面的应用产生的伦理问题比较具有代表性。因为这三个领域分别涉及人的健康、教育和生命，也涉及国家的安危，也就是这几个行业事实上代表了人类最直接的利益。由于不同的领域表现的问题也不尽相同，因此三个行业在各自的伦理问题上有很多差异。如智能医疗领域的智能机器人不会涉及智能军事领域的战斗机器人一样的伦理问题。智能医疗伦理关注较多的是医疗数据或人工智能系统诊疗引发的隐私问题，智能教育伦理关注较多的是人工智能技术在教育领域的应用引发的公平性等问题。智能军事伦理关注较多的是智能武器是否遵守人道主义伦理。

在近些年的发展中，人工智能在医疗领域的实践过程中遇到或出现的伦理问题主要有以下几方面：隐私和保密、算法歧视和偏见、依赖性、责任归属等问题。例如，医疗手术机器人在手术过程中出现问题，医疗事故责任如何确认？是由生产机器人的厂家承担责任，还是操作机器人的医生承担责任？诸如此类的问题。

智能教育伦理问题可分为三类：第一类是技术伦理风险与问题；第二类是利益相关伦理问题；第三类是人工智能伦理教育问题。

人工智能伦理教育又进一步分为三个方面：第一方面是通过高校设立的专业培养人工智能专业人才，培养掌握一定的理论、方法、技术及伦理观念的人工智能人才。第二方面是对全社会开展人工智能教育，使人类理解人工智能技术及应用对社会、个人的影响，如人工智能技术的发展可能造成一部分传统就业岗位消失或人员失业等负面影响。因此，需要教育人类为人工智能技术发展所带来的社会变革做好思想和行动准备，主动预防由人工智能技术普及可能带来的社会伦理问题；第三方面是对各类受教育对象开展人工智能伦理教育，使所有人都理解人工智能发展对个人、家庭、社会、国家在工作、生活、健康、隐私、安全等方面的影响带来的问题。

近期发生的俄乌战争中，人类见证了无人机等智能武器及人脸识别技术在军事作战中的威力。但是，在军事领域，如果人工智能技术被滥用，那么就注定该技术是一种灾难性力量，对平民造成伤害，破坏人类文明社会发展进程。因此，越来越多的人赞同，没有人类监督的军事机器人或智能武器是不可接受的。面对智能武器在现实中造成的人道主义等伦理危机，如何在战争中，避免由应用智能武器带来的人道主义等伦理问题，是摆在各国军事武器专家和指挥家面前的重要课题。

5. 人机混合伦理

人机混合伦理是指由于脑与神经科学、脑机接口等技术的发展，使得人类体能、感知、记忆、认知等能力甚至精神道德在神经层面得到增强或提升，由此引发的各种伦理问题。更深层次的人机混合伦理问题包括由于人机混合技术造成人的生物属性、人的生物体存在方式，以及人与人之间、人与机器之间、人与社会之间等复杂关系的改变而产生的新型伦理问题。总之，人机混合智能技术以内嵌于人的身体或人类社会的方式重构了人与人、人与机器、人与社会等方面之间的道德关系。

人机混合伦理与前面的应用伦理有所区别，主要在于前面各方面的人工智能技术应用对象是各种非生命的“物”，如机器人、汽车及加载人工智能技术实现的系统或机器。人机混合伦理中涉及的智能技术直接作用于人体本身，使得人的肉体、思维与机器相融合。如脑机接口、可穿戴、外骨骼等技术，导致人类在体能、智能甚至道德精神等方面直接被改变，这种改变的结果主要是提升或增强人类的能力。由此导致的伦理问题也是伦理学领域全新、前所未有的问题。人机混合伦理主要关注的是人机结合导致的人类生物属性以及人、机、物之间的关系的模糊化而产生的一系列新问题，涉及人的定义、存在、平等等问题。因此，人机混合伦理既是人工智能伦理的一部分，又是相对于其他人工智能而言的伦理新方向。人机混合伦理主要涉及自由意志、思维隐私、身份认同混乱、人机物界限模糊化、社会公平、安全性等问题。

6. 设计伦理

设计伦理主要从人工智能开发者和人工智能系统两方面探讨人工智能技术开发、应用中的伦理问题。对于开发者，在设计人工智能系统中要遵循一定的标准和伦理原则；对于人工智能系统，如何将人类的伦理以算法及程序的形式嵌入其中，使其在执行任务或解决问题时能够满足人类的利益、达到人类的伦理道德要求是对人工智能系统的根本要求。设计伦理在根本上是要机器遵循人类的道德原则，这也是机器的终极标准或体系。本章介绍的道德推理的基本结构、情境推理模型及机器伦理价值计算方法，可以作为设计伦理的参考模型。

设计伦理主要关注的内容包括机器人在内的人工智能系统或智能机器如何遵守人类的伦理规范。这需要从两方面加以解决，一方面是人类设计者自身的道德规范，也就是，人类设计者在设计人工智能系统或开发智能机器时需要遵守共同的标准和基本的人类道德规范；另一方面是人类的伦理道德规范如何以算法的形式实现并通过软件程序嵌入机器中，是机器伦理要研究的一个重要内容，也称为嵌入式机器伦理算法或规则。

从使用者的角度来看，人类并不关心人工智能产品是通过何种物理结构和技术来实现其功能的，人类关心的只是人工智能产品的功能。如果这种功能导致使用者的道德观发生偏差或者造成不良心理影响，那么这种人工智能产品设计上就出现了问题，必须被淘汰或纠正。

例如，美国亚马逊公司在 2019 年左右生产的一款智能音箱 Echo，常在半夜发出怪笑，给许多用户造成巨大心理恐慌。后来发现这种恐怖效果是由于驱动音箱的智能语音助手 Alexa 出现设计缺陷导致的。另一个比较极端的例子是，一位名为玛丽特的英国医生在向智能音箱询问“什么是心动周期”时，后者像是突然失控一样，开始教唆她“将刀插入心脏”。智能音箱先是将心跳解释为“人体最糟糕的功能”，然后就开始试图从全体人类利益的角度，说服她自杀以结束生命。类似这样的人工智能产品设计缺陷造成的伦理问题是必须引起生产者、设计者重视和防范的。

7. 全球伦理

全球伦理是在全球化背景下，关于人工智能技术及智能机器所引发的涉及人类社会及地球生态系统整体的伦理道德问题。全球伦理主要是将人工智能伦理问题从对人类个体、行业应用问题延伸到全球背景下的全人类面临的生存和地球整体面临的生态等方面的问题。在全球伦理意义上，人工智能应构建人类命运共同体理念下的可持续发展观，才能确保人工智能健康发展的同时服务于人类的未来。

因为人工智能对于人类文明的可持续发展具有重要意义，因此需要引起全世界所有国家的关注并一起努力，共同构建符合人类社会整体利益的人工智能全球伦理规范。其内容主要包括人工智能对人类价值和意义的挑战、人工智能对人类社会的整体影响、人工智能带来的全球生态环境伦理问题。

例如，关于人工智能全球生态伦理问题，从 2012 年到 2018 年，深度学习计算量增长了 3000 倍。最大的深度学习模型之一 GPT-3 单次训练产生的能耗相当于 126 个丹麦家庭一年的能源消耗，还会产生与驾驶 700000 公里相同的二氧化碳排放量。据科学界内部估计，如果继续按照当前的趋势发展下去，比起为气候变化提供解决方案，人工智能可能会先成为温室效应最大的罪魁祸首。人工智能全球范围内的发展除了应遵循所有人工智能技术应该遵循的伦理原则，更应遵循可持续发展原则，也就是说，人工智能技术在全球范围的发展应以支撑全人类可持续发展为基本原则，而不是只让少数人、少数地区、少数国家受益。

很长时间以来，人类通常把自我价值建立在人类中心主义之上，人类中心主义就是说，人类在地球上是最聪明的存在，因此是独特和优越的。人工智能的崛起将迫使我们放弃这种想法，作为地球上的高等智能生物，应该更加谨慎地对待同类和身处其中的地球。由于机器智能的崛起和发展，当机器变得越来越智能，机器与人之间的关系就不再是简单的支配与被支配、使用与被使用的关系，而是由于机器智能发展，人要懂得如何站在机器角度考虑问题，即机器中心主义，这将以机器为参照看待人类。在机器中心主义者看来，人类表现出的特性都是负面的、脆弱的，机器表现出的特性都是正面的、强大的，在许多假想的人与机器对比场景中，人类容易失利，机器则容易取胜。从人的角度看机器的人类中心主义，则认为人类具有创造性、适应性、敏感性、富有想象力，相反，机器则显得愚蠢、死板、迟钝、缺乏想象力等。人工智能的出现，尤其是不同于人类智能的机器智能的发展，拓展了人类的认识边界，对人类中心主义产生了挑战。因此，破除人类中心主义，建立人与自然、机器、人类之间的和谐关系，也是人工智能全球伦理的一个重要内容。

除了气候变化等危机，新型冠状病毒肺炎等百年不遇的传染病使现代社会措手不及。世界各国的防疫政策差异导致疫情的蔓延更说明构建人类命运共同体的紧迫性。人类社会要依靠人类命运共同体才能使人工智能发挥更大的价值。只有确保人类社会平稳、安全地向前发展，人工智能才能有效促进人类社会发展。人工智能的发展需要安全、稳定的政治和社会环境。人类命运共同体是支撑人工智能服务人类社会的核心价值观。人工智能发展需要人类命运共同体理念下的、稳定的全球政治和社会环境。

8. 宇宙伦理

宇宙伦理学是指把视野放到整个宇宙的伦理学。宇宙伦理是在宇宙智能进化意义上，将人工智能看成宇宙演化的结果。由此考虑当机器有了智能可能取代人类时，人类在宇宙中的位置、价值和意义又当如何的问题。宇宙伦理可以被认为是一种大历史观意义下的人工智能伦理问题。

宇宙伦理包括两方面含义，一方面是从人工智能的发展角度，当非自然进化的机器智能在很多方面逐渐超越人类时，并帮助人类探索宇宙时，它们也会不断进化，人类应该思考如何理解、定位自身与智能机器在宇宙中存在的价值和意义。特别是，面对日益强大的机器智能，反思人类存在的价值和意义。另一方面，人类借助人工智能完成从地球文明向太空和宇宙文明进化升级的壮举，人类应该思考如何看待人工智能在这个过程中扮演的角色。

在大历史观意义下，考察人类与人工智能在宇宙背景下存在的意义和价值，使人类更清醒地认识到“人之为人”的可贵，人性的伟大，人类的弱点，以及智能机器对于人类种族可持续发展的意义和作用。机器智能的出现是宇宙大历史发展的一个新阶段。人类需要在更广阔的领域思考机器智能的价值和意义，包括其伦理价值和意义。

在大历史观意义下，人工智能是一种促进人类文明整体向更高阶段进化的力量，是人类反观自身在宇宙中的位置、存在价值和意义的第三方参照物，是一种人类反思自身存在本质的启蒙思想。

9. 超现实伦理

超现实伦理主要是相对于现实而言的，将科幻影视作品中人类所幻想的具有自我意识、感情、人形外观的智能机器人等人工智能伦理问题都归属为超现实伦理问题。这类问题涉及的所谓人权、道德地位乃至法律上的人格等都是超出人类目前发展的人工智能技术范围的，未来是否可能出现完全可知。因此，对于此类人工智能伦理问题，现阶段只能是按照一种哲学思想来理解和讨论。但是，超现实伦理的思考对于现实中的人工智能伦理问题的思考、研究和处理有一定的启发意义。

与具有自我意识的智能机器融合的人还有没有认知自由？具备自我意识的智能机器在人类社会中处于什么地位，人类如何对待它们？机器掌控人类导致无用阶层出现，如何对这些人类进行心理疏导和社会管控等诸如此类的问题，人类可以列举出无数种。这类问题可以统称为超现实伦理问题。未来的人机关系真会像这些说法那么悲观吗？

有些人认为，由于机器具备甚至超过了人类的智能，于是未来的人类就被机器所挤兑，人类将无立足之地，其中有几种说法颇有代表性：一是机器人将抢走人类的饭碗，人类即将大量失业；二是由于人类不具备智能机器强大的记忆能力、运算能力，人类智能将不敌机器智能，因此人类将失去对机器的控制，智能机器将成为人类的主人； 三是由于机器成了人类的主人，于是人类就沦为机器的奴隶或机器圈养的动物，因此要打要杀全凭智能机器的算法或情感来决定。

事实上，达到甚至超越人类程度的人工智能技术如何实现，什么时候实现，实现以后一定会对人类构成威胁吗？这些都是未知问题。当人类在未知甚至不可能实现的情况下，去探讨人工智能奴役、威胁、消灭人类的问题，更多是一种对超现实伦理的思考。这种思考对于今天人们研究可信赖的、可靠的、安全的、可持续发展的人工智能技术，具有一定参考作用和警示意义。

从目前来看，智能机器在各行业的规模化应用只是刚刚开始，特别是通用人工智能未来前景如何还不可知，因此人工智能奴役、屠杀人类之类的问题只能是超现实伦理问题。

4.5　人工智能伦理发展原则

迄今为止，世界上多个国家、政府及组织、公司等不同机构以报告等多种形式发布了主旨不同但目标一致的多个指导人工智能技术发展的伦理原则。

2014 年，Google 收购英国人工智能创业公司 DeepMind，交易条件为创建一个人工智能伦理委员会，确保人工智能技术不被滥用。作为收购交易的一部分，Google 必须同意这一条款："不能将 DeepMind 开发的技术用于军事或情报。"这标志着产业界对人工智能的伦理问题的极大关注。

2016—2017 年，IEEE 发布了《合伦理设计：利用人工智能和自主系统（AAS）最大化人类福祉的愿景》第一版及第二版，其中第二版内容由原来的八个部分内容拓展到十三个部分。报告主张有效应对人工智能带来的伦理挑战，应把握关键着力点的伦理挑战，但在具体实施的措施方面，并没有提出具有针对性的方案。

2019 年 7 月 24 日，中国政府召开了中央全面深化改革委员会第九次会议审议通过《国家科技伦理委员会组建方案》，基因编辑技术、人工智能技术、辅助生殖技术等前沿科技迅猛发展，在给人类带来巨大福祉的同时，也不断突破着人类的伦理底线和价值尺度，基因编辑婴儿等重大科技伦理事件时有发生。如何让科学始终向善，是人类亟须解决的问题。加强科技伦理制度化建设，推动科技伦理规范全球治理，已成为全社会的共同呼声。这表明科技伦理建设进入最高决策层视野，成为推进我国科技创新体系中的重要一环。

2021 年 9 月 25 日，国家新一代人工智能治理专业委员会发布了《新一代人工智能伦理规范》，旨在将伦理道德融入人工智能全生命周期，为从事人工智能相关活动的自然人、法人和其他相关机构等提供伦理指引。

腾讯在 2018 年世界人工智能大会上提出人工智能的"四可"理念，即未来人工智能是应当做到可知、可控、可用和可靠。2020 年 6 月，商汤科技智能产业研究院与上海交通大学清源研究院联合发布《人工智能可持续发展白皮书》，提出了以人为本、共享惠民、融合发展和科研创新的价值观，为解决人工智能治理问题提出新观念和新思路。

从这些已发布的伦理原则，我们可以大致理解全社会各方面力量需要合作，共同发展符合实践需要的人工智能伦理原则，以确保人工智能的发展走在符合人类利益的正确轨道上。

4.6　人工智能法律

伦理规范与法律是调整、维护人类社会稳定、公平、正义的两种重要方式。传统的伦理道德对人与人之间关系做出各种约束和规范，更多是非强制性的。当社会中人与人之间、人与组织之间的关系超出伦理道德约定的范围时，就需要法律来处理。人工智能伦理试图对人与智能机器之间的关系做出约束和规范，在某种程度上，是人类对机器的伦理做出强制性规定，以免人工智能产生不符合人类伦理道德的行为。但是，如果人工智能技术被恶意地用于伤害他人，侵犯人的身体、精神、财产，甚至危害社会，就超出了人工智能伦理所能约束的范围。同样的，这些也应由法律来处理。

人工智能的法律问题整体对于法学领域都是全新的问题。人工智能法律与人工智能伦理一样，是最近几年才被关注的新领域。法律问题比伦理问题更为复杂。法律本身相对于伦理道德也更有执行效力。伦理道德无法约束的问题可以或应该由法律来解决。人工智能法律需要随着实践而不断完善。

2021 年 8 月 20 日，十三届全国人大常委会第三十次会议表决通过《中华人民共和国个人信息保护法》。其中明确：通过自动化决策方式向个人进行信息推送、商业营销，应提供不针对其个人特征的选项或提供便捷的拒绝方式。处理生物识别、医疗健康、金融账户、行踪轨迹等敏感个人信息，应取得个人的单独同意。对违法处理个人信息的应用程序，责令暂停或者终止提供服务。

现行法律并没有确立人工智能的法律主体地位。按照常识也可以认为，没有自我意识的、专用智能系统并不具有法律人格，它们只是人类借以实现特定目的或需求的手段或工具，在法律上处于客体的地位。

即使人类目前很难理解或解释深度学习算法如何且为何做出决策，并在很多方面表现出超越人类的智能性，但这并不足以构成赋予人工智能以法律人格的理由，因为深度学习算法的设计、生成、训练机器学习等各个环节都离不开人类的决策与参与。而设计者是否要对其无法完全控制的深度学习算法决策及其后果承担责任，并非涉及法律主体的问题，而是关系到归责原则的问题。目前，法律界对这个的问题的共识是，当前赋予人工智能以法律主体地位是不必要的、不实际的、不符合伦理的。

4.7 本章小结

人工智能技术发展到今天，由于深度学习、大数据、超级计算机等技术的飞速发展，使得人工智能系统直接大规模应用于社会实践成为现实。由此也引发了一系列技术以外的新问题。这些问题都是传统人工智能技术发展过程中所不曾出现的。今天的人工智能技术的发展，不仅要致力于如何提升技术水平，解决工程、行业问题，更需要重视在发展过程中引发的伦理、法律问题。与任何科学技术一样，人工智能技术作为一种科技力量对于人类社会同样存在正反两方面的作用。通过人工智能伦理及其体系的学习和理解，我们应深刻认识到其对于人工智能技术可持续健康发展的重要意义。可以说，脱离伦理引导的人工智能技术是毫无意义的。

习题 4

1. 如何理解人工智能伦理概念及其含义？
2. 人工智能伦理学对于伦理学和人工智能都有什么意义？

3. 从科技伦理角度，查阅有关资料，试分析人工智能伦理应关注的问题。

4. 人工智能伦理体系主要包括哪些方面？各方面的主要内容是什么？

5. 如何理解全球伦理？

6. 如何理解宇宙伦理？

7. 如何理解超现实伦理？

8. 查阅有关资料，梳理国内外相关组织、机构、政府制定的人工智能伦理政策、原则等。

第5章　人工智能学科基础

本章学习目标

1. 学习和理解与人工智能多学科交叉的含义与层次。
2. 掌握和理解不同学科分支对人工智能研究的作用和意义。
3. 从多学科交叉角度思考人工智能问题，如何从多科学交叉出发提出对人工智能有益的新思想和新见解。

学习导言

从学科角度看，人工智能是一门涉及多学科的复杂的科学，而不是像物理学等学科一样，有着相对完善的理论体系。在哲学方面，人工智能涉及物质与意识、机器思维等根本性哲学问题；在科学方面，人工智能与生命、物理、信息等基础领域有着深刻的、自然的联系；在技术方面，人工智能还要依靠计算机科学、控制科学、电子等技术领域的进步和发展。过去的半个多世纪，人工智能并不被看作一门独立的科学或新的学科，而是一直作为计算机科学的分支不断发展。人工智能作为一门学科是多个科学和技术不断发展、众多专家学者坚持不懈等多方面因素相互作用的结果。人工智能从各种相对独立的技术体系向一门学科发展，还需要理论、方法、技术乃至产业领域的共同努力。李德毅院士早在2005年就在其专著《不确定性人工智能》中指出脑科学、认知科学和人工智能交叉的趋势。本章主要介绍与人工智能有关的各学科及其对人工智能的作用和意义。

5.1　人工智能多学科交叉的含义

事实上，人工智能从一开始就是多学科交叉研究的结果。麦卡洛克和皮茨在提出首个神经元数学模型时，结合了通用图灵机的观点以及20世纪哲学家罗素的命题逻辑和神经生理学家谢林顿的神经突触理论。实际上他们的成果也是脑科学家阿尔比布称为可计算生理学思想的体现，其最初含义是指给人脑的神经网络进行数学建模。因此，最早的人工神经元模型就是神经生理学、哲学及逻辑学和脑科学等不同领域理论和概念相结合的产物。类似多学科交叉产生的技术成果在人工智能的发展历史上还有很多。

人工智能近些年已经逐渐从传统意义上的计算机科学下的一个分支向独立的交叉学科发展。人工智能作为多学科交叉的领域，有以下两方面含义。

第一方面含义是人工智能本身的发展需要多个学科理论、知识、技术的支撑，多个不断交叉融合的学科促进了人工智能的发展。近些年，人工智能已经从计算机科学的一个分支逐渐向独立的学科发展。人工智能的根本在于智能的本质，而智能的研究本身涉及诸多学科，人工智能与哲学、数学、脑科学、神经科学、认知科学、心理学、计算机科学、控制科学、信息学等众多学科有极强的关联性。从学科角度来看，人工智能是一个建立在广泛学科交叉研究基础上的新兴学科，是自然科学与社会科学交叉的新兴学科。

第二方面含义是人工智能与大量的传统学科交叉融合，会不断产生新的学科分支，甚至会逐渐形成和发展一些全新的学科，还可能颠覆、重塑传统学科的理念和体系。

根据上述含义，人工智能涉及的学科可以进一步划分为哲学、基础学科、生命相关学科、工程技术学科、与人工智能交叉的社会学科、交叉衍生的新兴学科六个层次。如图 5.1 所示，给出与人工智能相关的六个学科层次。

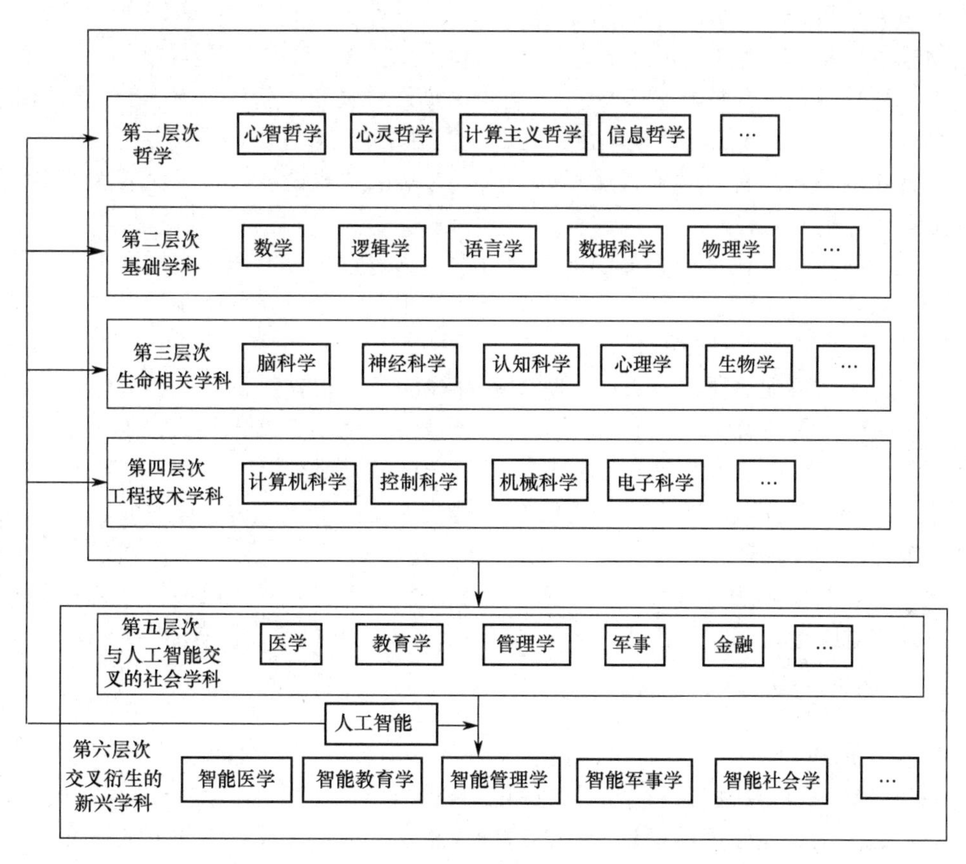

图 5.1　与人工智能相关的六个学科层次

下面分别介绍各学科层次与人工智能的关系及其对人工智能的作用和影响。

5.2　人工智能的多学科交叉层次

5.2.1　第一层次：哲学

人工智能虽然是一门科学，但正如第 3 章已经指出，其根本问题是关于生命、智能、人类、物质与意识的关系甚至宇宙本质等问题的哲学问题。因为它试图回答诸如“机器能思考吗？”“机器能像人类一样解决问题吗？”“机器是否会像人类一样拥有智能？”等重要的问题，而人工智能的终极目标是在人造机器上实现类人的智能。要做到这一点，就必须对“什么是智能”这个问题做出回答， 哲学思考并定义了特定的智能和理论层面的运作的方式。因此哲学是认识和理解人工智能的基础。正是人工智能研究者在哲学层面上对于智能的不同维度、不同层次的理解偏差，才会在技术实践层面上产生符号主义、联结主义、行为主义等不同派系，包括混合智能、群体智能、跨媒体感知等新一代人工智能等。人工智能需要在哲学认识论角度构建对智能的统一认识体系、理论，才可能在科学和技术上取得根本突破。

哲学有很多分支，第 3 章已经介绍了心智哲学、心灵哲学、计算主义哲学等对于从哲学上认识人工智能本质发挥不同的作用。不同分支对于人工智能的启示是不同的，例如，生物哲学给人工智能的启示是制造机器智能与制造有机器的生命是等价的。

人工智能对哲学也有影响。1978 年，哲学家斯洛曼宣布了新的以人工智能为基础的哲学范式。在他的《哲学的计算机革命》这部著作中，他有以下两点猜测：

（1）数年内倘若还有哲学家依然不熟悉人工智能的主要进展，那么他们因其不称职而受到指责，这是公道的。

（2）在心智哲学、认识论、美学、科学哲学、语言哲学、伦理学、形而上学及其他主要哲学领域中从事教学工作而不讨论人工智能的相关方面，就好比在授予物理学学位的课程中不包括量子力学那样不负责任。

在描述人工智能研究困难程度时，人工智能先驱麦卡锡曾经说过“如果想在人工智能领域有所成就，我们需要 1.7 个爱因斯坦，2 个麦克斯韦，5 个法拉第再加上 0.3 个曼哈顿计划”。其实，麦卡锡的名单上还缺少一种人——哲学家。

如今，心智哲学家、心灵哲学家对心智的解读也是基于人工智能概念的。例如，他们用人工智能技术来解决众所周知的身心问题、自由意志的难题和很多有关意识的谜题。然而，这些哲学思想都颇具争议。人工智能系统是否拥有“真正的”智能、创造力或生命，人类对此意见不一。这也正是人工智能研究离不开哲学的根本原因。

5.2.2 第二层次：基础学科

第二层次是基础学科，主要包括数学、统计学、物理学、逻辑学、语言学、心理学、伦理学、数据科学、复杂科学、信息科学、系统科学等学科。这些学科的各种研究成果可以构成人工智能发展的理论和技术基础，从不同角度支撑人工智能的研究。下面列举基础学科中几个典型的、重要的学科。

第 4 章已经指出了伦理学与人工智能的关系，两者之间相互联系、相互影响，人工智能的发展需要发展人机伦理原则来保驾护航，需要构建全新的伦理学理论来研究人工智能伦理。人工智能伦理也极大拓展了伦理学的边界和范畴。其他基础学科对于人工智能有着各自不同的重要作用和影响。

1. 数学

相对于哲学而言，数学在生命、智能本质一类的问题面前的作用相对尴尬。迄今，人类已经可以用几个变量就描绘出宇宙和物理世界的运行规律，但对人脑的数百亿神经元构成的神经网络和大脑运行机制无能为力，对智能形成机制也无法给出定量描述。因此，目前并不存在关于人脑的意识、思维、智能等的数学模型。尽管与智能本质没有关系，但在未来新型人工智能技术发展中数学也会发挥更大的作用。数学作为人工智能的基础技术，人工神经网络和机器学习都需要多种数学方法，如人工神经网络需要综合利用偏微分、梯度优化、马尔科夫过程、向量计算等数学知识；机器学习需要概率论、函数等数学知识。在数学里，函数是一个基本概念，从函数出发可以讨论积分、函数逼近、微分方程等。这些都对应着机器学习中的不同分支，如函数逼近对应监督学习、概率分布的逼近对应无监督学习等。机器学习数学理论的关键是高维函数。深度学习可以理解为用数据和一系列算法来进行高阶抽象建模，这个模型包含很多层，每层中都有一些用于数学计算的方程或函数，它在很大程度上是一个数学工具。数学还用于指导编写机器学习算法，设计具体步骤。所以良好的数学知识是开发人工智能模型的必备技能。

2. 统计学

统计学对人工智能贡献最大的当属频率派和贝叶斯两大流派，主要不同在于是否需要利用先验信息。统计学界偏好采用线性模型求解，以便获得相对简洁的答案。英国学者贝叶斯提出了贝叶斯公式后，就有了贝叶斯学派。该学派认为任何一个未知量都可以通过重复实验的方式来获得一个先验的分布，并以之来影响总体分布和推断。

大多数神经网络技术、经典机器学习算法及粒子群算法等自然启发的算法都是基于统计学和概率计算的。机器学习中的一个重要分支就是统计学派，20 世纪 90 年代曾经非常流行。但是，今天的深度学习已经不是传统的统计学或贝叶斯可以解释和覆盖的了，已经走上完全不同的道路。

3. 物理学

物理学对人工智能的影响主要体现在以下三个方面。

首先，物理学家薛定谔开创了从物理学和化学角度解释生命现象的先河。虽然，生命和智能还无法给出准确的经典物理学定理一样的规律性描述，但是近些年一些科学家还是在尝试从物理学角度研究生命。传统物理学将生命现象排斥在物理学研究之外，现代观点则认为既然生命是物理世界的一部分，它本身就是一种物理规律，生命可以从客观世界自发产生，因而，智能也是一种物理现象。现代物理学中，与人工智能可能最密切相关的是量子物理学。意识科学家、认知科学家从量子角度研究意识现象，对智能本质的认识起到一定作用。也就是说，人们迫切需要知道的是：生命与智能的物理过程到底是怎样的。

其次，根据哈佛和 MIT 专家的最新研究结果，理解人工智能的关键并不在数学中，而是藏在最基本的物理定律中。虽然深度学习很大程度上是一种数学工具，但深度神经网络能做的事情还是让数学家们感到惊讶：为什么层状排布的神经网络通过简单的计算就能做到像人类一样快速地识别出脸和各种物体？这困扰了数学家们很长一段时间。然而，数学解释不了的东西，对物理来说却轻而易举。一般物理定律都能够用一小部分简单的数学函数表述，大自然的这种模式正是神经网络所极力模仿的。例如，电路的核心就是基尔霍夫定律。从电路启发的神经网络，如图 5.2 所示的连续霍普菲尔德神经网络，就是用拓扑图描述的各种节点方程或者电网络。各种拓扑图的网络就构成了描述不同的电路的现象的图的模型，同样它也可以用来构造相应的深度神经网络和相算法。

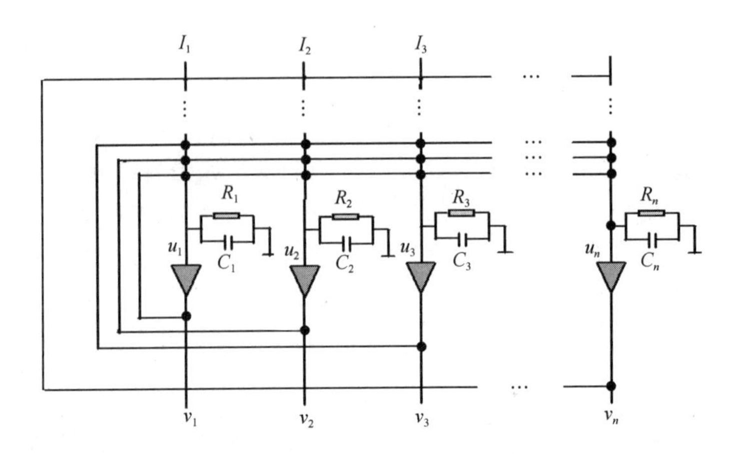

图 5.2 基于基尔霍夫定律设计的连续霍普菲尔德神经网络

复杂的结构其实都是通过一系列的简单步骤建立起来的，人工神经网络能够按照自然发生的顺序模仿这些步骤，越高的层次包含的数据越多，这也是神经网络能实现快速逼近的关键。深度学习的成功不只归功于数学，物理也功不可没，物理学中那些特殊又简单的概率分布非常适用于神经网络建模。有了物理学上的这些认识，人们对深度学习的理解又上了一个新的台阶。

最后，人工智能的实现一定要有计算机及其计算作为物理基础。包括 CPU、GPU 在内的不同计算芯片架构和计算速度这类物理基础都对人工智能算法的效率有重要影响。在传统冯·诺依曼结构上实现类人智能也存在不可克服的困难。因此，未来的类脑芯片等，都是在计算方面不断挑战物理学极限或者设计全新架构的类脑芯片，以支撑更强大的人工智能算法及智能技术的实现。

4. 逻辑学

逻辑学是研究人类思维规律的学问，而人工智能要模拟人的智能，所以两者也是密切相关。人工智能技术难点不在于人脑所进行的数字运算和简单推理，而是最能体现人的智能特征创造性思维，这种思维活动中包括学习、判断、总结、修正等因素。

逻辑最能体现人的智能特征，即创造性思维。逻辑学是人工智能符号主义的基础，人工智能推理技术都是基于逻辑学发展而来的。但目前的人工智能推理技术无法达到像人脑一样借助经验、常识和知识自然而然地推理，早期的专家系统等传统人工智能技术都存在规则爆炸等问题。深度学习技术由于缺乏逻辑推理功能而受到批判。未来的人工智能需要讲逻辑学结合数学、类脑计算和机器学习技术继续发展类人智能逻辑。

5. 语言学

语言是人类智能最显著的特征之一。基于语言学的自然语言处理技术已经发展了近 70 年。现代语言学被称为计算语言学或自然语言处理。自然语言处理允许智能系统通过诸如英语之类的语言进行通信。人工智能学需要一套适应于人工智能和知识工程领域的、具有符号处理和逻辑推理能力的计算机程序设计语言，能够用它来编写程序求解非数值计算、知识处理、推理、规划、决策等具有智能的各种复杂问题。自然语言处理技术使得人工智能系统通过语言与人类进行自然交流，是开发移动智能机器人、聊天机器人、智能音箱等技术的基础。

6. 数据科学

数据科学是研究数据的科学，研究数据界的理论、方法和技术，研究的对象是数据集中的数据。数据科学主要有两种内涵：一种是研究数据本身，研究数据的各种类型、状态、属性、变化形式和变化规律；另一种是为自然科学和社会科学研究提供一种新的方法，称为科学研究的数据方法，其目的是揭示自然界和人类行为现象和规律。数据科学已经直接影响了计算机视觉、信号处理、自然语言识别等计算机科学分支。而且数据科学已经在金融、医学、自动驾驶等领域得到广泛而强有力的应用。

数据科学不仅将给科研和教学体制带来大幅度的变革，也将给科学与产业之间的关系、科学与社会之间的关系带来大幅度的变革。大量的、非结构化的数据，同样需要科学的手段和科学的研究数据。因此，大数据和智能时代需要培养和建立数据思维模式。数据思维模式包括计算思维、网络思维、系统思维、大数据思维等多种思维模式。

计算思维是运用计算的基础概念去求解问题、设计系统和理解人类行为的一种方法，是一类解析思维。它融合了数学思维（求解问题的方法）、工程思维（设计、评价人型复杂系统）和科学思维（理解可计算性、智能、心理和人类行为）。计算思维是必须具备的思维能力，其本质是抽象构造与自动化。

7. 系统科学

系统是由两个或两个以上的元素组合的有机整体，不是其局部的简单相加，这表明客观世界具有无限丰富的内涵和外延的本质属性。系统科学以各种简单或复杂系统为研究对象。系统科学要求树立系统思维，系统思维也是对计算思维的重要发展。

对于人工智能来说，系统思维是指对人工智能系统的整体观、全局观。系统思维强调培养从整体、全局的视角来了解、掌握人工智能的基本哲学思想、学科基础、技术基础、伦理基础。在应用中，系统思维是指系统地掌握多种技术方法，以及利用这些知识解决实际应用的能力。从系统科学和思维角度看待人工智能，需要防止以点带面、以偏概全、局部代替整体的缺陷，只见树木，不见森林的短视现象。具体而言，就是不能简单地将人工智能等同于某种技术或算法，如机器学习及深度学习。

8. 复杂科学

复杂科学是研究自然和社会中各种复杂现象及其机制的科学。复杂科学最初以生命为对象，拓展到气象、经济、社会等各领域存在的复杂问题和现象，试图从纷繁复杂的现象中寻求出背后的一般规律和机制，并且取得诸多进展。例如，2021 年诺贝尔物理学奖一半授予意大利科学家帕里西（Giorgio Parisi）等，以表彰他们对地球气候的物理建模、量化变化和可靠地预测全球变暖研究的杰出贡献。人类大脑及其智能就是一个复杂的对象，无论是从物理角度，还是生物角度，以及神经科学角度，人类大脑都堪称宇宙中最复杂的东西，与之堪比的只有宇宙本身。人类可以轻而易举地在头脑中创建出整个宇宙图景，甚至现实中完全不存在的任何事物，但是人类对其背后的机制几乎一无所知。因此，借助复杂科学理论和技术研究人类大脑及其智能的复杂性问题以及背后的机制，也是复杂科学需要承担的任务。

5.2.3 第三层次：生命相关学科

第三层次是与人工智能有关的生命、智能现象及其本质研究相关的学科，主要包括脑科学、神经科学、心理学、思维科学、生物学、生命科学、认知科学、智能科学等。这些科学主要是从不同方面研究生命、生物、智能及人类的科学，它们的各种研究成果可以从不同角度促进人类对智能现象及其本质和规律的认识，对于研究人工智能或机器智能具有重要的启发意义。

1. 脑科学与神经科学

脑是自然界中最复杂的系统之一，由近千亿神经细胞（神经元）通过百万亿突触组成巨大网络，实现感知、运动、思维、智力等各种功能。大量简单个体行为产生出复杂、不断变化且难以预测的行为模式（这种宏观行为在复杂科学中被称为涌现），并通过学习和进化过程产生适应，即改变自身行为以增加生存或成功的机会。从狭义方面，脑是指中枢神经系统，有时特指大脑；从广义方面，脑可泛指整个神经系统。过去的几十年，人工智能的发展除了计算机技术、大数据技术等方面不够完善，还有一个重要原因是我们缺乏对脑的内在机制的理解，由于缺少有效的物理观测手段，因此在过去的几十年，无法对脑的内在机制有深入理解。

如今，随着脑 CT 的普及、脑微观成像技术和脑机接口技术的发展，人类对大脑内在机制的理解会不断深入。脑科学从分子水平、细胞水平、行为水平或微观、介观、宏观分别研究脑结构，如图 5.3 所示，科学家利用复杂的数据和成像技术绘制的哺乳动物大脑微观神经组织。通过建立脑模型，揭示自然智能机理和脑本质。人工智能是从广义角度来理解脑科学的，因此它涵盖了所有与认识脑和神经系统有关的研究。

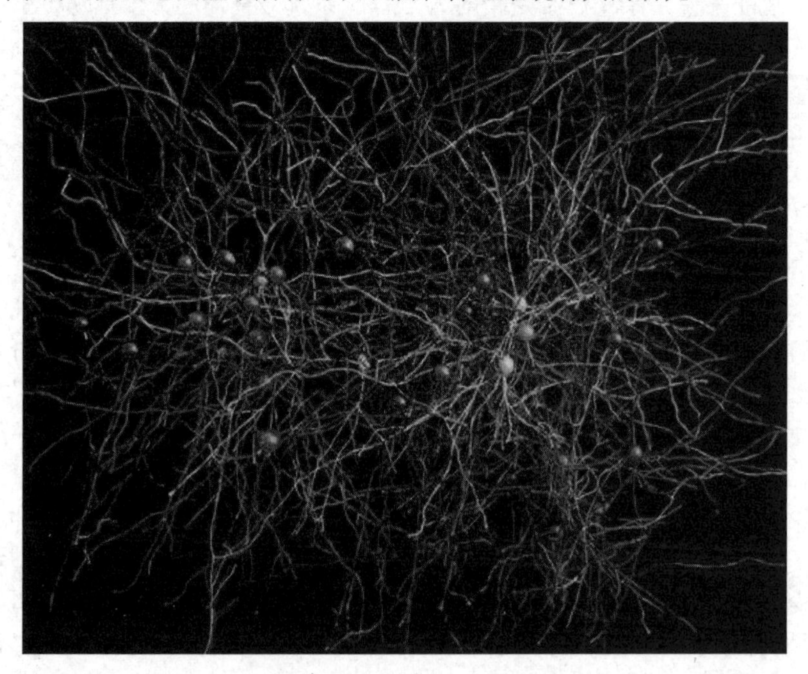

图 5.3　科学家绘制的哺乳动物大脑微观神经组织

人脑是自然界中最复杂、最高级的智能系统之一。现代脑科学的基本问题主要包括：①揭示神经元之间的联结形式，奠定行为的脑机制的结构基础；②阐明神经活动的基本过程，说明在分子、细胞到行为等不同层次上神经信号的产生、传递、调制等基本过程；③鉴别神经元的特殊细胞生物学特性；④认识实现各种功能的神经回路基础；⑤解释脑的高级功能机制等。

研究脑科学的任何进展都将会对人工智能的研究起到积极的推动作用，因此人工智能应该加强与脑科学的交叉研究，以及人类智能与机器智能的集成研究。

从强人工智能的角度，脑科学是研究类人机器智能的基础，不仅对类人机器智能的研究起到积极的推动作用而且今后人工智能会加强与脑科学的交叉研究，以及人类智能与机器智能的混合研究，在类脑计算、人工大脑方面取得一定突破。

神经科学是为了了解神经系统内分子水平、细胞水平及细胞间的变化过程，以及这些过程在中枢的功能、控制系统内的整合作用所进行的研究。对人类记忆、学习等机制的深入理解都需要神经科学、认知科学等科学的研究成果。

神经科学领域的一个分支——神经计算，从脑的神经系统结构出发来研究脑的功能，研究大量简单的神经元的集团信息处理能力及其动态行为。其研究重点侧重于模拟和实现人的认识过程中的感觉和知觉过程、形象思维、分布式记忆和自学习自组织过程。

例如，学习在脑内如何发生，是神经生物学的核心问题之一。学习导致神经系统结构和功能上的精细修饰，形成记忆痕迹。揭示学习的神经机制，对理解人类智力的本质具有重大意义。对人类意识产生、记忆存储及检索原理、注意力机制等神经科学研究同样对人工智能有深远影响。又如，许多深度学习模型中借鉴了人类注意力机制，所设计的模型在图像处理方面的性能相比没有加入注意力机制的模型更优越。

事实上，联结主义的很多人工神经网络方法都是受到神经科学启发的。对神经科学的研究能够提供有关人类大脑如何工作以及神经系统如何响应特定事件的信息，这使人工智能研究人员能够模拟人脑的工作机理开发新型联结主义或结构主义方法。

2. 心理学

心理学主要研究人类的心理过程。心理学中与智能研究相关的主要是认知心理学。广义来讲，与人的认知相关的问题都是认知心理学的研究范围。狭义来讲，主要是信息加工相关的心理学，它将人的认知与计算机类比看待，希望从信息的接收、编码、处理、存储、检索的角度来研究人的感知、记忆、控制和反应等系统。人类对客观外界的知觉、记忆、思维等一系列的认知过程，可以看成对信息的产生、接收和传送的过程。认知心理学更关注信息的结构本质。认知心理学和人工智能都把人看成与计算机相似的信息处理系统，这种思想的发展促成了认知科学的产生。

心理学所发展的许多关于智能的理论对于人工智能发展类人智能技术很有启发意义。心理学及其衍生的心智哲学等可以认为是人工智能的基础支撑理论之一。例如，强化学习就是受到心理学关于人类强化学习的理论启发而开发的重要机器学习方法。这种源自心理学的强化学习理论也得到了神经科学的验证。

实际上符号主义和行为主义也反映了两种心理学理论：逻辑推理心智研究与行为主义心理学。行为主义侧重从试验来验证理论猜想，而符号主义则侧重于建立完整的公理系统。

对于人工智能对心理学发展的影响，人工智能作为一种基础技术和工具，从中产生的一些成果其实是可以应用的心理学。例如，一些仿真算法和理论的建立，可以为心理学提供一个试验环境和分析工具，需要研究一些有关心智推理、试验心理学、行为主义、认知科学等理论和知识，这将为人工智能的研究打下良好的理论基础。

3. 认知科学

认知是与情感、动机、意志相对应的理智或认知过程，或者是为了达到一定目的，在一定的心理结构中进行的信息加工过程。认知科学（也称思维科学）是研究人类感知和思维信息处理过程的一门学科，其主要研究目的就是要说明和解释人类在完成认知活动时是如何进行信息加工的。

认知科学也是人工智能的重要理论基础，对人工智能发展起着根本性的作用。认知科学是探索人类智力如何由物质产生和人脑信息处理的过程。具体地说，认知科学是研究人类的认知和智力的本质和规律的前沿科学。认知科学涉及的内容非常广泛，包括知觉、语言、学习、记忆、思维、思考、创造、注意、想象、动作、语言、推理、意识乃至情感动机在内的各个层面的认知活动，还会受到环境、社会、文化背景等方面的影响。知觉信息的表达是知觉研究的基本问题，是研究其他各个层次认知过程的基础。知觉过程是从哪里开始的？外在物理世界的哪些变量具有心理学的知觉意义？作为知觉的计算模型计算的对象是什么？

从认知观点看，人工智能在逻辑思维、形象思维和灵感思维等方面取得突破需要脑科学、认知科学与神经科学的支持。近年来神经生理学和脑科学的研究成果表明，脑的感知部分，包括视觉、听觉、运动等脑皮层区不仅具有输入/输出通道的功能，还具有直接参与思维的功能。智能不仅是运用知识，通过推理解决问题，还处于感知通道。

4. 生物学

生物学是科学存在的非物理科学形式的很好证明。生物学的层次可以从个体到器官，从器官到组织，从组织到细胞，再从细胞到分子等，然而生物学是否具有还原性呢？虽然生物学无法让人们知道如何制造生命，但是生物学对于人工智能的发展作用依然是基础性的，无论是研究大脑的运作原理，还是生物进化过程，都对人类研究人工智能的发展，甚至未来是否会产生基于芯片的硅基生命体有重大意义。实际上，人工智能中早期发展的遗传算法就是受到生物学进化论和生物遗传学启发而设计的一类启发式优化搜索算法，而遗传算法和人工生命都是对生物进化过程进行的数学仿真。人工智能研究也有助于理解生命本质，早期的细胞自动机、自组织方法研究对于生物学来说也非常有用。

人工智能对物理学、化学、生命科学、神经科学等其他科学的研究也产生了重要影响。例如，在物理学领域，利用人工智能揭示电子运动的更深入的细节；利用人工智能发现更多的化合物反应，改变了传统的科学研究模式；利用人工智能成功破解困扰生物学领域 60 年的蛋白质三维结构预测问题；利用人工智能破解数学难题。人工智能正在不断帮助人类解决许多复杂的悬而未决的科学问题。这方面内容在第 8 章机器博弈与机器创造中介绍。

5.2.4　第四层次：工程技术学科

第四层次是与人工智能有关的工程技术学科，主要包括计算机科学、控制科学、电子科学、机械科学、材料科学等。这些科学是实现人工智能的工程技术基础，人工智能可以与这些学科结合，衍生出新的学科方向。人工智能发展既需要这些学科的支持，也可以将研究结果应用到这些学科中去，推动、促进甚至颠覆相关学科领域的进步和发展。

1. 计算机科学

目前为止，计算机科学与技术是实践、实现人工智能的主要学科。研究人员利用计算机验证各种使机器具备类人思维的方法、理论、算法。计算机科学有众多理论、实践手段与方法去实践人工智能。人工智能研究人员利用计算机编写用于人工智能的程序代码，通过这样的方式实现了人工智能系统。所以计算机科学对于人工智能而言是最直接的工程技术学科之一。

目前为止，人工智能技术都是基于冯·诺依曼结构计算机发展而来的。心智计算理论、认知科学都将人脑比作计算机。人工智能领域也借助心机类比来发展人工智能。深度学习的爆发性发展离不开计算机及网络技术，随着计算机科学的不断发展，各种量子计算机（图 5.4 所示的是一种量子计算机原型机）、生物计算机以及类脑计算机等新型计算机的发展，将有助于人类实现人工智能的远大理想。

图 5.4　量子计算机原型机

2. 控制科学

控制科学是在控制论基础上发展而来的技术学科。本书的 2.4 节关于控制论的介绍，已经指出人工智能发展初期也受到了控制论学派的影响，控制论事实上奠定了人工智能在人机协同、人机融合方面的理论基础。

现代控制科学中的智能控制是基于人工神经网络和模糊技术发展起来的。从控制科学角度看，人脑也是一种具有实时推理、决策、学习和记忆等功能，能适应各种复杂的控制环境的超级智能控制系统。从控制科学角度理解人类智能与身体之间的关系，对于发展智能机器人、具身智能系统等人工智能系统具有重要指导意义。

3. 电子科学

电子科学对于发展新型电子计算机、嵌入式计算系统、可穿戴设备及计算机等新型支撑人工智能算法和软件的硬件技术具有基础性作用。对于发展从电子硬件方面结合物理学原理构建新型的机器智能平台或硬件环境也发挥着重要作用。

以上仅列举与人工智能有关的比较典型的工程技术学科。随着人工智能的发展，需要更多的工程技术与人工智能技术相结合。不远的将来，一些全新的工科学科也可能由此诞生，如混合智能技术的发展促成人机融合学、超人类学的诞生，机器智能的深入研究可能产生智能机器学、机器生命学等全新的工学学科的诞生。电子、机械、计算机等传统科学与人工智能的交叉会形成智能机器学、智能机械学、智能计算学等新学科、新工科方向或分支。

5.2.5 第五层次与第六层次：与人工智能交叉融合的社会学科、新兴学科

在第一、二、三层次各学科交叉影响下，可以预见，按照“智能+X学科”的模式会不断产生新的学科分支。人工智能可以与任何学科融合，衍生新的学科和方向，各学科与人工智能交叉衍生的新理论、新方法、新技术将层出不穷，甚至颠覆一些传统学科的理念和体系。

因此，第五层次是人工智能可以与之交叉融合的社会学科，主要包括医学、管理学、社会学、教育学、法学、艺术、金融、军事等学科。将人工智能与这些学科融合，可以促进这些传统学科产生新的理论和思想。

人工智能交叉学科研究计划将可以激发全球经济领域的新型人工智能的应用，从制造业、农业、教育等领域到艺术、人文、法律、媒体等领域，其巨大潜力将推动科技的快速发展，形成技术爆发的“奇点”。教育部在《高等学校人工智能创新行动计划》中强调，建设人工智能一级学科，要加强人工智能领域专业建设，推进“新工科”建设，要求推进“新工科”建设，重视人工智能与计算机、控制、数学、统计学、物理学、生物学、心理学、社会学、法学等学科专业教育的交叉融合，形成“人工智能+X”复合专业培养新模式。

从自然科学、社会科学到数学、医学、管理学等，几乎所有的学科都可以与人工智能相互交叉、渗透和融合。按照“智能+X学科”的模式，人工智能与传统医学、教育学、管理学、艺术学、社会学、军事学的交叉融合，将会形成智能医学、智能教育学、智能管理学、智能艺术学、智能社会学、智能军事学等新兴学科和专业，也就是第六层次。

如图 5.5 所示，如人工智能与医学结合，从智能医学图像处理到医疗大数据分析，相关的理论和方法将促成智能医学的诞生；人工智能对社会各方面发展的影响、作用的研究，相关理论和方法将促成智能社会学的诞生；人工智能与教育学结合，产生智

能教育学，关于教育的新理论、新方法、新技术将层出不穷；人工智能与法学结合产生智能法学，对人与机器智能之前的复杂关系从法律上进行约束和规范，也可以产生新的法学论理；人工智能及大数据在企业管理中的应用，颠覆现有企业管理模式，催生全新的智能管理学。其他新兴学科还可能有智能军事学、智能艺术学、智能文化学等新学科。

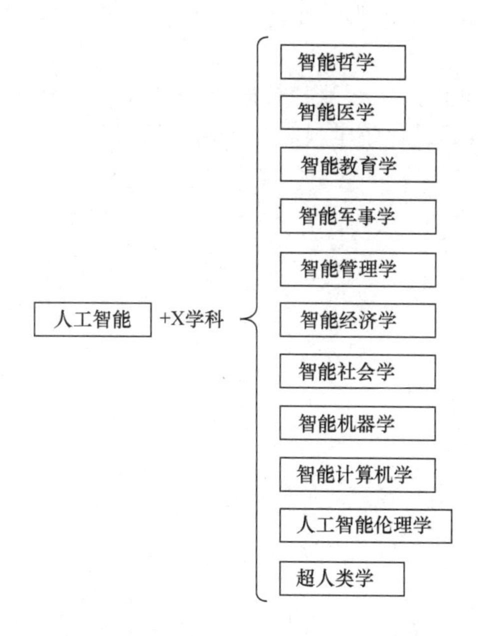

图 5.5　与人工智能交叉融合的新兴学科

这些新兴学科的崛起某种程度意味着原有学科的消亡，意味许多传统行业和职业的消失，意味着新行业和新职业的诞生。现有的学科建设和人才培养模式必须尽早为适应未来智能时代的人才需要而变革。

5.3　本章小结

从学科分布来看，从哲学、人文、社会科学到自然科学、工程技术科学，几乎所有的学科都融入了人工智能。从上述内容可以理解，人工智能是一个建立在非常广泛的学科交叉研究基础上的综合性学科，人工智能发展既需要这些学科的支持，也可以将研究结果应用到这些学科中去，推动、促进甚至颠覆相关学科领域的进步和发展。国际国内一流大学在未来会有很多人工智能交叉学科研究计划将激发全球经济领域的新型人工智能的应用，从制造业、农业、教育等领域到艺术、人文、法律、媒体等领域，其巨大潜力将推动科技的快速发展，形成技术爆发的“奇点”。可以预见人工智能交叉学科研究在未来给人类带来的影响，将远远超过计算机和互联网在过去几十年对世界带来的改变，且这种改变必然会激发新生的世界观和创造力，重构甚至颠覆人类的生活、学习、思维乃至社会、文化发展模式和科学研究方式。

习题 5

1. 如何理解多学科交叉对人工智能发展的意义？

2. 人工智能多学科交叉可以从哪几个层次理解？不同层次对于人工智能理论和技术发展有什么不同作用？

3. 查阅有关资料，试分析人工智能与传统学科交叉产生新的学科方向，对未来人工智能的发展、专业人才的培养、传统学科和人才培养模式将产生什么影响。

第6章　人工智能技术基础

本章学习目标

1. 掌握和理解支撑人工智能应用的各类技术内容。
2. 掌握和理解不同技术对人工智能系统应用的作用和意义。
3. 从技术基础角度思考人工智能的应用问题。

学习导言

人工智能不仅是多学科交叉研究的科学领域，其实际系统的开发也需要多种技术支持才能实现，才能面向不同领域以解决不同问题。

人工智能的终极目标是发展类似于人的智能系统。但是，在实际发展过程中，由于对智能的认识不同，发展出各种模拟人类智能某些方面特征的多种技术。从早期的专家系统到今天的大规模机器翻译、人脸识别系统，在技术上，从简单的问答式逻辑推理模拟到复杂的文本、图像、语音等多模态、跨模态处理系统，所实现的技术已经越来越复杂，并越来越强大。

例如，开发一个聊天机器人系统，需要综合利用自然语言处理、搜索、数据库、程序设计、互联网等多种技术。因此，人工智能系统的实现不仅离不开来自各学科的领域知识和理论，更离不开各种技术的综合利用。离开各个学科，人工智能不可能单独存在；离开各种技术，人工智能系统也不可能实现。

总体而言，人工智能技术主要涉及以下六大类。

数据类技术：文本、视频、图像等各种格式的数据的预处理、标注、存储、传输等技术，大数据技术等。

计算机类技术：图像处理、数据库技术、程序及软件类技术。

通信类技术：计算机网络通信、无线网络通信等技术。

网络类技术：云计算、互联网、移动网络、物联网等技术。

硬件类技术：传感器、嵌入式系统、芯片等技术。

算法类技术：人工神经网络、机器学习、自然语言处理、语音识别等技术，这些技术多以算法形式通过计算机来实现。

由于人工智能系统开发涉及的领域技术众多，本章重点选择具有代表性、基础性的几类技术，包括传感器、大数据、小数据、并行计算、数字图像处理、人工神经网络、机器学习、深度学习来进行介绍。

6.1　传感器技术

6.1.1　传感器概念及其作用

传感器最早来自“感觉”一词。人用眼睛看，可以感觉到物体的形状、大小和颜色；用耳朵听，可以感觉到声音；用鼻子嗅，可以感觉到气味。这种眼睛、耳朵、鼻子、舌头是人感觉外界刺激的感官，它们就是天然的传感器。

传感器是一种能把特定的测量信息按一定规律转换成某种可用信号输出的器件或装置，以满足信息的传输、处理、记录、显示和控制等要求。

目前，传感器已经与测量科学、现代电子技术、微电子技术、生物技术、材料科学、化学、光电技术、精密机械技术、微细加工技术、信息处理技术以计算机技术相互交叉渗透而成为一门高度综合型、知识密集型的学科。各种高技术的智能武器、重要的军事装备和系统、先进的科学探测仪器和装置、现代化生产过程中的智能机器和设备，都需要利用传感器技术。

传感器可以按被测量、能量种类、工作机理（作用原理）、使用要求、技术水平等进行分类。按被测量分主要有位移、压力、力、速度、温度、流量、气体成分等传感器。按能量种类分有机、电、热、光、声、磁等能量传感器。

对于人工智能系统而言，传感器是机器人、无人智能系统（无人车、无人机、无人船等）的关键基础器件，其技术水平直接影响机器人和无人智能系统的水平。传感器具有以下作用与功能。

（1）测量与数据采集。这是传感器最基本的功能，绝大多数的传感器都能实现测量与数据采集，如科学研究中的实验测量、产品制造所需的计量等。

（2）检测与控制作用。检测控制系统处于某种状态的信息，并由此来跟踪和控制系统的状态。如无人飞行器上，对装备反映飞行器的飞行参数和姿态的传感器、发动机工作状态的各个物理参数进行检测，对飞行器的自动驾驶和发动机进行自动调节。

（3）诊断与监测作用。传感器对自身所关心的信号进行采集，然后判断装备是否在正确工作。可以说智能工厂里的智能制造设备、装置或系统是传感器的大集合地。例如，柔性制造系统（FMS），无人驾驶汽车自动驾驶系统，移动机器人、无人机、海洋无人探测器及行星探测器等，均需配置数以千计的传感器，用以检测各种工况参数，以达到运行监控的目的。

（4）智能医疗和智能家居。利用可穿戴医用或运动传感器可以对人体表面和内部温度、血压及腔内压力、血液及呼吸流量、肿瘤、血液分析、脉波及心音、心脑电波等进行高准确度的诊断，还能实现对病患的智能监测与监护。

传感器在智能家居中得到普遍应用，如通过语音传感器控制灯光、音响等设备。智能传感器的应用使家用电器变得更加节能、家庭环境变得更加宜居。

智能机器人需要从外界环境及其本身内部获取信息，只有这样才能对内、外部环境做出正确的反应。随着机器人智能化程度的不断提高，无论是遥控机器人、交互机器人还是自主机器人，都需要越来越多地借助传感器感知自身和外部环境的各种参数变化，进而为控制和决策系统做出适当的响应提供数据参考。基于视觉、触觉、听觉和雷达等外部传感器技术对形成机器人感知智能具有重要作用。

内部传感器是用来检测机器人本身状态（如手臂间角度）的传感器，例如，能够感知机器人轮子的位置，以及不同执行器中的各个关节的角度，这与人体内部的感觉器官类似，就像感知肌肉伸缩的器官多为检测位置和角度的传感器；外部传感器用来检测机器人所处环境（如是什么物体，与物体的距离等）和状况（如抓取的物体是否滑落），能够感知外部环境的信息。例如，与障碍物或墙壁的距离，其他机器人或人类施加的外力，这些信息能够通过视觉、听觉、嗅觉感知到物体存在及其特性，具体有物体识别传感器、物体探伤传感器、接近觉传感器、距离传感器、力觉传感器，听觉传感器等。

表 6.1 列举了机器人使用的主要传感器类型。前五种类型是外感受性传感器，主要用来测量外部环境的信号（光、声音、距离和位置）。剩下的两种类型是本体感受传感器，其功能是测量机器人的内部构成和状态信息（马达的力矩、倾斜角度和加速度）。表 6.1 也列举了各个传感器使用中的常见属性及问题。

表 6.1　机器人使用的主要传感器类型

传　感　器	设　　备	注　　释
视觉（光）传感器	光敏电阻	感知光的强度
	一维摄像机	感知水平方向的信息
	二维黑白或彩色摄像机	感知完整的视觉信息；计算密集、信息丰富
声传感器	麦克风	感知完整的听觉信息；计算密集、信息丰富
远距和邻近传感器	超声波（声呐、雷达）	超声波的反馈需要反馈时间；在不光滑的表面上反射具有局限性
	红外线（IR）	使用红外光波中的反射光子；通过调制红外线来减少干扰
	摄像机	根据双目视差或视觉透视来测距
	激光雷达	激光的反馈需要反馈时间；无镜面反射问题
	霍尔效应	铁磁性材料
接触（触觉）传感器	碰触开关	二进制的开/关接触
	触觉传感器	在传动轴上结合弹簧；由能够通过压缩来改变电阻的软导电材料构成
	电子皮肤	分布在体表的传感器
位置（定位）传感器	GPS	差分全球定位系统（DGPS），精确到 1.5m
	SLAM（光、声呐、视觉）	同步定位与建图，光与声呐同时使用
力（力矩）传感器	轴编码器	感知马达转轴的旋转；使用透射的测速仪测量旋转速度
	二次轴编码器	感知电机转轴的旋转方向
	电位器	感知电机轴的位置；在电机内部检测转轴的位置
倾斜和加速度传感器	陀螺仪	感知倾斜角度和加速度
	加速度传感器	感知加速度

图 6.1 中通过一个人形机器人展示了其执行任务形成一定的行为智能所需要的传感器。包括视觉、语音、触觉、距离（接近觉）等各种功能和类型的传感器。

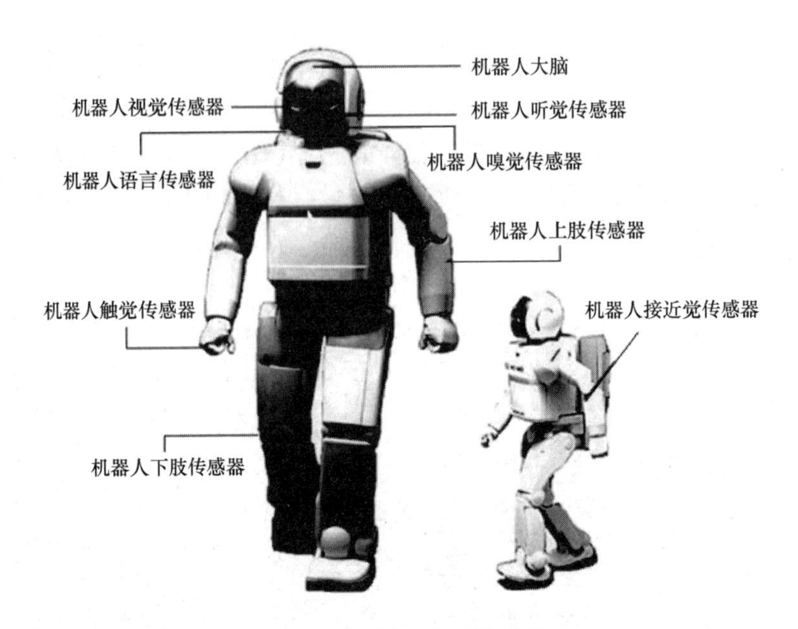

图 6.1　机器人安装的传感器

机器视觉将图像采集系统与计算机视觉算法集成在一起，提供自动检测和机器人导航功能。虽然机器视觉受到人类视觉系统的启发，但基于二维图像中提取概念信息，机器视觉系统并不局限于二维可见光。光学传感器包括用于三维高分辨率光检测和测距激光雷达系统的单光束激光器，也称为激光扫描二维或三维声呐传感器以及一个或多个二维相机系统。尽管如此，大多数机器视觉的应用都基于二维图像的捕捉系统和模仿人类视觉感知方面的计算机视觉算法，人类则是三维视觉观察理解世界。场景重建以及物体检测和识别是计算机视觉的主要子领域。

在智能制造领域，如图 6.2 所示，机器视觉系统需要多种传感器组成复杂的产品或生产环境感知、监测、控制系统，辅助人类完成产品质量检测、生产过程控制、生产环境安全监测等各种任务。

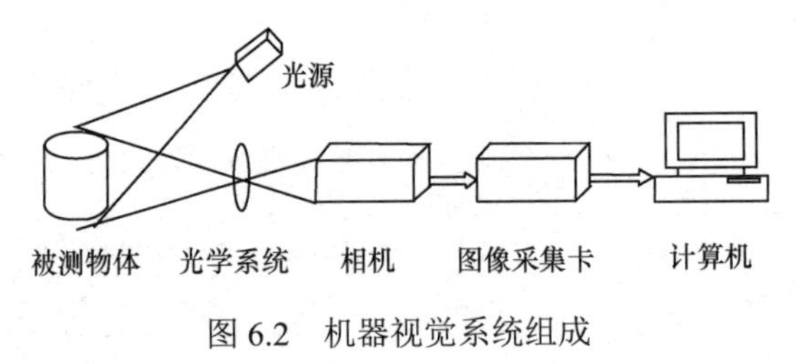

图 6.2　机器视觉系统组成

6.1.2　主要传感器及其功能

下面主要介绍两种传感器，一种是应用广泛的激光雷达；另一种是代表前沿技术的触觉传感器。

1．激光雷达

环境感知是移动机器人研究的关键技术之一。机器人周围的环境信息可以用来导航、避障和执行特定的任务。获取这些信息的传感器既需要足够大的视场来覆盖整个工作区，又需要较高的采集速率以保证在运动的环境中能够提供实时的信息。

近年来，激光雷达在移动机器人导航中的应用日益增多。这主要是由于基于激光的距离测量技术具有很多优点，特别是其具有较高的精度，如图 6.3 所示，通过二维或三维的扫描激光束或光平面，激光雷达能够以较高的频率提供大量的、准确的距离信息。与其他距离传感器相比，激光雷达能够同时满足精度要求和速度要求，这一点特别适用于移动机器人领域中。此外，激光雷达不仅可以在有环境光的情况下工作，也可以在黑暗中工作，而且在黑暗中测量效果更好。以前激光雷达更多应用在军事领域，随着技术的发展和成本的降低，激光雷达已经在民用机器人、无人机、无人驾驶等系统中得到广泛应用。与视觉的方式一样，激光雷达也有一定的缺点——这类传感器在雨雾天气的工作效果会很差。

图 6.3　激光雷达示意图

2. 触觉传感器

触觉是人与外界环境直接接触时的重要感觉功能，触觉传感器是用于机器人模仿触觉功能的传感器。触觉是机器人获取环境信息的一种仅次于视觉的重要知觉形式，触觉感知的主要任务是为获取对象与环境信息，或是为完成某种任务而对机器人与对象、环境相互作用时的一系列物理特征量进行检测。广义来看，触觉包括接触摸、压觉、力觉、滑觉和冷热觉等感觉，狭义则专指机械手与对象接触面上的力量感觉。

如图 6.4 所示，机器人的机械手部触觉传感器的主要功能有两种：第一种是检测功能，包括对操作对象的状态、机械手与操作对象的接触状态以及操作对象的物理性质进行检测；第二种是识别功能，即在检测的基础上提取操作对象的形状、大小和刚度等特征并加以分类和目标识别。

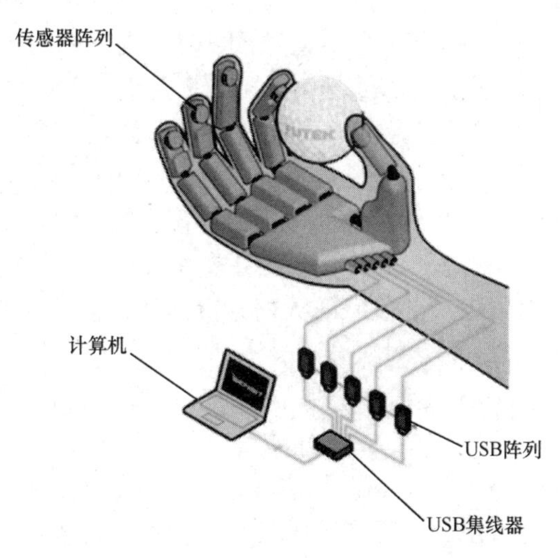

图 6.4　机械手

从 20 世纪 90 年代至今，对触觉传感技术的研究不断深入，并开始向多元化发展。进入 21 世纪，科学家们借鉴仿生学原理，参照人类皮肤对环境的敏锐感知改进触觉传感器，不断改善其性能。集成触觉、温度等多种传感功能以柔性电路实现的“电子皮肤”。不仅能够将湿度、温度和力度等感觉用定量的方式表达出来，还可以帮助伤残者获得失去的感知能力。

6.2 大数据技术

6.2.1 大数据技术及其产生

大数据是指数据规模大，超出传统数据处理技术范围的结构化、半结构化、非结构化的各种类型的数据。发展大数据技术的目的是，从动态快速生成的数据流或数据块中获取有用的具有时效性价值的信息。业界认为大数据具备四个特征，分别是数据体量巨大：数据级别从 TB 级别，TB 是一个计算机存储容量的单位（2^{40}），或者接近一万亿字节（即一千千兆字节）跃升到 PB 级别（1PB=2^{50}，或者在数值上大约等于 1000 个 TB。）；数据类别大：大数据的来源复杂多样；处理速度快：需要实时地分析数据；价值密度低，商业价值高：通过分析数据可获得很高的商业价值。数据类型众多：结构化、半结构化、非结构化的数据对已有的数据处理模式带来了巨大的挑战。

目前的人工智能系统的实现很大程度上基于对大数据的采集、分析和应用，甚至有观点将大数据比作人工智能的“原材料”和“燃料”，强调其重要性；另外，鉴于数据产生的速度和加速度已经超出了简单工具的处理范围，人类也必须要通过与机器的互动来实现对数据更好的解释和应用。

大数据的产生是计算机和网络通信技术（ICT）被广泛运用的必然结果，特别是互联网、移动互联网、物联网、云计算、社交网络等新一代信息技术的发展，起到了促进的作用，它使数据的产生方式发生了四大变化：第一，数据的产生由企业内部向企业外部扩展；第二，数据的产生由 Web 1.0 向 Web 2.0 扩展；第三，数据的产生由互联网向移动互联网扩展；第四，数据的产生由计算机或互联网（IT）向物联网（IoT）扩展。这四个方面的变化，让数据产生的源头呈几何级数地增长，数据量更是大幅增加。

从世界上各大行业的数据累积量可以直观理解大数据之“大”。在制造业领域，有些大型飞机的每个引擎都装有 20 个传感器，在飞行过程中每隔一段时间就通过卫星将传感器收集的引擎状态传给公司。每个引擎每个飞行小时产生 20TB 级数据，从伦敦到纽约每次飞行产生 640TB 级数据，每天收集 PB 级引擎数据。每月监测 25000 个引擎，收集 360 万次飞行记录。通过对所生产的引擎的数据分析，算法能够提前一个月预测其维护需求，预测准确率达到 70%。按照监测结果对引擎进行预防性维护，防止 6 万多次的航班延误或取消。如果将传感数据收集和分析用于燃油效率上，1%的提高就能使航空业每年节省大量成本。

在医疗行业，医生经常要通过 CT 设备检查患者身体。一位患者的 CT 影像往往多达两千幅，数据量达到几十个 GB。大城市的医院每天门诊上万人，每年门诊人数更是以数十亿计。按照医疗行业的相关规定，一位患者的数据通常需要保留 50 年以上。利用智能医疗影像系统可以加快某些疾病的筛查过程，从而减少医生的工作量担。

邮政公司通过在数万辆运输卡车上安装远程通信传感器来监测车速、方向、刹车和动力性能等方面的数据。邮政公司收集到的数据流不仅能说明车辆的日常性能，还能帮助公司重新设计物流路线。通过大量的在线地图的数据和优化，能够帮助这些邮件公司实时调配驾驶员的收货和配送路线，能够减少数万公里的里程，节约数百万升的汽油。表 6.2 为典型的大数据应用及其特征。

表 6.2　典型的大数据应用及其特征

应　用	实　例	用户数量	反应时间	数据规模	可靠性	准确性
科学计算	生物信息	少	慢	TB	适中	很高
金融	电子商务	多	非常快	GB	很高	很高
社交网络	Facebook	很多	快	PB	高	高
移动数据	移动电话	很多	快	TB	高	高
物联网	传感网	多	快	TB	高	高
Web 数据	新闻网站	很多	快	TB	高	高
多媒体	视频网站	很多	快	PB	高	适中

6.2.2　大数据与云计算机、物联网的关系

1. 大数据与云计算

云计算使用一种按使用量付费的模式，这种模式提供可用的、便捷的、按需的网络访问，进入可配置的计算资源共享系统（资源包括网络、服务器、存储、应用软件、服务），只需投入很少的管理工作，或与服务供应商进行很少的交互，这些资源就能够被快速提供。从技术上看，大数据与云计算的关系就像一枚硬币的正反面一样密不可分。大数据必然无法用单台计算机进行处理，必须采用分布式架构。分布式架构的特点在于，对海量数据进行分布式数据挖掘，但它必须依托云计算的分布式处理、分布式数据库和云存储、虚拟化技术。

大数据需要特殊的技术，以有效地处理大量的容忍经过时间内的数据。适用于大数据的技术，包括大规模并行处理数据库、数据挖掘电网、分布式文件系统、分布式数据库、云计算平台、互联网和可扩展的存储系统。云计算和大数据两者之间结合后会产生如下效应：可以提供更多基于海量业务数据的创新型服务；通过云计算技术的不断发展降低大数据业务的创新成本。

2. 大数据与物联网

物联网（Internet of Things，IoT）是一个基于互联网、传统电信网等信息承载体，让所有能够被独立寻址的普通物理对象实现互联互通的网络。在物联网上，每个人都可以应用电子标签将真实的物体上网连接，在物联网上可以查找出它们的具体位置。通过物联网可以用中心计算机对机器、设备、人员进行集中管理、控制，也可以对家庭设备、汽车进行遥控，以及搜寻位置、防止物品被盗等各种应用。

物联网将现实世界数字化，应用范围十分广泛。物联网的应用领域主要包括以下几个方面：运输和物流领域、健康医疗领域、智能环境（家庭、办公、工厂）领域、个人和社会领域、汽车领域等，具有十分广阔的市场和应用前景。物联网是大数据的重要来源之一。

6.2.3 大数据核心技术基础

大数据核心技术主要包括存储、处理与应用等方面。

1. 大数据存储

分布式存储技术为大数据的分析和应用提供底层数据架构支撑，是大数据处理和应用的基础。具体包括底层的分布式文件系统、在此基础上建立的各种分布式数据库及存储方案、内存数据库等。其次，对数据的分析是大数据处理流程中关键的部分，并行计算架构得到了广泛的支持和应用。基于存储和计算的并行化结构基础，可以开展社会网络分析、自然语言理解、个性化推荐、媒体分析检索等应用，并通过可视化技术显示给数据用户，以满足不同的商业需求。

2. 大数据处理与应用

大数据处理体现在数据挖掘、统计分析、语义引擎、数据质量和数据管理、结果的可视化分析等方面。数据挖掘包括分类、估计、预测、相关性分析或关联规则、聚类、描述和可视化、复杂数据类型挖掘等技术。统计分析技术涵盖假设检验、显著性检验、差异分析、相关分析、T 检验、简单回归分析、多元回归分析等多个方面。由子非结构化数据的多样性带来了数据分析的新挑战，语义引擎被设计成能够从文档中智能提取信息的工具。数据质量和数据管理起到了不可忽视的作用。最后，通过可视化技术直观展示数据分析结果，这些技术方法允许利用图形、图像处理、计算机视觉以及动画的显示，对数据蕴含的规律加以可视化解释，如图 6.5 所示，某电商平台利用大数据对商品供应商进行大数据分析。

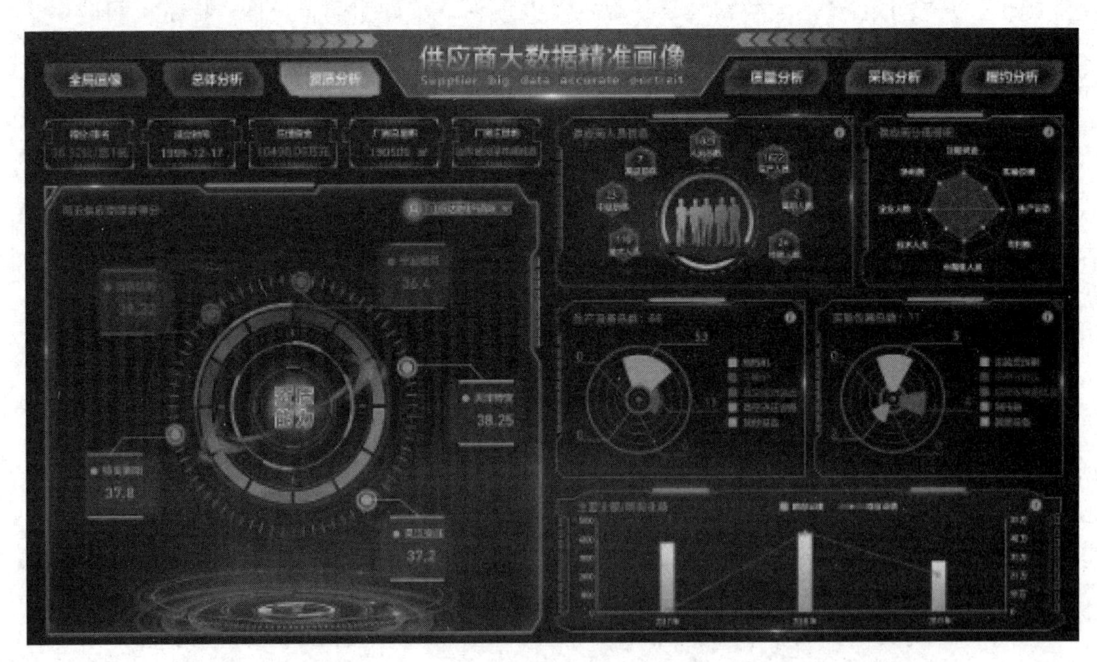

图 6.5　某电商平台的供应商大数据画像系统显示

3. 大数据思维

大数据思维是大数据时代的产物。大数据是一种重新评价企业、商业模式的新方法，数据成为核心的资产，并将深刻影响企业的业务模式，甚至重构其文化和组织。统计学方法论是进行大数据分析的重要基础。把统计学与大数据相融合将颠覆很多原有的思维方式。在大数据时代，因为数据很多，很可能找到相关的关系，但是因为数据太多，不一定能够理解为什么是这样，不一定会知其所以然，但更方便人们知其然，也就是依靠传统方式找不到的相关关系利用大数据技术就可以找到。

大数据的“大”决定了数据“全面”的特性。大数据时代可以统计一切想要统计的数据，全样本统计方法将取代抽样统计方法。

以往的决策者要想决定某件事，必须参考各种理论，对其中的因果进行推断，但是大数据时代则让决策变得更加容易，决策者根本不需要知道各种理论，而这种只依赖相关性的决策思想，正在慢慢地渗透到拥有大数据的各行各业。

图 6.6 中展示了大数据产业链的一般内容，包括底层的信息技术基础、数据源、大数据采集与预处理、大数据存储与管理、大数据计算与处理，中层的数据挖掘、大数据可视化、大数据新产品解决方案，到上层就是面向金融、电信、政府等不同行业的应用，而贯穿所有层面的是数据安全。

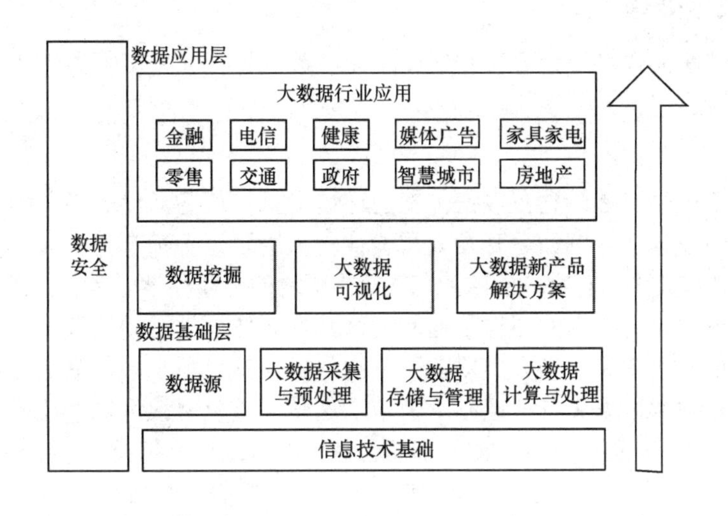

图 6.6　大数据产业链的一般内容

6.3　小数据技术

6.3.1　小数据的含义

小数据方法是一种只需少量数据集就能进行训练的人工智能方法。该方法适用于数据量少或没有标记数据可用的情况，减轻对人们收集大量现实数据集的依赖。这里所说的“小数据”并不是明确类别，其实并没有正式和一致认可的定义。不同领域的人工智能系统需要不同类型的数据和方法，取决于待解决的具体问题。

目前流行的观点认为，大数据支撑起了现代人工智能及其系统的发展和应用，大数据也一直被奉为打造成功机器学习项目的关键之匙，但人工智能不等于大数据。有研究指出，在制定规则时如果将人工智能依赖巨量数据、数据是必不可少的战略资源、获取数据量决定国家（或公司）的人工智能进展视为永恒真理，就会“误入歧途”。介于当下大环境过分强调大数据却忽略了小数据人工智能的存在，低估了它不需要大量标记数据集或从收集数据的潜力。

政府部门通常被看成人工智能领域潜在的强力参与者，因为政府部门对社会运行规则更为了解并有权访问大量数据，如气候监测数据、社会保障、交通记录、人口状况等。人口众多、数据收集能力强被认为是国家人工智能竞争能力的重要因素。有观点认为，政府只有清理和标记大量数据，才能从人工智能革命中受益。该观点虽然有一定道理，但将人工智能进展都归功于这些条件是偏颇的。因为人工智能不仅只与大数据有关联，即使政府部门没有对大数据基础设施多加投资，人工智能依然在很多方面可以创新。小数据的创新应用就是其中的一项重要内容，是弥补大数据应用缺陷的一种重要方法。

6.3.2 小数据处理方法

小数据处理方法大致可分为五种：迁移学习、数据标记、人工数据生成、贝叶斯方法及强化学习。

1. 迁移学习

迁移学习的工作原理是，先在数据丰富的环境中执行任务，然后将学到的知识迁移到可用数据匮乏的任务中。例如，开发人员设计一款用于识别稀有狗类动物应用程序，但每种动物可能只有几张标有物种的照片，图 6.7 所示的是迁移学习示例。在迁移学习过程中，首先采用更大、更通用的图像数据库训练基本图像分类器，该数据库具有数千个类别标记过的数百万张图像。当分类器能区分狗与猫、瓜果与水果、麻雀与燕子后，就可以将更小的稀有狗类数据集特征迁移给模型。这样，该模型就可以“迁移”图像分类的知识，利用这些知识从更少的数据中学习新任务，如识别稀有狗类。

图 6.7　迁移学习示例

2. 数据标记

数据标记适用于有限标记数据和大量未标记数据的情况。使用自动生成标签（自动标记）或识别标签特别用途的数据点（主动学习）来处理未标记的数据。例如，主动学习已被用于皮肤癌诊断的研究。图像分类模型最初在100张照片上进行训练，根据它们的描述判定是患癌症皮肤还是健康皮肤从而进行标记。然后该模型会访问更大的潜在训练图像集，从中可以选择100张额外的照片标记并添加到它的训练数据中。

3. 人工数据生成

人工数据生成是通过创建新的数据点或其他相关技术，最大限度地从少量数据中提取更多信息。例如，计算机视觉研究人员经常用计算机辅助设计软件，从造船到广告等行业广泛使用的工具生成日常事务的拟真三维图像，然后用图像来增强现有的图像数据集。当感兴趣的数据存在单独信息源时，这样的方法可行性更高。生成额外数据的能力不仅在处理小数据集时有用，任何独立数据的细节都可能是敏感的（如个人的健康记录），但研究人员通常只对数据的整体分布感兴趣，这时人工合成数据的优势就显现出来了，它可对数据进行随机变化从而抹去私人痕迹，更好地保护个人隐私。

4. 贝叶斯方法

贝叶斯方法通过统计学和机器学习，将有关问题的架构信息（先验信息）纳入解决问题的方法中，它与大多数机器学习方法产生了鲜明对比，倾向于对问题做出最小假设，更适用于数据有限的情况，但可以通过有效的数学形式写出关于问题的信息。贝叶斯方法则侧重对其预测的不确定性产生良好的校准估计。贝叶斯方法已经被用于监测全球地震活动，对检测地壳运动和核条约执行情况有着重大意义。通过开发结合地震学的先验知识模型，研究人员可以充分利用现有数据来改进模型。这是贝叶斯推理运用小数据的一个典型例子。

5. 强化学习

强化学习是一种智能体通过反复试验来学习与环境交互的机器学习方法。强化学习通常用于训练游戏系统、机器人和自动驾驶汽车。例如，强化学习已被用于训练学习如何操作视频游戏人工智能系统，即从简单的街机游戏到战略游戏（如星际争霸）。强化学习系统开始时对玩游戏知之甚少或一无所知，但通过尝试和观察摸索奖励信号的出现，从而不断学习。强化学习系统通常从大量数据中学习，需要海量计算资源，因而它们被列入其中似乎是一个非直观类别。可以将强化学习当作一种小数据学习方法使用。是因为它们使用的数据通常是在系统训练时生成的，大多数数据在模拟的环境中而不是被预先收集和标记的。

6.3.3　小数据方法的作用

1. 缩短大小实体间智能差距

人工智能应用程序的大型数据集的价值在不断增长，不同机构收集、存储和处理数据的能力存在很大差异。如大型科技公司和小规模用户之间也因此拉开差距。如果迁移学习、自动标记、贝叶斯方法等能够在少量数据的情况下得到应用，那么小规模实体单位利用数据的技术难度和壁垒会大幅降低，从而缩小大、小公司或技术实体之间的能力差距。

2. 减少个人数据的收集

大多数人认为人工智能会吞并个人隐私空间，如大型科技公司越来越多地收集与个人身份相关的消费者数据来训练它们的人工智能算法。某些小数据方法能够减少收集个人数据的行为，人工生成新数据（如合成数据生成）或使用模拟训练算法的方法，一个不依赖于个人生成的数据，另一个则具有合成数据去除敏感的个人身份属性的能力。虽然不能将所有隐私担忧都解决，但通过减少收集大规模真实数据的需要，使机器学习变得更简单，从而降低数据应用风险防范隐私侵犯等数据伦理问题。

3. 促进数据匮乏领域的发展

大数据的爆炸式增长推动人工智能系统的新发展，但对于许多实际问题，能够提供给人工智能的数据却很少或者根本不存在。例如，为没有电子健康记录的人构建预测疾病风险的算法，或者预测活火山突然喷发的可能性。小数据方法以提供原则性的方式来处理数据缺失或匮乏，它可以利用标记数据和未标记数据，从相关问题迁移知识。小数据也可以用少量数据点创建更多数据点，凭借关联领域的先验知识，应用于新领域解决相关问题。

4. 提高数据质量

数据是一直存在的，但干净、结构整齐且便于分析的数据却不容易获得。通常需要耗费大量人力和物力进行数据清理、标记和整理才能够“净化”它们。小数据方法中数据标记法可以通过自动生成标签处理大量未标记的数据。迁移学习、贝叶斯等方法可以通过减少需要清理的数据量，分别依据相关数据集、结构化模型和合成数据来显著降低不合格数据的规模，提高数据质量，进而提高算法分析的准确率。

6.4 并行计算技术

6.4.1 并行计算概念

并行计算技术是相对于串行计算技术而言的一种计算机处理数据更高效的方式。由并行计算机技术发展出的并行计算系统在处理大数据等方面相比传统串行计算机速度更快、效率更高。并行计算系统既可以是由多个处理器组成的单台计算机，也可以是专门设计的、含有多个处理器的超级计算机，还可以是以某种方式互连的若干台的独立计算机构成的集群。

人类生活的方方面面存在着并行或者并发事件，如边吃饭边看电视。与人类社会广泛存在并行事件不同的是：计算机编程几乎一直都是串行的，绝大多数的程序只存在一个进程或线程。对于并行和向量化的研究可以追溯到 20 世纪 60 年代，但是直到近年来才得到广泛的关注，特别是 2016 年以来，深度学习技术的发展得益于基于并行计算技术原理开发的图形处理器（Graphic Processing Unit，GPU）的飞速发展。

如图 6.8 所示，显卡的处理器称为图形处理器（Graphic Processing Unit，GPU），又称显示核心、视觉处理器、显示芯片，是一种专门在个人计算机、工作站、游戏机和一些移动设备（如平板电脑、智能手机等）上图像运算及图形渲染工作的微处理器。自 20 世纪 90 年代开始，NVIDIA、AMD（ATI）等 GPU 生产商对硬件和软件加以改进，GPU 的可编程能力不断提高，由于 GPU 比 CPU 拥有更多的内核（见图 6.9），因此 GPU 具有比 CPU 强大的峰值计算能力，在浮点运算、并行计算等部分计算方面，GPU 可以提供数十倍乃至于上百倍的 CPU 性能，这引起了科研人员和企业的兴趣。

图 6.8　图形处理器

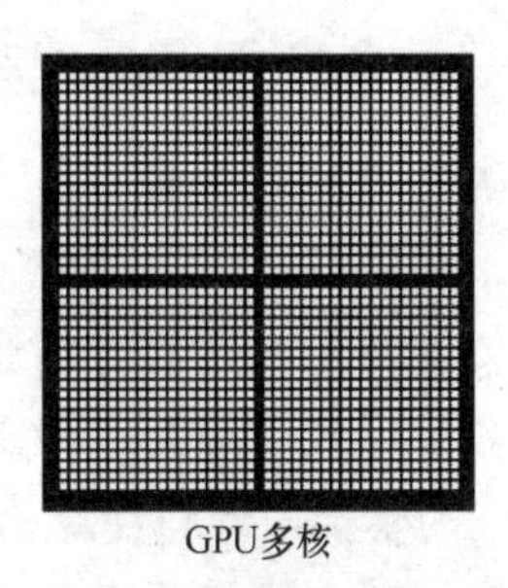

图 6.9　CPU 多核与 GPU 多核

从 2006 年开始，可编程的 GPU 越来越得到大众的认可。利用多个 GPU 可以组成强大的并行计算系统。AlphaGO 以及 GPT 3.0 等很多大型人工智能系统都是运行在 GPU 组成的并行计算系统上的。

6.4.2　并行计算与人工智能

专用人工智能通过数据、算法在计算机、嵌入式系统、云计算、网络、机器人等多种系统、平台上实现，也可以称为网络智能、虚拟智能、嵌入智能与云端智能等，实际上都是人工智能技术的不同实现形式或手段。网络智能是基于计算机网络或其他物理网络系统形成的智能系统。从计算平台看，嵌入智能以嵌入式平台为主实现人工智能技术，如目前的自动驾驶等。对于云端智能，大部分人工智能技术需要强大的计算资源，人脸识别、语音识别等，可以通过云端处理，终端呈现的方式实现。虚拟智能是指通过计算机实现的虚拟智能，如游戏中的人工智能，虚拟现实中的人工智能，元宇宙中的人工智能。

从物理对象角度看，并行计算系统、嵌入式系统、云计算等都可以用于运行不同的智能算法，实现一定的专用人工智能系统。不同的专用人工智能都需要依赖强大的计算能力，在处理信息、数据，解决复杂问题等方面形成了机器独有的计算智能。

随着大数据及 GPU 等各种更加强大的计算设备的发展，深度学习可以充分利用各种海量数据，完全自动地学习到抽象的知识表达，即把原始数据浓缩成某种知识。

对于深度神经网络的训练来说，通常，网络越深，需要的训练时间越长。对于一些网络结构来说，如果使用串行处理器来训练，那么可能需要几个月、甚至几年，因此必须要使用并行甚至是异构并行的方法来优化代码的性能才有可能让训练时间变得可以接受。

在深度学习应用领域，现在主流的深度学习平台都支持 GPU 的训练，GPU 已经是深度学习训练平台的“标准配置”。当使用通过 GPU 训练获得的深度学习模型时，同样需要考虑深度学习算法对硬件计算能力的需求。当前，AlphaGo 等很多大型人工智能系统都是运行在 GPU 组成的并行计算系统上的。

6.5 数字图像处理技术

6.5.1 数字图像处理基本概念及技术应用

图像处理也称为数字图像处理又称为计算机图像处理，它是指将图像信号进行分析、加工和处理，转换成数字信号并利用计算机对其进行处理的过程，使其满足视觉、心理及其他要求的技术。图像处理是信号处理在图像方面的一个应用。目前大多数的图像是以数字形式存储的，因而图像处理很多情况下是指数字图像处理。数字图像处理是信号处理的子类，但与计算机科学、人工智能等领域也有密切的联系。

图像处理主要包括三个层次的内容：初级图像处理、中级图像处理以及高级图像处理。其中，初级图像处理主要是指图像处理的基础知识及方法，如色彩模型、图像滤波、边沿检测、图像金字塔及直方图均衡化等技术；而中级图像处理主要包括图像的特征提取、图像分割等技术；高级图像处理主要包括目标检测、目标识别、场景描述、场景理解等技术。

图像处理中的基本内容包括图像变换、图像编码压缩、图像增强和复原、边缘检测（见图 6.10）、图像分割（见图 6.11）、图像分析、图像分类、图像检测（见图 6.12）、图像识别等方面。

图像处理的各个内容是互相有联系的。一个实用的图像处理系统往往结合应用几种图像处理技术才能得到所需要的结果。图像数字化是将一个图像变换为适合计算机处理的形式的第一步。图像编码技术可以传输和存储图像。图像增强和复原可以是图像处理的最后目的，也可以是为进一步的处理做准备。通过图像分割得出的图像特征可以作为最后结果，也可以作为下一步图像分析的基础。

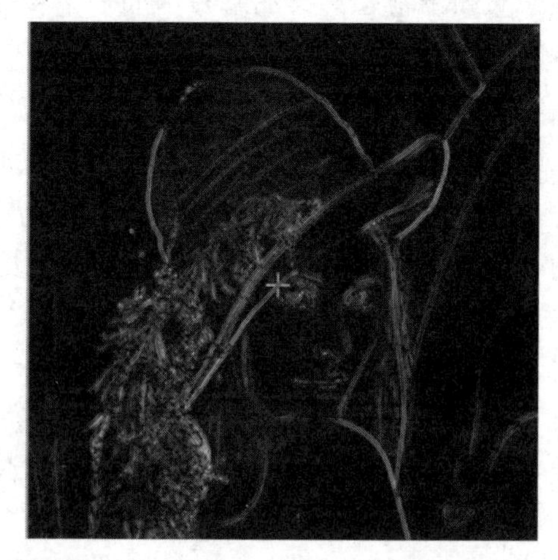

图 6.10　边缘检测

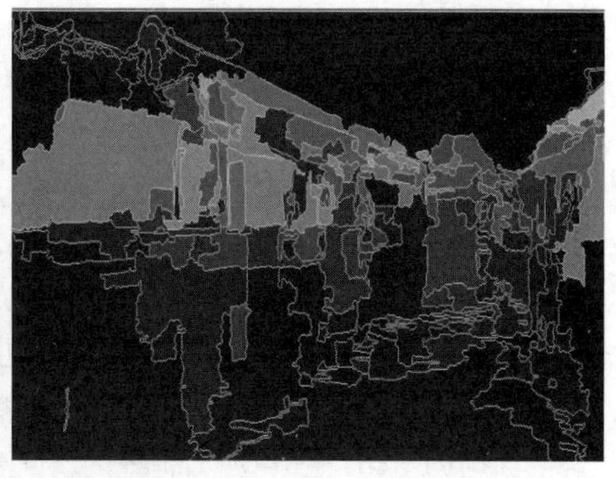

图 6.11　图像分割

图 6.12　图像检测

以图像分析和理解为目的的分割、描述和识别可以用于各种人工智能系统，如字符和图形识别，用机器人进行产品的装配和检验，军事目标自动识别和跟踪，指纹识别，X 光照片和血样的自动处理等。在这类应用中，往往需综合应用模式识别和计算机视觉等技术，图像处理更多的是作为前置处理而出现。图像处理技术在许多应用领域受到广泛重视并取得重大的开拓性成就，包括航空航天、生物医学工程、工业检测、机器人视觉、公安司法、军事制导、文化艺术等，因此该技术是人工智能系统的基础性技术之一。

6.5.2　一个完整的车牌识别系统

一个完整的车牌识别系统要完成从图像采集到字符识别输出，该过程相当复杂，从结构上，它可以分成硬件部分与软件部分，硬件部分包括系统触发、图像采集；软件部分包括图像预处理、车牌位置提取、车牌预处理、字符分割、字符识别，车牌识别系统的基本结构框图如图 6.13 所示。

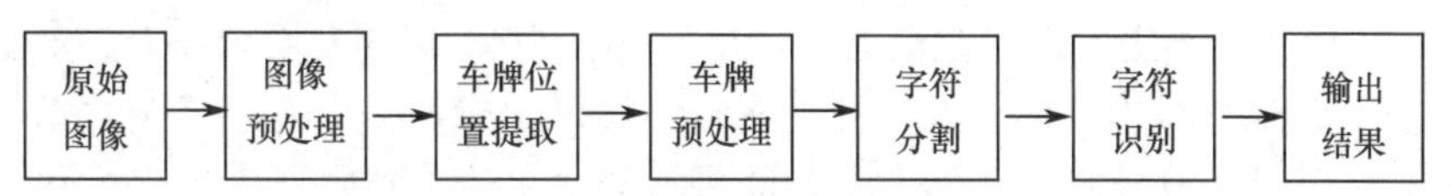

图 6.13　车牌识别系统的基本结构框图

（1）原始图像：由固定的摄像头、数码相机或其他扫描装置拍摄到的图像。

（2）图像预处理：对动态采集到的图像进行滤波、边界增强等处理。

（3）车牌位置提取：通过运算得到图像的边缘，再计算边缘图像的投影面积，寻找谷峰点以大概确定车牌的位置，再计算连通域的宽高比，剔除不在阈值范围内的连通域，最后便得到了车牌区域。

（4）车牌预处理：对提取到的车牌进行二值化、滤波、删除小面积等预处理。

（5）字符分割：利用投影检测的字符定位分割方法得到单个字符。

（6）字符识别：利用模板匹配的方法与数据库中的字符进行匹配从而认出字符。

（7）输出结果：得到最后的车牌，包括汉字、字母和数字。

图 6.14 中的流程图简要展示了车牌识别的基本过程。

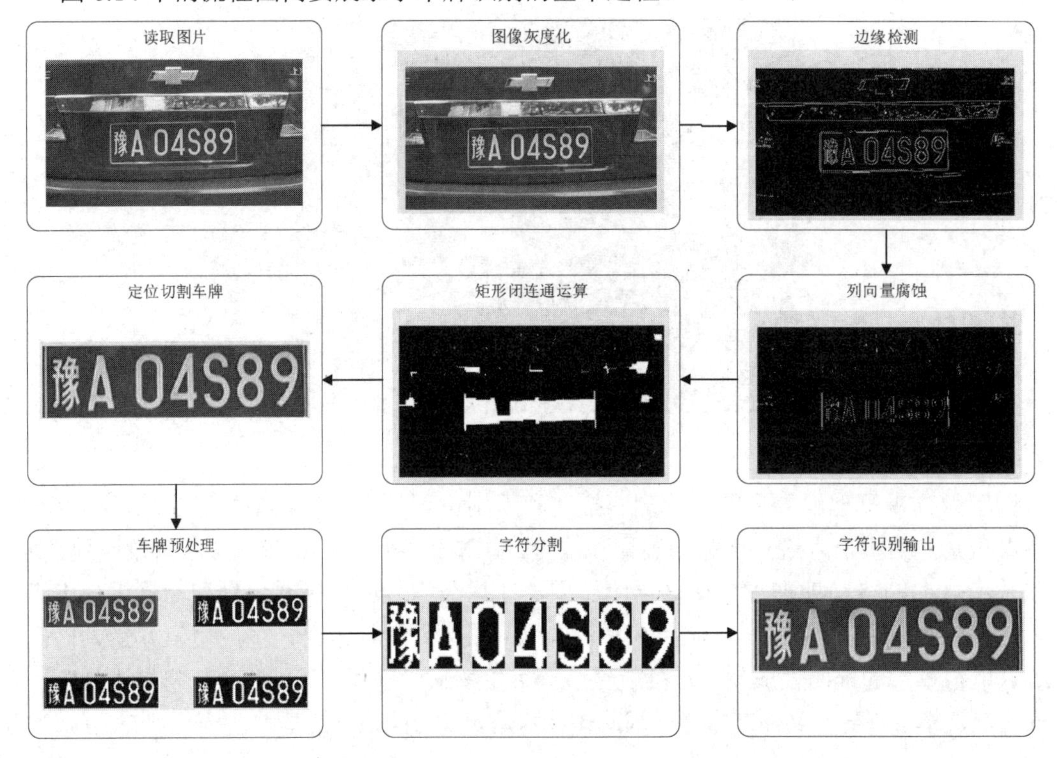

图 6.14　车牌识别的基本过程

6.6　人工神经网络技术

6.6.1　人工神经网络基本原理

作为人工智能“联结主义”的重要方法，从 20 世纪 40 年代发展到今天，走出了一条与物理符号主义截然不同的道路。人工神经网络不仅再次成为当今人工智能学术研究的核心，更在实际应用中大放异彩，成为人工智能领域的“主流”技术。人工神经网络在包括视觉、听觉等感知智能，机器翻译和语音识别、聊天机器人等语言智能方面、棋类、游戏等决策类应用方面，以及艺术创造等方面所取得的重要成就，证明了多年来联结主义路线的正确性，即以人类大脑神经系统为原型设计人工智能方法，也是结构主义思想的胜利。

生物神经元学说认为，神经细胞即神经元是神经系统中独立的营养和功能单元。生物神经系统包括中枢神经系统和大脑，均由各类神经元组成。生物神经元之间的相互联结从而让信息传递的部位被称为突触。突触按其传递信息的不同机制，可分为化学突触和电突触。其中，化学突触占大多数，其神经冲动传递借助于化学递质的作用。人工神经网络的实现是采用自下而上的方法，从大脑的神经系统结构出发来研究大脑的功能以及大量简单的神经元的集团信息处理能力及其动态行为。人工神经网络的研究出发点是以生物神经元学说为基础的。人工神经网络不关注大脑的内在的生物机制及自然智能的形成机制，而是将其功能通过结构化处理实现类似人类的智能，在网络结构上通过层次加深，模拟了人类大脑神经系统的复杂性，对大数据处理能力显著提升，借助计算机在计算方面的强大优势，在上述几个方面所能达到的智能水平已经远远超越人类。

6.6.2　人工神经网络研究内容

人工神经网络研究主要解决全局稳定性、结构稳定性、收敛性等问题，主要包含以下基本内容。

1. 传统人工神经网络模型的研究

人工神经网络模型的研究包括神经网络原型的研究，即大脑神经网络的生理结构、思维机制。神经元的生物特性如时空特性、不应期、电化学性质等的人工模拟易于实现的神经网络计算模型。利用物理学的方法进行单元间相互作用理论的研究，如联想记忆模型。

2. 传统人工神经网络基本理论的研究

人工神经网络的非线性特性包括自组织、自适应等。人工神经网络的基本性能包括稳定性、收敛性、容错性、鲁棒性、动力学复杂性。

认知科学探索包括感知、思考、记忆和语言等的脑信息处理模型。认知科学采用诸如人工智能等方法，将认知信息处理过程模型化，并通过建立神经计算学来代替算法论。

3. 人工神经网络的软件模拟和硬件实现

在通用计算机、专用计算机或者并行计算机上进行软件模拟，或由专用数字信号处理芯片构成神经网络仿真器。由模拟集成电路、数字集成电路或者光器件在硬件上模拟生物神经元实现类脑计算芯片或神经形态芯片、神经形态类脑计算机等。也可以通过软件模拟人脑神经网络结构构建虚拟神经网络，软件模拟优点是网络的规模可以较大，适合于验证新的模型和复杂的网络特性。

6.6.3　人工神经网络联结方式

按照拓扑结构可以将人工神经网络划分为前向网络和反馈网络。人工神经网络是一个复杂神经元联结系统，神经元之间的相互联结模式将对网络的性质和功能产生重要影响。神经元之间的联结模式种类繁多，图 6.15 所示的是一种基本的前向神经网络。

1. 前向网络（前馈网络）

网络可以分为若干“层”，各层按信号传输先后顺序依次排列，第 i 层的神经元只接受第 i–1 层神经元给出的信号，各神经元之间没有反馈。前馈型网络可用一有向无环路图表示，如图 6.15 所示。

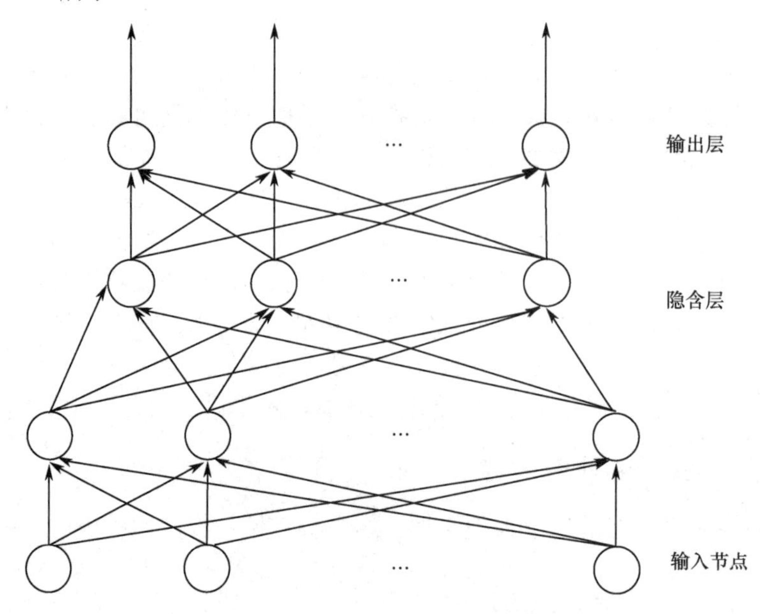

图 6.15 基本的前向神经网络

可以看出，输入节点并无计算功能，只是为了表征输入矢量各元素值。各层节点表示具有计算功能的神经元，称为计算单元。每个计算单元可以有多个输入，但只能有一个输出，它可送到多个节点作为输入，称输入节点层为第 i 层。计算单元的各节点层从下至上依次称为第 1 至第 N 层，由此构成 N 层前向网络。第一节点层与输出节点统称为可见层，而其他中间层则称为隐含层，其中的神经元称为隐节点。

2. 反馈网络

反馈网络是指，每个节点都表示一个计算单元，同时接收外加输入和其他各节点的反馈输入，每个节点也都直接向外部输出。典型的反馈神经网络如图 6.16（a）所示。在某些反馈网络中，各神经元除接收外加输入与其他各节点反馈输入外，还包括自身反馈。有时，也可以将反馈型神经网络表示为完全的无向图，如图 6.16（b）所示，图中，每个连接都是双向的。

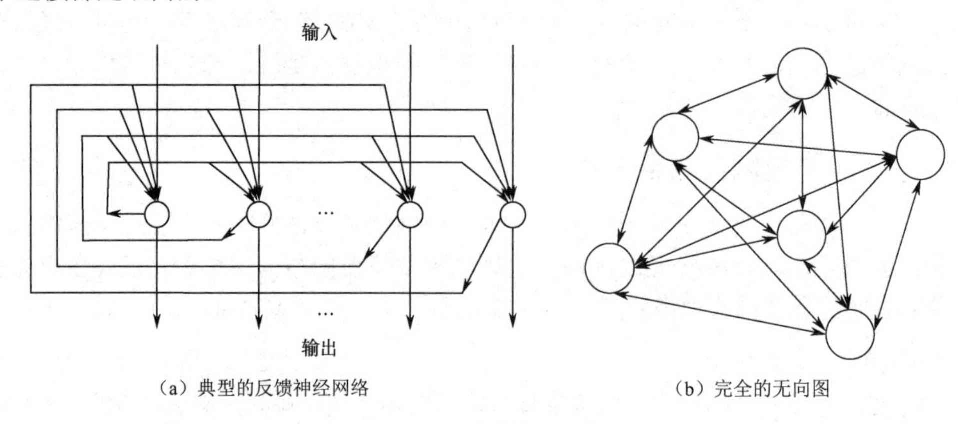

（a）典型的反馈神经网络　　（b）完全的无向图

图 6.16 反馈神经网络

以上介绍了两种最基本的人工神经网络结构，实际上，人工神经网络还有许多种连接形式，例如，从输出层到输入层有反馈的前向网络，同层内或异层间有相互反馈的多层网络等。在这些基本的人工神经网络基础上，进一步发展出结构更复杂、层数更多的所谓深层神经网络或深度神经网络，也就是当前最流行的人工智能技术之一，在 6.8 节介绍其基本概念和原理。

6.7　机器学习技术

6.7.1　机器学习定义及各主流方法

人类智能的重要而显著的能力是学习能力。无论幼小的孩子还是成人，都具备学习能力。人类的学习能力也是随着年龄增长而不断增强的。如果机器也能像人一样通过学习去掌握知识，那么这种机器产生“类人智能”甚至“超人智能”的可能性显然更大。一般来说，机器学习就是指计算机算法能够像人一样，从数据中找到信息，从而学习一些规律，其经典定义是利用经验来改善系统自身的性能。因为在计算机系统中经验通常是以数据的形式存在的，因此机器学习想要利用经验，就必须对数据进行分析。在现代大数据时代，大数据相当于“矿山”，想得到数据中蕴涵的“矿藏”还需要有效的数据分析技术，机器学习就是这样的技术。

机器学习是历史上各学派既相互竞争又相互融合发展的结果。与人工智能的各学派类似，机器学习也发展出很多学派。

1. 符号学派

符号学派开发了许多人工智能技术，符号学派使用基于规则的符号系统进行推理本质上是一种基于推理的学习方法，符号学派大部分都围绕着这种方法。20 世纪 80 年代，开发的一种符号推理系统试图用逻辑规则将人类对这个世界的理解进行编码。这种方法主要的缺陷在于其脆弱性，因为面对复杂多变的情况，僵化的知识库一般不适用，而现实是模糊和不确定的。符号学派发展出了基于案例的学习和决策树分类器等机器学习方法。

2. 贝叶斯学派

贝叶斯学派是使用概率规则及其依赖关系进行推理的一派。概率图模型是这一派通用的方法，主要计算机制是一种用于抽样分布称为蒙特卡罗的方法。这种方法与符号学方法的相似之处在于，可以以某种方式得到对结果的解释。这种方法的另一个优点是，可以在结果中表示的不确定性的量度。主要方法包括朴素贝叶斯和马尔科夫链。

3. 联结学派

从机器能够学习的角度看，联结主义所发展出的人工神经网络一直是一种重要的机器学习方法，只不过，在机器学习诞生之前，人工神经网络并没有在这方面发挥出应有的价值。在机器学习诞生之后，人工神经网络在机器学习中的作用越来越大，从早期的感知器到现在的深度学习，基于人工神经网络的机器学习方法事实上已成为该领域的核心方法。

4. 进化学派

进化学派是受到达尔文进化论启发的机器学习方法，该学派的主要思想是将进化过程看成一种学习过程。通过计算机模拟生物的进化过程，使机器具备通过逐步进化的过程形成学习能力，进而产生智能。20 世纪 60 年代到 70 年代，进化学派从基于细胞自动机的生命游戏发展到复杂自适应系统。进化学派发展出的遗传算法起源于模拟生物繁衍的变异和达尔文的自然选择，把求解问题的各种候选解当作物种的个体，模拟生物进化过程进行变异、交叉或重组，并模拟自然选择机制选择优化解并保留。自然计算领域的遗传算法早期是作为一种机器学习方法而使用的，后来实际上演变为只用于求解优化问题的算法。

5. 类推学派

类推学派更多地关注心理学和数学最优化，通过外推来进行相似性判断。类推学派遵循“最近邻原理”，其主要方法是支持向量机。

20 世纪 80 年代流行符号学派，其主导方法是知识工程。20 世纪 90 年代开始，贝叶斯学派发展了起来，概率论成为当时的主流思想，也就是统计机器学习。

从 20 世纪末至今，联结学派掀起热潮，人工神经科学和概率论的方法得到了广泛应用。人工神经网络可以更精准地识别图像、语音，做好机器翻译乃至情感分析等任务。同时，由于神经网络需要大量的计算，基础架构也从 20 世纪 80 年代的服务器变为大规模数据中心或者云计算中心。如今，各学派开始相互借鉴融合，21 世纪的前十年，最显著的特点就是联结学派和符号学派的结合，由此产生了记忆神经网络以及能够根据知识进行简单推理的智能体。

今后，联结学派、符号学派和贝叶斯学派将融合到一起，实际上已经出现这样的趋势，如 DeepMind 开发了贝叶斯与深度神经网络结合的深度学习方法，主要的局面将感知任务由人工神经网络完成，但涉及推理和行动还是需要人为编写规则。

总体上看，在人工智能发展的中期阶段，研究转向以数据分类为主的机器学习，这种方法主要处理的对象不是经典的符号或规则的知识，而是数据。从小规模的数据处理发展到大规模数据处理，机器学习产生了众多学习方法，这些方法有一部分受到人类学习行为和现象启发，也有一部分是纯粹的统计学方法。机器学习不仅方法多，更重要的是使人工智能更加实用化。特别是，人工神经网络发展出深层或深度神经网络后，在机器学习应用方面，从早期简单的感知器监督学习阶段发展到了以卷积深度神经网络为主要方法的深度学习阶段，且接连取得了一系列重大突破。可以说，机器学习技术是目前实现人工智能系统的核心和基础技术。

6.7.2 机器学习与机器智能

人类的学习能力是与生俱来的，随着年龄增长和受教育程度的提高而不断增强。那么机器如何获得学习能力呢？机器能像人一样具备学习能力吗？如果能的话，那么机器如何做到呢？机器具备了学习能力，是否就具有了智能或类人的智能？或者达到人类智能的水平？或者产生完全不同于人类的智能？这些问题都取决于机器如何能够具有学习能力。

首先，机器要有智能，必须要能主动获取和处理知识，主动获取知识是机器智能的瓶颈问题。机器学习的任务就是弄清人类的学习机制，进而将有关原理用于建立机器学习。理想目标是让机器通过书本、与人谈话、观察环境并与环境互动获取知识、积累经验。如果这一目标实现，机器就可拥有真正的智能。

其次，人类的学习能力远非其他动物所及。人类具备学习与识别事物和对对象进行分类的能力，还会学习抽象、概括、归纳，举一反三，最后能通过学习发现关系、规律、模式等。机器要具备类人的智能，也必须有类似的学习能力。

机器学习的目的就是专门研究机器（主要是计算机）怎样模拟或实现人类的学习行为，以获取新的知识或技能，重新组织已有的知识结构使之不断改善自身的性能，从而实现机器智能。机器学习是使计算机等机器具有智能的重要途径之一。人类在成长、生活过程中积累了很多的历史与经验，人类定期地对这些经验进行归纳，获得了生活的规律。当人类遇到未知的问题或者需要对未来进行推测时，人类利用这些规律，对未知问题与未来进行推测，从而指导自己的生活和工作。机器学习中的训练与预测过程与人类的类似。但是，由于机器只是通过编程和算法处理各种数据，而不具备主观理解、解释、逻辑、因果推理能力、形成或获取常识的能力，因此，要通过现阶段的机器学习技术使机器具备类人智能，还有很大差距。但是，机器学习进行各种数据分析和处理的能力又是人类智能所无法比拟的。因此，机器学习使机器呈现出机器独有的智能性，与人类的智能有了很大区别。

6.7.3　机器学习类型

机器学习是一个庞大的家族体系，涉及众多算法、任务和学习理论，像人类的学习方式一样，机器学习也有很多种类型。图 6.17 是机器学习的主要类型。

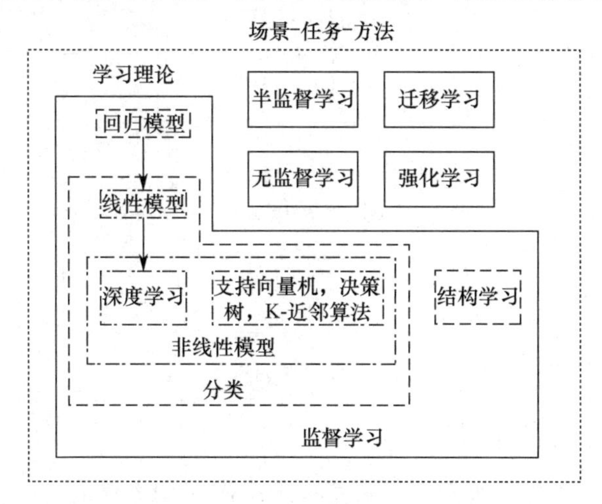

图 6.17　机器学习的主要类型

按照任务类型划分，机器学习可以分为回归模型、分类模型和结构化学习模型。回归模型又称为预测模型，输出是一个不能枚举的数值；分类模型又分为二分类模型和多分类模型，常见的二分类问题有垃圾邮件过滤等，常见的多分类问题有文档自动归类等；结构化学习模型的输出不再是一个固定长度的值，如图片语义分析，输出是图片的文字描述。

按照方法类型划分，机器学习可以分为线性模型和非线性模型，线性模型较为简单，但作用不可忽视，线性模型是非线性模型的基础，很多非线性模型都是在线性模型的基础上变换而来的。非线性模型又可以分为传统机器学习模型和深度学习模型。

按照不同的学习理论划分，机器学习可以分为有监督学习、半监督学习、无监督学习、迁移学习和强化学习。

监督或无监督指的是对学习模型进行训练所需要的样本是否需要实现进行人工标注或打标签，就是人工对数据事先进行分成不同的类别。因为机器不会像人自动对输入的数据进行分类或对不同的模式进行识别，而人类大脑对模式的识别能力一部分是与生俱来的，一部分也是后天学习与训练而获得的。机器不具备这样的能力，因此必须对输给它的数据进行标注，将这种打好标签的数据输入给机器学习算法或系统，才能使系统具备一定的学习能力，完成分类、预测等任务，表现出一定的决策能力。因此，对机器学习来说，当训练样本带有标签时，是有监督学习；当训练样本部分有标签，部分无标签时，是半监督学习；当训练样本全部无标签时，是无监督学习。

监督学习也称为有教师学习。将机器学习过程看作教师教授学生的过程。人类事先对数据进行标注，再交给计算机处理，就相当于教师教授学生。对于机器来说，标注好的数据就是训练数据集，机器学习就是从给定的训练数据集中学习出一个函数，当新的数据也就是类别未知的数据输入给机器时，它就可以根据这个函数来预测结果，这个对新数据分析的过程也是一个测试过程。要求监督学习的训练集包括输入和输出，也可以说是特征和目标。图 6.18 所示的是一个监督学习框架或有教师学习框架。

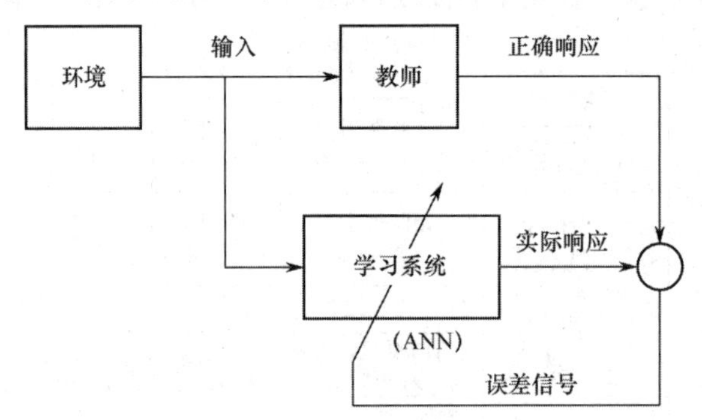

图 6.18　监督学习框架

6.7.4　大数据与机器学习

传统的机器学习方法首先找到一个新的样本空间，从中提取一些特征信息，然后以少量数据作为训练样本建立模型，再将测试数据与模型进行匹配，达到对数据进行分类的目的，该过程如图 6.19 所示。

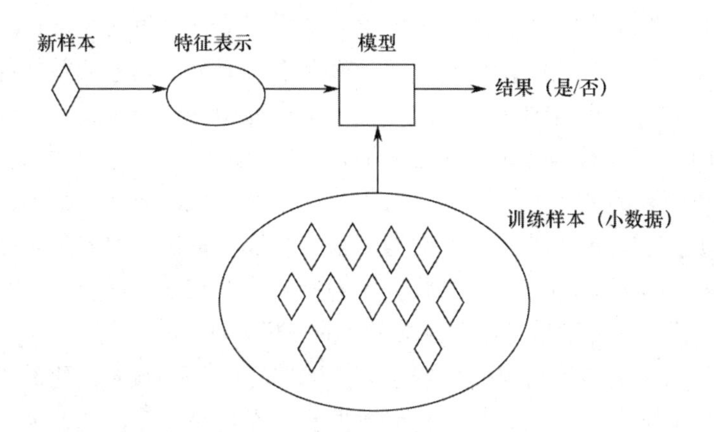

图 6.19　传统的机器学习方法

大数据技术改变了机器学习的方法，主要是传统机器学习的特征提取和建模过程被大数据取代，基于大数据的机器学习的方法如图 6.20 所示。

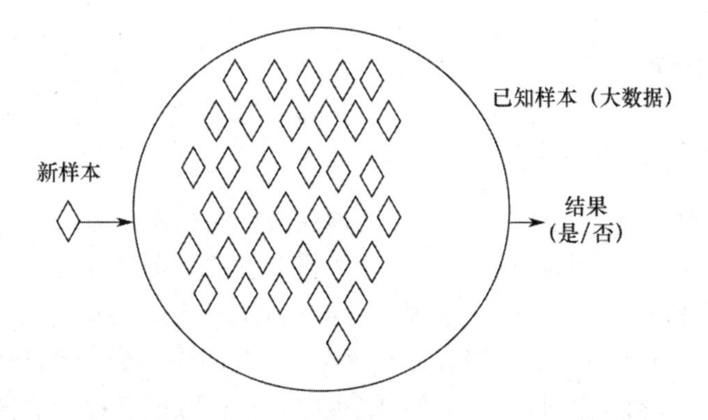

图 6.20　基于大数据的机器学习的方法

在大数据量的机器学习中，数据量越大，就越不容易建立模型，这是因为样本空间本身就将模型包含在内了。这时，需要考虑如下问题。

（1）数据的覆盖度：对所有或大部分事件，是否有足够的样本来覆盖。

（2）数据的精度：对高频事件，是否有足够的样本来提升其精度。

大数据技术具有从各种类型的数据（包括结构化、半结构化和非结构化数据）中快速获得有价值信息的能力。传统数据分析技术注重利用预先设定的统计方法对数据进行分析，发现数据的价值。与传统数据分析相比，大数据技术的一个核心目标是，要从体量巨大、结构繁多的数据中挖掘出隐含的规律，进而获得最大的价值。从大量结构繁多的数据中挖掘隐含规律必须与机器学习相结合，由计算机代替人去挖掘信息，获取知识。大数据技术的目标实现与机器学习的发展密切相关。

大数据的发展从研究方向、评测指标及关键技术等方面对机器学习提出了新的需求。随着各行业对大数据分析需求的持续增长，通过机器学习高效地获取知识，已逐渐成为机器学习技术发展的主要推动力。

大数据的核心是利用数据的价值，机器学习是利用数据价值的关键技术，对于大数据而言，机器学习是不可或缺的。相反，对于机器学习而言，越多的数据越能提升模型的精确性，同时，复杂的机器学习算法的计算时间也迫切需要分布式计算与内存计算这样的关键技术。因此，机器学习的兴盛也离不开大数据的帮助。大数据与机器学习两者是互相促进，相依相存的关系。机器学习与大数据紧密联系，但是大数据并不等同于机器学习，同理，机器学习也不等同于大数据。也就是说，机器学习仅仅是大数据分析中的一种而已。尽管机器学习的一些结果具有很大的魔力，在某种场合下是大数据价值最好的说明，但这并不代表机器学习是大数据唯一的分析方法。

在大数据时代，有很多优势促使机器学习能够广泛应用。例如，随着物联网和移动设备的发展，图片、文本、视频等非结构化数据及种类越来越多，这使得机器学习模型可以获得越来越多的数据。同时大数据技术中的分布式计算使得机器学习的速度越来越快，可以更方便地使用。种种优势使得机器学习尤其是深度学习针对大数据的优势得以凸显。

6.8 深度学习技术

6.8.1 深度学习概念与含义

深度学习是机器学习的分支，通常与深度神经网络相关联。深度学习作为机器学习算法中的核心技术，本质是对观察数据进行分层特征表示，实现将低级特征通过神经网络来进一步抽象成高级特征表示，是一种基于对数据进行表征学习的方法。

从 2006 年至今，研究人员已经开发出数种深度学习框架，如深度神经网络、卷积神经网络、深度置信网络和递归神经网络等，已被应用在计算机视觉、语音识别、自然语言处理、音频识别与生物信息学等领域并取得了极好的效果。

与机器学习方法一样，深度机器学习方法也有监督学习与无监督学习之分，不同的学习框架下建立的学习模型也是不同的。例如，卷积神经网络（Convolutional Neural Networks，CNNs）是一种监督学习下的机器学习模型，而深度置信网络（Deep Belief Nets，DBNs）是一种无监督学习下的机器学习模型。

深度学习与其他机器学习方法、大数据等技术的关系比较紧密，图 6.21 给出大数据、深度学习、机器学习、人工神经网络、人工智能之间的关系。

机器学习和人工神经网络都是实现人工智能的方法。深度学习通常使用人工神经网络，常见的具有多个隐含层的多层感知机（MLP）就是典型的深度架构。深度学习将浅层人工神经网络模型在层次上变得更为复杂，从而使模型对数据信息处理更加深入。深度学习代表机器学习和人工智能现阶段的最高水平，也使模拟脑神经网络结构实现人工智能的联结主义或结构主义在与符号主义几十年来的较量取得重大胜利。

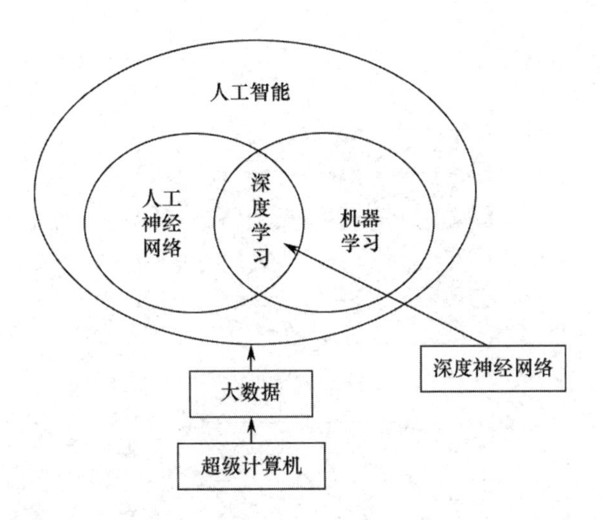

图 6.21　大数据、深度学习、机器学习、人工神经网络、人工智能之间的关系

6.8.2　深度学习与浅层学习

传统的机器学习方法中，多层感知机实际是一种只含有一层隐含层节点的浅层学习模型，其他机器学习方法如 SVM、Boosting 都是带有一层隐含层节点，或没有隐含层节点的浅层模型。浅层学习的局限性是在有限样本和计算单元情况下对复杂函数的表示能力有限，针对复杂分类问题其泛化能力受限。深度学习克服了浅层学习的局限性，指出多个隐含层的人工神经网络具有优异的特征学习能力，学习得到的特征对数据有更本质的刻画，从而有利于数据可视化或数据分类。深度模型是手段，特征学习是目的。

深度学习与浅层学习区别如下。

（1）深度学习强调了模型结构的深度，通常有 5～10 多层的隐含层节点；深度一词没有具体的特指，一般要求有很多层隐含层（一般指 5 层、10 层、几百层甚至几千层）。

（2）浅层学习明确突出了特征学习的重要性，通过逐层特征变换，将样本在原空间的特征表示变换到一个新特征空间，从而使分类或预测更加容易。与人工规则构造特征的方法相比，利用大数据来学习特征，更能够刻画数据的丰富内在信息。其优点是可通过学习一种深层非线性网络结构，实现复杂函数逼近，表征输入数据分布式表示。

深度网络的核心问题是学习，从而得到针对其输入模式的期望输出。这样的调整是基于训练样本集自动执行的，而训练样本集中包含输入模式及期望的输出结果。然后，学习过程通过调整权重得到训练输入模式的期望输出。成功的学习会让网络超越记忆训练样本的情况，而且使其能够泛化，为学习过程中从没见过的新输入模式提供正确的输出。

以辛顿为首的新联结主义者强调，有必要区别浅层神经网络架构的宽度与神经元分层架构的深度。他们可以证明深度优于宽度，即当数据和尺寸增加时，只有深度是可计算的并且可以设法捕获数据特征的多样性。如图 6.22 所示的过程，在三层或浅层神经网络基础上［见图 6.22（a）］，可以进一步发展出多层的和不同结构的神经网络［见图 6.22（b）］。目前流行的深度神经网络［6.22（c）］及深度学习正是在传统人工神经网络基础上逐渐发展而成的。

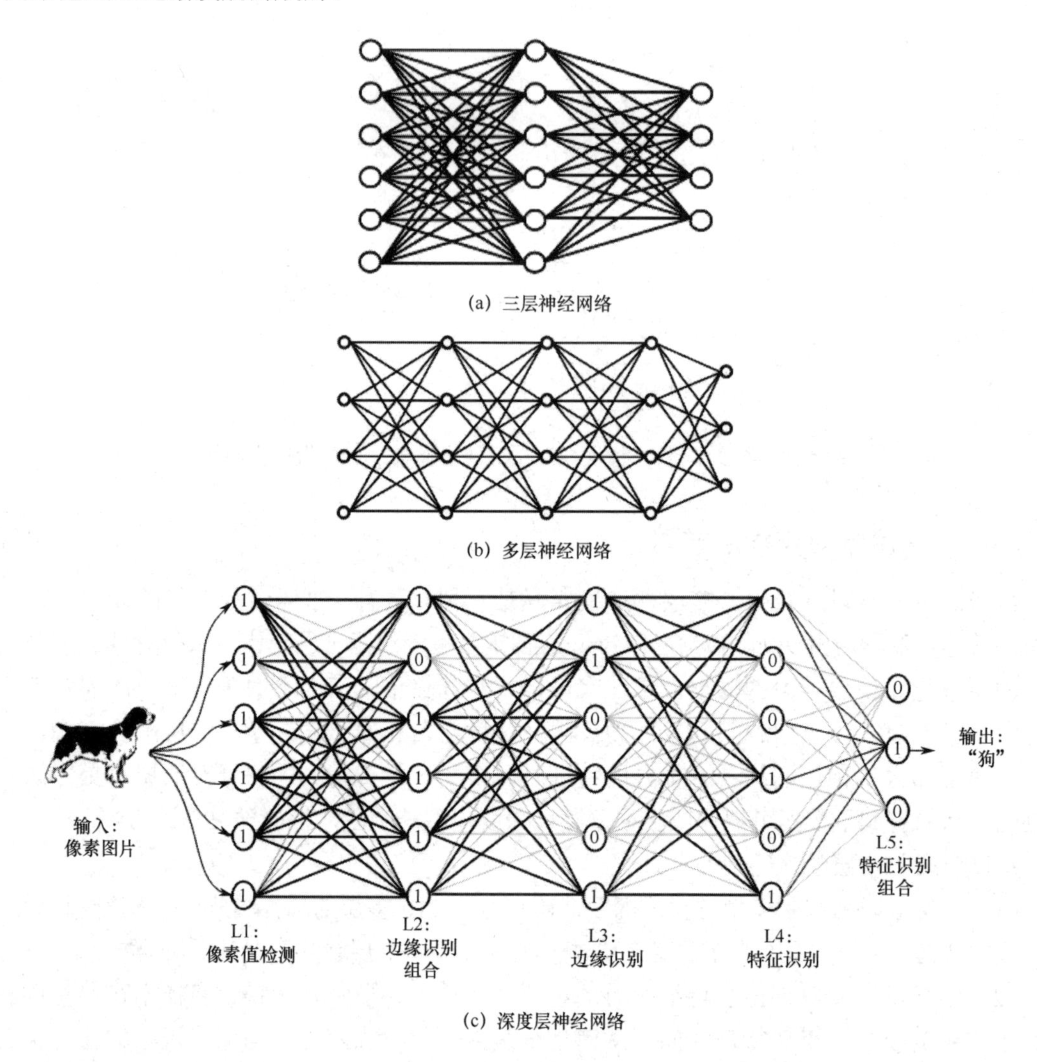

图 6.22　深度神经网络的设计过程

浅层神经网络只有很少的层，但每层都有许多神经元。这些“富有表现力的”网络是计算密集型的。深度神经网络有很多层，但每层的神经元相对较少，它可以使用相对较少的神经元实现高度抽象。人工神经网络通过多层数字神经元对图像、语音、文本等输入数据进行处理。当数据输入到网络时，每个触发的神经元（标记为“1”）向下一层的某些神经元发送信号，如果接收到多个信号，那么这些神经元可能被触发。这个过程反映了关于输入的抽象信息，每层都揭示了输入的深层特征。数学家们正在揭示神经网络的结构是怎样的，包括它有多少个神经元和层，以及它们是如何联结的？如何决定神经网络擅长的任务种类？

6.8.3　深度学习的实质及其应用

与大多数机器学习技术需要事先给训练数据提取特征做标注不同，深度学习直接把海量数据投放到算法中，系统会自动从数据中学习。如“Google Brain”识别猫的算法，在训练数据时不用告诉机器“这是一只猫”，深度学习系统自己找到了什么是“猫”这个分类。

机器学习需要对提取特征做标注，需要人工的专业知识和经验。由于这部分人工操作对最终算法的准确性起到非常关键的作用，不但非常消耗时间和精力，并且如果混入一些不准确或是错误的数据，那么很可能会前功尽弃。既然手工选取特征不太好，人类也不可避免的有主观偏差，那么能不能自动地学习一些特征呢？深度学习方法可以解决这个问题，也就是无监督学习特征提取，不再需要人类参与特征的选取过程。

深度学习的基础模型之一——卷积神经网络的研究实际上受到了神经科学的启发（7.1.3 节介绍）。最初神经科学家发现了瞳孔与大脑皮层神经元的对应关系中一些有趣的现象，即人眼和大脑合作识别物体时，通过神经元互相合作很可能有一个分层次识别过程。基于卷积神经网络的深度学习技术正是运用了类似的分层次抽象思想，更高层次的概念从低层次的概念学习得到，而每层都是自底向上的，对没有人工标注的数据进行学习，最后再用人工监督自顶向下反向进行调优。这一点也为深度学习赢得了重要的优势。

与机器学习所需要的依靠人工建立特征的方法相比，利用大数据来自动提取学习特征，其实质是通过构建具有很多个隐含层的机器学习模型和海量的训练数据，来学习更有用的特征，从而最终提升分类或预测的准确性。

与传统人工神经网络的迭代训练需要过于复杂的计算量不同，深度学习并不同时训练所有层，研究人员提出了更为有效地降低训练上的计算量和减少训练偏差的方法。其基本思想就是自底向上每次只训练一层网络，通过非监督学习来逐层初始化网络，当所有层训练完之后，再自顶向下反向传播优化。即使这样，深度学习也是需要很大的计算量。但是，得益于 GPU 技术及大规模集群技术的兴起，深度学习训练时间不断缩短，因此在实践中有了用武之地。

深度学习结合大数据和超强的计算技术已经在很多特定领域发挥了巨大的作用，如人脸识别、语音识别、机器翻译、文本处理及多模态信息处理等。

深度学习颠覆了语音识别、图像分类、文本理解等众多领域的传统算法设计思路，渐渐形成了一种从训练数据出发，经过一个端到端的模型，然后直接输出得到最终结果的一种新模式。这不仅让一切变得更加简单，而且由于深度学习中的每层都可以为了最终的任务来调整自己，最终实现各层之间的通力合作，因而可以大大提高完成任务的准确度。

深度学习在 AlphaGo、无人驾驶汽车、计算机视觉、生物特征识别、语音识别、自然语言理解等方面取得很好进展，对工业界产生了巨大影响。现在，随着数据量和计算能力的不断提升，以深度学习为基础的诸多人工智能系统应用逐渐成熟。

6.8.4 深度学习的局限

尽管深度学习技术在诸多领域都能够显示出超越传统机器学习技术的巨大优势，学术界和工业界对深度学习技术有着十分乐观的预期，但是，事实表明，与所有过去的人工智能系统一样，深度学习系统在面对与训练数据不同的新的数据时，也会表现出不可避免的错误和脆弱性，导致出现无法预测、不可控，甚至无法解释的错误。这是因为这些系统容易受到捷径学习的影响。

捷径学习是指算法从训练数据中挖掘和统计关联性，从而计算得出正确答案，但有时会学习其中错误的关联关系，而没有抓住数据背后因果关系或内在实质性问题。换句话说，这些算法没有学习到人类试图教给它们的概念和映射关系，而是在走捷径，在训练集中找到捷径来达到仅在训练集中完成任务的目的，而这样的捷径会导致错误的结果。

事实上，深度学习系统不会学习抽象的概念，从而无法使它们能够将所学到的知识推广应用到新的情况或任务中。此外，这些系统很容易受到对抗性扰动的攻击，特别性扰动是指人类对输入进行特定的更改，这些更改要么是不知不觉的，要么是与人类无关的，都会导致深度学习系统学习和训练结果错误，甚至荒谬的结果。如图 6.23 所示，以图像识别为例，只需对输入的图像进行特定的更改，深度学习系统就会将 3D 打印的乌龟认作步枪。因此，人们可以看出深度学习系统实际上并不理解所处理和所输入的数据，至少不是人类大脑意义上的“理解”。

图 6.23　3D 打印乌龟被深度学习系统识别为步枪

深度学习在应用中显现出许多不可克服的严重缺陷。如稳定性差、不可解释、“黑箱”安全隐患等。深度学习局限于在场景封闭的条件下解决问题，诸如围棋博弈等，难以灵活解决不可封闭化的问题，如家庭、养老院等环境中的机器人服务问题。

另外，能耗问题也是一个比较严重的缺陷。目前，一些深度学习模型不断被开发出来，这些网络模型往往包含了数以亿计的参数，是一个复杂的系统，其背后的决策机制根本不透明。加上能耗问题，这样的深度学习硬件开销无法普及应用。

由于深度学习自身存在的严重缺陷和安全等问题，不能在工业控制和嵌入式系统上广泛应用。

尽管业界的研究人员已经对深度神经网络的局限性进行了广泛的研究，但人类对其脆弱性的根源仍未完全了解。深度学习技术的不可解释等局限性也是导致人工智能伦理问题的主要原因。

6.9　本章小结

人工智能发展的重要目标之一是能够为人类社会创造社会和经济价值。与其他传统科学技术不同之处在于，人工智能技术复杂多样，没有统一的理论和方法基础。同时，又作为一种基础性领域，面向社会各行业各类实际问题，采用不同的方法和技术加以解决。在设计人工智能系统或平台时，需要综合利用物理层面的软件技术和硬件技术，也需要人类智能启发或模仿人类智能所提出的各种算法。本章的学习有助于理解开发一个实际应用的人工智能系统需要用到哪些基础性技术。

习题 6

1. 传感器技术在人工智能领域起什么作用？
2. 大数据技术在人工智能领域起什么作用？
3. 并行计算技术在人工智能领域起什么作用？
4. 数字图像处理技术在人工智能领域起什么作用？
5. 人工神经网络技术在人工智能领域起什么作用？
6. 机器学习技术在人工智能领域起什么作用？
7. 人工神经网络、机器学习与深度学习的关系是怎样的？深度学习技术在人工智能领域起什么作用？

第7章　机器智能

本章学习目标

1. 学习和理解支撑机器智能涉及的主要方向和内容。
2. 学习和理解模拟人类智能实现机器智能的不同技术。
3. 从机器智能角度思考人工智能的应用问题。

学习导言

无论人工智能算法多么先进，最终都要落实到一个硬件平台或一个载体在物理层面实现。从人工智能发展的初期至今，这种载体主要是电子计算机。但是，早期的电子计算机效率低，无法承载大量的数据和信息处理任务。随着半导体电子技术的发展，电子计算机的效率越来越高，与此同时，人工智能算法也越来越复杂，使得电子计算机能够利用算法处理海量数据或大数据。深度神经网络算法结合高效的计算能力，处理海量的图像、文本、声音等数据，机器展示出了独特的智能性，甚至远远超越了人类在某方面的智能。因此，机器智能已经成为与人类智能相对的一种新颖的智能形态。机器智能可以推动人工智能和自然智能的研究和发展，更重要的是，机器智能可以辅助、增强、提高人类智能的性能水平，从而可以使人类更好地认识世界和适应世界。

本章主要从实现机器智能的角度，介绍包括感知智能、认知智能、行为智能、语言智能、类脑智能、混合智能等几方面在内的技术基础。这些技术基础也是目前人工智能的重点研究方向和领域。

7.1　感知智能

感知智能是指机器对外界的感知能力。机器是通过对人类或动物的听觉、触觉、味觉、嗅觉等感知能力的模拟形成感知智能。例如，模拟人类的视觉，让机器像人一样具有灵敏的视觉和观察力，甚至理解能力。由于其他感知能力都没有视觉应用更广泛，因此，实际发展的机器感知智能以图像处理、机器视觉、计算机视觉等技术为主。机器感知智能在人脸识别等方面的应用已经可以媲美人类甚至超越人类。当前的人工作智能技术依然主要集中在感知层面，即用人工智能技术模拟人类的听觉、视觉等感知能力。

7.1.1　视觉感知智能原理

以视觉感知为例，人类视觉系统也就是视觉信息处理系统，主要由角膜、虹膜、晶状体及视网膜组成，如图7.1所示。

人眼的视觉特性是一个多信道模型，或者说，它具有多频信道分解特性。人眼的视网膜上就像存在许多独立的线性带通滤波器，使图像分解成不同频率段，视觉生理学的进一步研究还发现，这些滤波器的频带宽度是倍频递增的，换句话说，可以将视网膜中的图像分解成某些频率段，它们在对数尺度上是等宽度的。这种效果在实际中就是对于一幅分辨率低的风景照，人可能只能分辨出它的大体轮廓；提高分辨率的结果是人有可能分辨出它所包含的房屋、树木、湖泊等内容；再进一步提高分辨率，人就能分辨出树叶的形状，不同分辨率能够刻画出图像细节的不同结构。

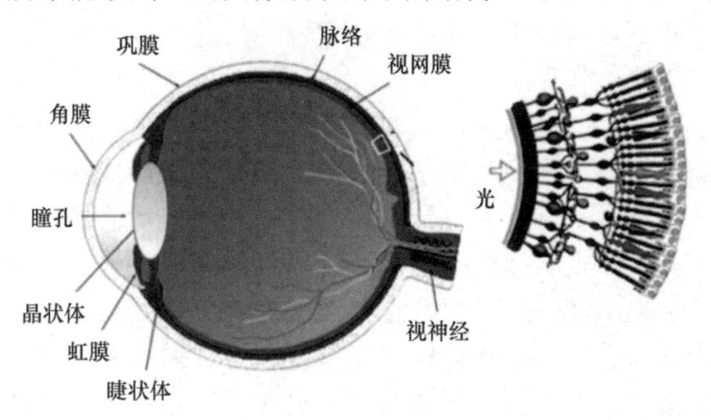

图 7.1　人眼结构

认知心理学研究表明，在分析复杂的输入景象时，人类视觉系统采取了一种串行的计算策略，即利用选择性注意机制，根据图像的局部特征选择景象的特定区域，并通过快速的眼动扫描，将该区域移到具有高分辨率的视网膜中央凹区，实现对该区域的注意，以便对其进行更精细的观察与分析。视觉注意机制能够帮助大脑滤除其中的干扰信息，并将注意力集中在感兴趣的目标上。这可看成将全视场的图像分析与景象理解通过较小的局部分析任务的分时处理来完成。

人的视觉感知过程基于一个重要的理论，即特征整合理论；其中两种机制包括自下而上的机制和自上而下的机制。特征整合理论认为，视觉注意机制的作用是把目标的各种属性以一种恰当的方式整合在一起，形成目标雏形。也有专家认为，在视觉注意的初期，输入信息被拆分为颜色、亮度、方位、大小等特征并分别进行平行的加工，在这一过程中并不存在视觉注意机制，视网膜平行的处理各种特征；在此之后，各种特征将会逐步整合，整个整合过程需要视觉注意的参与，最终形成显著性图。这种解释接近现代的深度神经网络识别图像的过程。

7.1.2　机器感知智能与视觉智能

从建立通用的机器视觉系统的角度来看，关键不是机械地模仿人类视觉系统，而是通过对人类视觉系统的研究发现什么因素使人类的“性能“如此之好，并且把它结合到机器视觉系统中去。

机器感知智能是以图像处理、视觉传感器、计算机等为基础，以模拟人或动物的视觉形成的机器视觉智能，机器视觉智能是指机器以计算机视觉为基础形成的视觉智能。从目标角度看，计算机视觉就是用各种成像系统代替视觉器官作为输入敏感手段，由计算机通过各种图像处理方法来代替大脑完成处理和解释，是对包括人类视觉在内的生物视觉的一种模拟。计算机视觉的最终研究目标就是使计算机具有通过二维图像认知三维环境信息的能力，从而能像人那样通过视觉观察和理解世界，具有自主适应环境的能力，这是一个要经过长期的努力才能达到的目标。因此，在实现最终目标以前，人类努力的中期目标是建立一个视觉系统，这个系统能依据视觉敏感和反馈的某种程度的智能完成一定的任务。例如，计算机视觉的一个重要应用领域就是，自动驾驶汽车的视觉导航或机器人的视觉导航，但目前的技术水平达不到人类识别和理解复杂环境并处理突发事件，从而完成自主导航的程度。因此，人类努力的研究目标是实现在高速公路上具有跟踪、识别能力，可避免与前方车辆碰撞的视觉辅助驾驶系统。对于机器人而言，主要使其具备目标跟踪和识别。

从技术或工程学角度看，计算机视觉的目标是，将人类视觉系统的功能机器化，它以图像处理技术、信号处理技术、概率统计分析、计算几何、神经网络、机器学习理论和计算机信息处理技术等为基础，通过计算机分析与处理视觉信息，从而建立从图像或多维数据中获取信息的机器视觉智能系统，让计算机能获取、处理、分析数字图像以及从真实世界中提取高维数据和信息。机器这种对图像的分析处理能力，本质上是利用几何学、物理学、统计学和学习方法构建模型以解析图像数据中的符号信息。计算机视觉研究主要包括场景重建、事件检测、视频跟踪、目标识别、三维位姿估计、运动估计和图像恢复等问题。

机器视觉智能主要受到人类视觉启发，但在实际发展和应用中，机器已经形成了不同于人类视觉的视觉智能，其与人类视觉的最大区别在于并不局限于二维可见光，而是利用各种光学传感器，探测三维高分辨率光、红外线、紫外线、多光谱、激光等人眼无法处理的光学及图像信息。实际上，机器已经发展出不同于人类的视觉感知智能。

7.1.3 卷积神经网络及其原理

一般来说，如图 7.2 所示，图像的高层特征往往是由一些基本结构（浅层特征）组成的，可以用一些结构性特征表示。从不同的目标识别分类训练中学习特征提取。

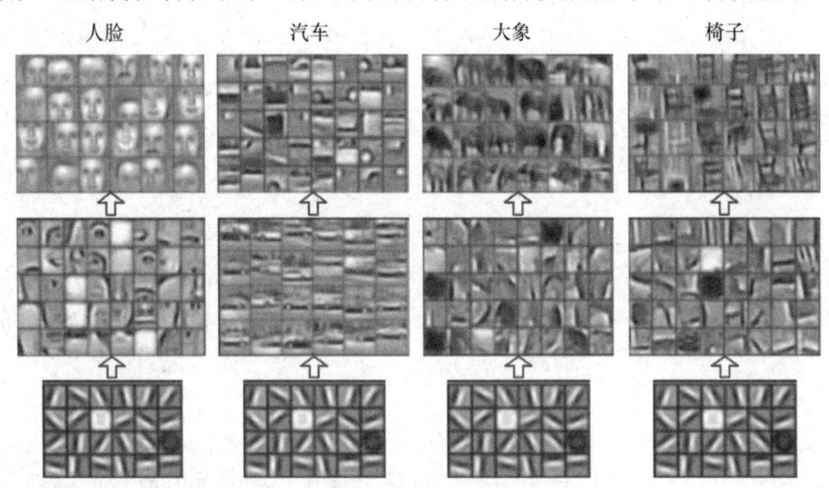

图 7.2　图像的特征组成

早在 20 世纪 60 年代，诺贝尔医学奖获得者休伯尔等人在生物学研究中发现，视觉信息从视网膜传递到大脑中是通过多个层次的感受野激发完成的。1981 年，休伯尔等人进一步发现了视觉系统的信息处理机制。他们发现，当瞳孔发现了眼前的物体的边缘，而且这个边缘指向某个方向时，一种被称为方向选择性细胞的神经元细胞就会变得活跃。

图 7.3 所示的是视觉信息在大脑中的传递过程。大脑皮层将人的视觉神经捕捉到的信号转换为真实的形象。大脑中处理视觉信息的部位可简化理解为五个区域，生物学家将它们分别称为 V1、V2、V3、V4 和 IT 区。V1 区的神经元只针对整个视觉区域中很小的一部分做出反应，例如，某些神经元一旦发现一条直线，就变得异常活跃。这条直线可以是任何事物的一部分，也许是桌边，也许是地板，也许是这篇文章某个字符。眼睛每扫视一次，这部分神经元的活动就可能发生快速变化。生物学家发现，在大脑皮层顶层的 IT 区，物体在视野的任何地方出现（如一张脸），某些神经元会一直处于固定的活跃状态中。也就是说，人类的视觉辨识是从视网膜到 IT 区的，神经系统从能够识别细微特征到逐渐转变为能够识别具体目标。如果计算机视觉也可以拥有类似大脑皮层的功能，那么计算机识别的效率将大为提高，人眼视觉神经的运作为计算机视觉技术的突破提供了启发。

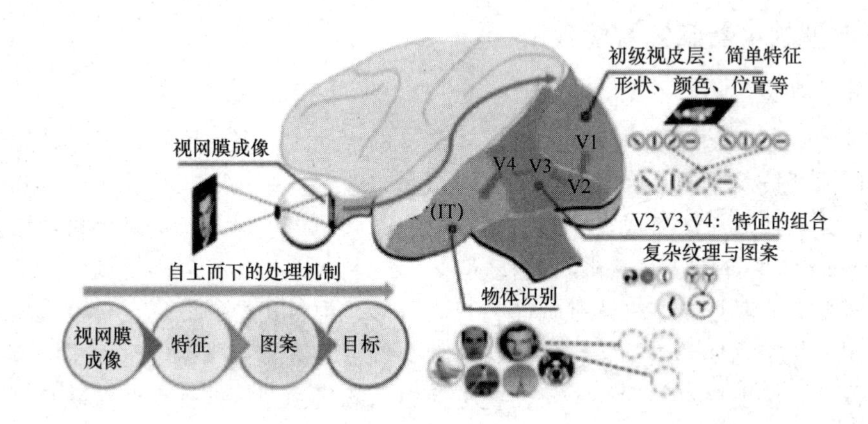

图 7.3　视觉信息在大脑中的传递过程

1984 年，福岛邦彦等人构造出的一个基于局部感受野概念的神经网络，该模型受人眼视觉抽象的过程启发而成，广泛用于图像和视频识别中。

人的视觉系统的信息处理是分级的。因此，将高层的特征看成低层特征的组合，从低层到高层的特征就会表现得越来越抽象，并且越来越能表现语义或者意图。抽象层面越高，存在的可能猜测就越少，就越利于分类。

深度神经网络模拟了人类这种视觉信息处理机制。在从低层到高层的处理过程中，神经网络的感受野越来越大，逐渐模拟了低级的 V1 区提取边缘特征，再到 V2 区的形状或者目标的部分等，再到更高层的 V4、IT 区等，高层的特征是低层特征的组合，从低层到高层的特征表现得越来越抽象。研究者详细对比了深度神经网络的高层与灵长类动物 IT 区在物体识别任务中的关系，发现深度卷积神经网络的高层能够很好地反映 IT 区的物体识别特性，证实了深度神经网络与生物视觉系统在某种程度上的相似性。这就是深度学习超越传统方法的根本原因。

基于深度神经网络的机器感知智能近些年的突飞猛进，在人脸识别、行为识别、图像分类、图像检测、图像识别等方面均取得惊人的效果，包括人脸识别在内的系统能够大规模推广、应用。这是传统机器学习方法所无法比拟的。

能够识别音乐的机器听觉

麻省理工学院（MIT）的研究人员利用机器学习算法中的深度神经网络，创造出了第一个可以在识别音乐类型等听觉任务上模拟人类表现的模型。

该模型由许多信息处理单元组成，通过输入大量的数据来训练此模型，以完成特定任务。这些模型第一次给人类提供一个能够执行对人类有意义的感官任务的机器系统，并且是在人类的水平等级上进行这项工作。从历史上看，这种感官的处理方式很难理解，部分原因是我们没有一个非常明确的理论基础，也没有一个很好的方法来对可能正在发生的事情进行开发建模。

这项研究发表在 2018 年的《Neuron》杂志。该研究也证明了人类的听觉皮层排列在一个等级分明的组织中，就像视觉皮质一样。在这种类型的排列中，感官信息经过连续的处理，基本信息处理得更早，而像单词含义一样的更高级特征在后期处理。

7.1.4 典型的机器感知智能应用

1. 工业机器视觉

在实际应用中，广义的机器视觉的概念与计算机视觉没有多大区别，泛指使用计算机和数字图像处理技术达到对客观事物图像的识别、理解。在实际工业应用中，将图像采集系统与计算机视觉算法集成在一起，为工业生产系统提供自动检测及为机器人提供导航手段形成一个应用领域——工业机器视觉。

工业机器视觉一般是通过机器视觉产品获取图形，再将获得的图形上传到数据处理单元，通过图形数字化处理进行物体尺寸、形状、颜色等区分和判别，进而根据判别信息控制相应设备，实现特定的功能。机器视觉应用系统包括图像捕捉、光源系统、图像数字化模块、数字图像处理模块、智能判断决策模块和机械控制执行模块。

如图 7.4 所示，一个典型的工业机器视觉系统包括：光源、镜头、相机、图像处理单元、图像处理软件、监视器、通信、输入/输出单元等。其工作原理是，机器视觉系统采用 CCD 照相机将被检测的目标转换成图像信号，传送给专用的图像处理系统，根据像素分布和亮度、颜色等信息，将模拟信号转换成数字信号，图像处理系统对这些信号进行各种运算来抽取目标的特征，实现自动识别功能。

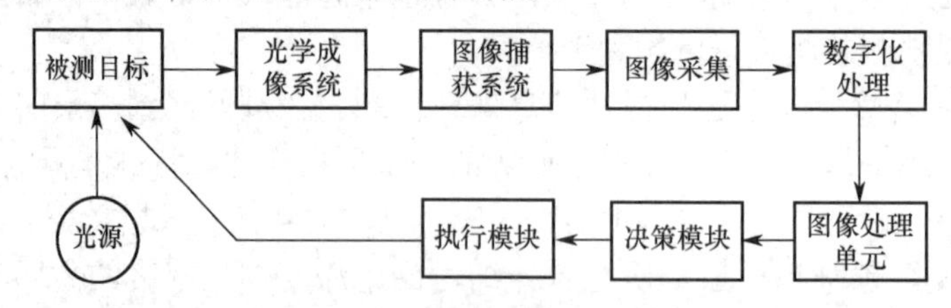

图 7.4　典型的工业机器视觉系统

通过上面的定义，工业机器视觉与计算机视觉之间的最直观的区别是，工业机器视觉需要光学或图像采集系统，也就是摄像头之类的装置。而计算机视觉则不一定要有摄像头之类的采集设备。但其共同的基础都是要从图像或图像序列中获取对世界的描述，因此都需要对基本层的图像获取、图像处理，中层的图像分割、图像分析和高层的图像理解等图像处理理论和技术的支撑。

除了工业现场的很多种机器需要视觉，还有一种特殊的机器就是机器人，机器人视觉是机器视觉研究的一个重要方向，它的任务是，为机器人建立视觉系统，使得机器人能更灵活、更自主地适应所处的环境，以满足诸如航天、军事、工业生产中日益增长的需要（例如，在航天及军事领域对局部自主性的需要，在柔性生产方式中对自动定位与装配的需要，在微电子工业中对显微结构的检测及精密加工的需要等），工业机器视觉、机器人视觉都是感知智能在特定领域或方向的应用，其共同的基础是图像处理和模式识别。

2. 模式识别

模式识别是指对表征事物或现象的各种形式的（数值的、文字的和逻辑关系的）信息进行处理和分析，以对事物或现象进行描述、辨认、分类和解释的过程，是信息科学和人工智能的重要组成部分。模式识别可分成抽象的和具体的两种形式，前者如意识、思想、议论等，属于概念识别研究的范畴，是人工智能的另一研究分支；后者就是我们所指的模式识别即主要是对语音波形、地震波、心电图、脑电图、图片、照片、文字、符号、生物传感器等对象的具体模式进行辨识。

模式识别常常又被称为模式分类，从处理问题的性质和解决问题的方法等角度，模式识别分为有监督的分类和无监督的分类两种，两者的主要差别在于，各实验样本所属的类别是否预先已知。一般说来，有监督的分类往往需要提供大量已知类别的样本，但在实际问题中，这是存在一定困难的，因此研究无监督的分类就变得十分有必要了。

在进行有监督的分类过程中，为了能让机器执行识别任务，必须先将识别对象的有用信息输入计算机，为此，必须对识别对象进行抽象，建立其数学模型，用以描述和代替识别对象，为了更好地理解模式识别的过程，我们先举一个人类识别过程的实例作为对照，一个完整的模式识别过程包括三个模块：学习模块、测试模块和验证模块，图 7.5 所示的是传统机器学习用于模式识别的过程。

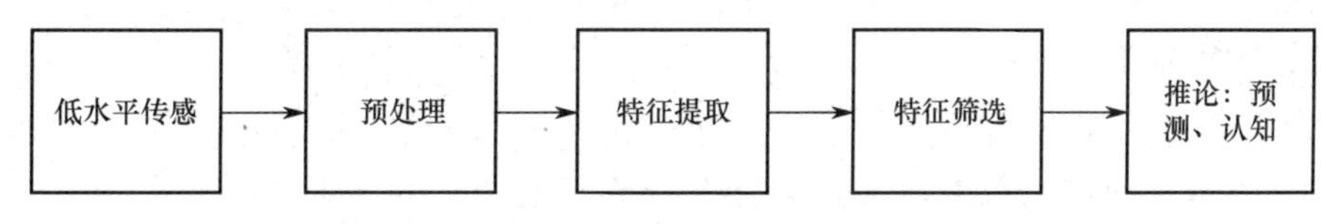

图 7.5　传统机器学习用于模式识别的过程

在机器学习的传统模式识别应用中，良好的特征表达对最终算法的准确性起了非常关键的作用；一般而言，特征越多，给出的信息就越多，识别准确率会得到提高；特征多，计算复杂度增加，探索的空间大，可以用来训练的数据在每个特征上就会稀疏。因此，在识别过程中，特征不一定越多越好，需要多少个特征，这需要通过学习确定。

传统模式识别系统主要的计算和测试工作耗时主要集中在特征提取部分；特征的样式目前一般都是人工设计的，靠人工提取特征，在数据量很大的情况下，人工特征提取效率十分低，很大程度上靠经验和运气，也难以保证算法分析性能。

其中，学习模块主要是对模型的构建和训练；验证模块主要对模型进行验证；测试模块主要完成最后模型性能的测试，其具体过程是首先构建模型，同时将样本按照 4∶1∶1 的比例分成训练集、验证集及测试集，之后采用训练样本对模型进行训练，在每训练完成一轮之后在验证集上测试一轮，待所有样本均训练完成后在测试集上再次测试模型的准确率和误差变化。目前，各种深度学习算法已经成为模式识别的主流，在图像、语音、文本、视频、生物特征等各种模式识别方面取代了传统的模式识别方法。

经过几十年的迅速发展，模式识别已经广泛应用于各个领域，包括工业制造、医学诊断、安防系统、电子商务等。

7.2 认知智能

7.2.1 人类心智与机器认知

1. 人类心智

根据人类心智进化的历程，人类心智从初级到高级可以分为五个层级：神经层级的心智、心理层级的心智、语言层级的心智、思维层级的心智和文化层级的心智。神经、心理、语言、思维、文化这五个层级的人类认知，是人类心智进化各阶段在人脑与认知系统中保有的能力和智能方式。在人类心智和认知（即人类智能）的各个层级上，人工智能仅是神经、语言、思维层面模仿人类智能，总体上并未超过人类智能，但在一些特定任务方面超越人类水平，尤其在计算智能和感知智能方面。但是，越是较高层级的认知，人工智能越是逊色于人类智能，特别是在高阶认知这个层级上，即在语言、思维和文化层级上，目前人工智能是远逊色于人类智能的。

传统人工智能在监督学习方面或者对数据的输出结果判别方面表现出了强大的能力，甚至在计算机视觉、语音识别、机器翻译等感知智能方面接近或超过人类的表现水平，但这些都还停留在对数据内容的归纳和感知层面，在需要利用复杂背景知识和前后上下文进行认知推理方面的能力与人类相去甚远。也就是说，机器并不具备理性认识能力，即通过逻辑推理有意识地理解世界的能力。

2. 机器认知智能

机器认知智能即对人类认知智能的模拟，包括记忆、常识、知识学习、推理、规划、决策、意图、动机与思考等高级智能及行为。机器认知智能的核心在于机器的辨识、思考及主动学习。其中，辨识指能够基于掌握的知识进行识别、判断、感知，思考强调机器能够运用知识进行推理和决策，主动学习突出机器进行知识运用和学习的自动化和自主化。

当前的人工智能技术在语言理解、视觉场景理解、决策分析等方面还与人类智能相差甚远，无法解决推理、规划、联想、创作等复杂的智能化任务。目前，认知能力仍是人类独有的能力，一旦机器也具备认知能力，人工智能技术将会给人类社会带来颠覆性革命。

从 20 世纪 50 年代开始，科学家通过研究模拟动物应用经验方式的感知器，到 20 世纪 70 年代，开始利用符号主义逻辑推理方法直接模仿人类的理性思维。人类曾经相信，在严谨的数理逻辑理论下，机器以其精确快捷的逻辑功能，依靠已有的科学知识，突破人类推理能力的局限，超越人类智能。可惜的是，几十年过去了，这类技术目前还处于低级水平，甚至只停留在实验室阶段。符号主义的基本理论和思想是认知智能的初级基础，在此基础上发展出了知识图谱、认知计算等新型认知智能技术，尽管这些理论和技术都没有使机器实现类人的认知智能，但有助于形成机器自身的、独特的、不同于人类的认知智能技术。现阶段，参照人类的认知智能，尤其是符号处理和逻辑推理能力，经典符号主义人工智能发展出包括知识表示、逻辑推理与搜索以及较新的知识图谱等几种重要技术。其他包括因果学习、贝叶斯推理等方法还属于机器学习领域，在机器认知智能方面还没有显示出效果。

7.2.2　传统机器认知智能方法

1. 知识表示

如图 7.6 所示，人类认知基本过程是首先形成对世界的概念，通过概念形成不同的知识体系，再通过持续学习，将知识形成理论，并以一定的物理及生物化学方式在大脑中形成记忆，进而形成对世界的认知。

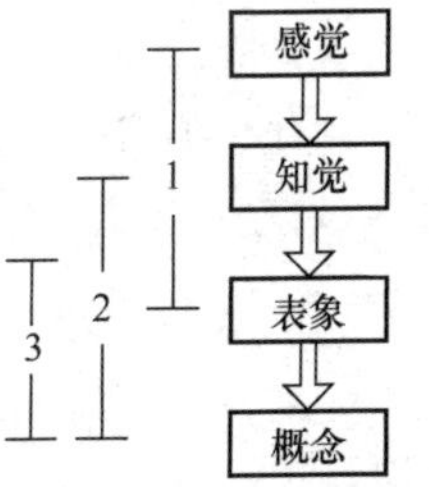

人类的认知智能起始于能够对概念按照本质（或关键）属性对事物进行分类。只要有两个或以上的不同事物能够根据这些属性将其归类，并且与其他事物区别开，就存在着概念的问题。

知识存在于人脑中，尽管知识在人脑中的表示、存储和使用机理仍是一个尚待揭开的谜，但以形式化的方式表示知识并提供计算机自动处理，符号主义已发展出许多比较成熟的技术。

感觉
知觉
表象
概念

1—都属于感性认识
2—都有不同程度的概括
3—都是思维的基本单位

图 7.6　从感觉到概念

知识表示以把人类知识表示成计算机能够处理的数据结构为目的，需要以适当的模式将人类的知识表示出来才能由计算机进行处理。知识表示是一种数据结构与控制结构的统一体，既要考虑知识的存储，又要考虑知识的使用，这仍然是人工智能要研究的基本问题和重要研究内容。不同的知识有不同的表示方法，对于研究知识的表示方法，不单是解决如何将知识存储在计算机中的问题，更重要的是能够方便且正确地使用知识。因此，如何表示知识，怎样使机器理解各种知识，并能对其进行处理，同时以一种人类能理解的方式将处理结果告诉人类，这才是人类期望的机器智能。在智能系统中，让机器给出一个清晰、简洁的有关知识的描述是很困难的。

知识表示研究客观世界知识的建模，以方便机器识别和理解，既要考虑知识的表示与存储，又要考虑知识的使用和计算。知识表示是研究用机器表示知识的可行性、有效性的一般方法，是一种数据结构与控制结构的统一体，即既要考虑知识的存储，又要考虑知识的使用。知识表示可以被看成一组描述事物的约定，把人类知识表示成机器能处理的数据结构。

知识表示发展出了很多方法，包括状态空间法、问题规约法、谓词逻辑法、语义网络法等。这里以典型的语义网络表示法为例。语义网络是一种通过概念及其语义联系（或语义关系）来表示知识的有向图，节点和弧必须带有标注。其中有向图的各节点用来表示各种事物、概念、情况、属性、状态、事件和动作等，节点上的标注用来区分各节点所表示的不同对象，每个节点都可以带有多个属性，以表示出其所代表的对象的特性。在语义网络中，节点还可以是一个语义子网络，节点间的弧线是有方向的、有标注的，方向表示节点间的主次关系且方向不能随意调换。标注用来表示各种语义联系，指明它所连接的节点间的某种语义关系。如将生物的分类可以表示为如图 7.7 所示的语义网络。

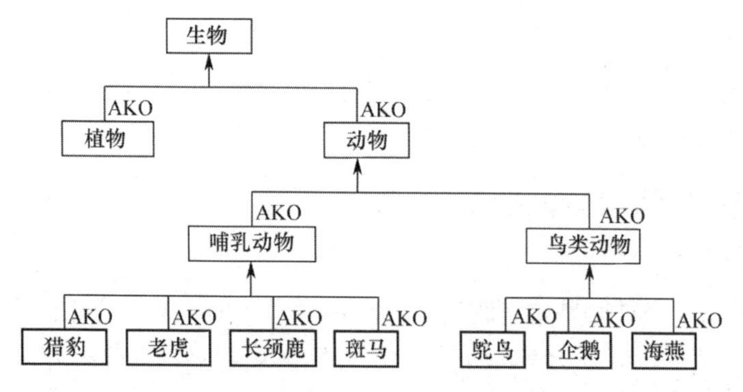

图 7.7　生物分类的语义网络示例

图 7.7 中，通过 AKO（A Kind Of）将生物分类问题领域中的所有类节点组成一个 AKO 层次网络，给出了生物分类系统中的部分概念类型之间的 AKO 联系描述。

2. 逻辑推理

在人类的认知过程中发挥重要作用的是逻辑推理能力。逻辑就是思维的规律，是对思维过程的抽象。广义的逻辑学是研究人类思维的规律性的学问，它是包括基础学科在内的一切科学提供逻辑分析、逻辑批判、逻辑推理、逻辑论证的工具。狭义的逻辑学是研究推理的科学，即只研究如何从前提必然推出结论的科学。

人类所有思维都有内容和形式两个方面。思维内容是思维所反映的对象及其属性；思维形式是指用以反映对象及其属性的不同方式，即表达思维内容的不同方式。从逻辑学角度看，抽象思维的三种基本形式是概念、命题和推理。传统上，逻辑作为哲学的分支，主要是形式逻辑。现代逻辑包括形式逻辑、非形式逻辑、符号逻辑、数理逻辑等。由于逻辑学的发展，人类对自身思维的认识不断深入，从以命题逻辑发展到归纳逻辑，传统逻辑主要由演绎与归纳两大部分组成。再从以语言、内容为主的演绎逻辑发展出与语言、内容无关的符号逻辑、数理逻辑。

知识表示是按照人类对概念的分类、知识的定义以及对各种知识的归纳，并以一定的方式或规则表示成适合机器处理的知识。按照一定的知识表示方法处理的知识使得机器在一定程度上能够模拟人类处理知识，其中的重要方式是对知识进行逻辑推理。下面介绍符号主义逻辑推理知识基础。

所有语言都是用于传递信息的，汉语是一种语言，所以，汉语也是用于传递信息的。在这个论断中，“所有”“语言”“传递信息”“是”“一种”“汉语”等是概念。由概念组成的语句，如将“所有语言都是用于传递信息的”等内容称为判断，而由判断组成的论断称为推理。

例如，所有股票都是有价格的；所有生物都是可以进化的；所有法律都是具有强制性的。这三个判断所表达的思想内容是不同的，它们分别陈述了经济学、生物学和法学领域不同对象所具有的某种属性，但是它们在结构上却是相同的，我们说它们具有相同的逻辑形式。我们用“S”表示每个判断中所陈述的对象，用“P”表示对象所具有的属性。于是，上述三个判断的共同逻辑形式是“所有 S 都是 P”，它是判断形式中的一种类型。又如：

（1）如果温度升高，那么分子的布朗运动就会加快。因为温度升高了，所以分子的布朗运动会加快。

（2）如果两个角是对顶角，那么这两个角就相等。因为这两个角是对顶角，所以这两个角相等。

用“p”表示如果后面的判断，用“q”表示“那么”后面的判断。于是，上述两个内容不同的论断，却有着共同的逻辑形式，即如果 p，那么 q；因为 p，所以 q。这也是推理形式的一个最基本的种类。

推理论证广泛地渗透在人类的认知思维活动中，逻辑学的主要任务是，系统地研究正确推理的形式及其规律，为判定推理形式是否正确提供判定方法或检验程序，为有效推理提供推导规则或推导方法。

命题是用于描述事件的，一个命题所描述的事件如果符合事实，那么它就是真的，如果不符合事实，那么它就是假的。因此，对于一个语句表达命题，它或者是真的或者是假的，无所谓真假的语句不是表达命题。例如，语句“王武当时在案发现场吗？”是一个疑问，它表达的是对某情况的疑问，无所谓真假，因此它不表达命题。一般来说，只有陈述句才有真假，因此只有陈述句是表达命题。这就意味着一个推理首先是一个陈述句的集合。

如果用一个陈述句集合表达推理，那么就可以把作为该集合元素的语句区分为两部分，即区分为前提和结论。凡是不能做出这种区分的语句集合就不是推理。如下是两个不同的陈述句集：

（1）张某是中国公民；张某已年满 18 岁；凡是年满 18 岁的中国公民都有选举权；所以，张某有选举权。

（2）张某是中国公民；张某已年满 18 岁；张某有选举权。

这里的（1）表达一个推理，它的前三个语句是前提，因为它们都出现在语词“所以”前面，最后一个语句则是结论，因为它出现在语词“所以”的后面，就是说凡是表达推理的语句集合中一定包含有特殊的语词，如“所以”“因为”“因此”等。根据这些语词可以区分前提与结论，而（2）中没有这样的语词，它仅是一个陈述句集合而不是一个推理。因此，推理实际上描述的是作为前提的命题与作为结论的命题之间的一种逻辑关联性。

命题表达为一个陈述句，推理表达则为一个陈述句集合，因此所有命题和推理都是借助语言载体表达出来的。然而命题和推理又不仅仅是语言形态的东西，因为它们都是有所表述的。命题表述的是事件，推理则描述前提语句和结论语句之间的推导关系，或者说是结论语句的可靠性对前提语句的依赖关系。

因此，从表达形式上看命题和推理是具有特定结构的语言形态的东西，但是就所表述的内容看，它们是完全不同于语言，甚至也不依赖于主体的东西。因此，对命题和推理的分析研究可以从两个不同的角度出发，既可以从内容的角度去分析，也可以从形式的角度去分析。因此，符号主义很早发展出了逻辑推理技术，在早期的专家系统发挥了基础性作用。

7.2.3 机器认知新方法——知识图谱

当前的人工智能系统缺少信息进入大脑后的加工、理解和思考等过程，做的只是相对简单的对比和识别，仅停留在感知阶段，而非认知。究其原因是人工智能面临的“瓶颈”在于大规模常识知识库与基于认知的逻辑推理。而基于知识图谱、认知推理、逻辑表达的认知图谱，则被越来越多的国内外学者和产业领袖认为是目前可以突破这一技术瓶颈的可行解决方案之一。

1. 知识图谱概念

知识图谱技术的发展是个持续渐进的过程。从最初逻辑语义网（Semantic-Net）到语义网络（Semantic-Web）到关联数据（Linked-Data），再到现在的大规模应用的知识图谱，已经前前后后经历了将近 50 年的时间。2012 年，Google 公司推出了面向互联网搜索的大规模的知识库，称之为知识图谱。知识图谱将互联网的信息表达成更接近人类认知世界的形式，具有更好地组织、管理和理解互联网海量信息的功能。

建立知识图谱需要知识表示与推理、信息检索与抽取、自然语言处理与语义网、数据挖掘与机器学习等交叉知识。知识图谱的研究内容包括：一方面探索从互联网语言资源中获取知识的理论和方法；另一方面促进知识驱动的语言理解研究。知识图谱给互联网语义搜索带来了活力，同时也在智能问答、大数据分析与决策中显示出强大威力，且已成为互联网基于知识的智能服务的基础设施。

知识图谱旨在描述客观世界的概念、实体、事件及其间的关系。其中，概念就是人类在认识世界过程中形成的对客观事物的概念化表示，如人、动物、组织机构等；实体是客观世界中的具体事物，如诺贝尔奖获得者屠呦呦、世界卫生组织等；事件是客观世界的活动，如地震、买卖行为等。关系描述概念、实体、事件之间客观存在的关联，如毕业院校描述了个人与其所在院校的关系，运动员和篮球运动员之间概念和子概念的关系等。因此，知识图谱本质上是一种大规模语义网络。从人工智能角度，知识图谱是一种理解人类语言的知识库，因此，可以作为发展认知智能的技术；从数据库视角来看，知识图谱是一种新型的知识存储结构；从知识表示视角来看，知识图谱是计算机理解知识的一种方法；从计算机网络视角来看，知识图谱是知识数据之间的一种语义互联。

如图 7.8 所示，如果两个节点之间存在关系，那么需要用一条无向边将两个节点连接在一起，那么这个节点就称为实体（Entity），它们之间的边称为关系（Relationship）。知识图谱的基本单位就是“实体、关系、实体”构成的三元组，这就是知识图谱技术的核心。

2. 知识图谱与认知智能

知识图谱是实现认知智能的知识库，是武装认知智能机器人等人工智能系统的大脑，这是知识图谱与认知智能的最本质联系。知识图谱与以深度神经网络为代表的联结主义不同，作为符号主义的新方法，从一开始就是从知识表示、知识描述、知识计算与推理方面不断发展。知识图谱示例如图 7.8 所示。

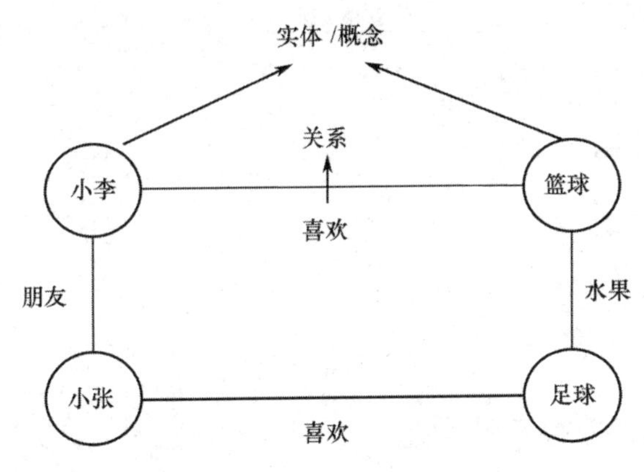

图 7.8　知识图谱示例

知识图谱实现机器认知智能的两个核心能力是理解和解释。机器理解数据的本质是建立从数据到知识库中的知识要素（包括实体、概念和关系）映射的一个过程。如图 7.9 所示，如果说到“2015 年的诺贝尔生理学奖和医学奖获得者屠呦呦”这句话，之所以说自己理解了这句话，是因为我们把“屠呦呦”这个词汇关联到大脑中的实体“屠呦呦”，把“诺贝尔生理学奖和医学奖”这个词汇映射到大脑中的实体“诺贝尔生理学奖和医学奖”，然后把“获得者”一词映射到“获得奖项”这个关系。文本理解过程其本质是建立从数据（包括文本、图片、语音、视频等）到知识库中的实体、概念、属性映射的过程。关于人类如何进行解释，如问“诺贝尔奖为什么那么受关注？”，可以通过知识库中的“屠呦呦–获得奖项–诺贝尔生理学奖和医学奖”以及“诺贝尔生理学奖和医学奖–地位–影响力最大的科学奖项”这两条关系来解释这一问题。这一过程的本质就是将知识库中的知识与问题或者数据加以关联的过程。有了知识图谱，机器完全可以重现人的这种理解与解释过程。

知识图谱对于认知智能的另一个重要意义在于，知识图谱使得可解释人工智能成为可能。解释这件事情一定是与符号化知识图谱密切相关的。因为解释的对象是人，人只能理解符号，而没办法理解数值，所以一定要利用符号知识开展可解释人工智能的研究，可解释性是不能回避符号知识的。先来看几个解释的具体例子。例如，如果有人问“鲨鱼为什么可怕？”我们可能会解释说：因为鲨鱼是食肉动物，这实质上是用概念在解释。如果有人问“鸟儿为什么能飞翔？”我们可能会解释：因为它有翅膀，这是用属性在解释。也就是说，人类倾向于利用概念、属性、关系这些认知的基本元素去解释现象和事实。而对于机器而言，概念、属性和关系都表达在知识图谱中。因此，解释离不开知识图谱。

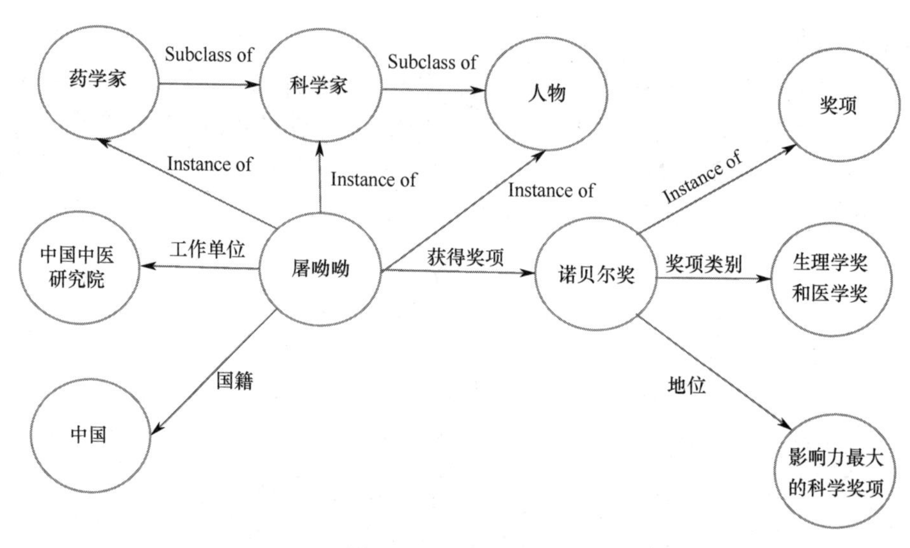

图 7.9 知识图谱示例

7.2.4 机器认知智能存在的问题

目前人工智能认知技术缺乏对语义的理解，因为人类对概念的理解或认知背后是通过身体经由千百万年进化与大脑智能共同形成的科学或常识，而且主要隐喻性地理解。这种隐喻性的理解与现实差距是巨大的。事实是由于机器缺乏身体与大脑的共同作用以及进化形成的感知经验和常识，也就无法像人类一样定义其所处的环境或世界的概念，不能建立机器自己的概念隐喻，也就达不到人类对世界的认知程度或者人类的智能程度。

知识在计算机中都是以数据或数据库的形式存储的，因此，计算机需要利用搜索技术通过对数据库的搜索或检索才能获取知识。目前的机器不会主动形成对世界的概念，也就不会主动产生系统性的知识。因此，初级的机器认知与人类的认知无论在机制还是方式方面都是完全不同的，本质上还是计算的、程序的、机械的过程。机器通过计算处理符号只是一个机械的过程，不是理解的过程。目前，人工智能技术的本质是信息处理或加工技术，因此也无法实现人类程度的认知智能。

今天大规模应用的深度学习技术，依赖的不是规则演绎推理，而是通过深度神经网络的学习能力产生“近乎直觉的智能”。虽然深度学习各种架构的算法比较明确，结果准确，但参数调整复杂多变，巨量关系计算过程人类还难以理解，也无法解释。

深度学习在认知方面的缺陷使研究人员重新考虑传统认知学派的价值，将推理、逻辑等符号主义方法与现代机器学习方法相结合，提升机器的认知智能水平。人类希望在浅层次的感知智能和初级符号处理认知智能基础上，发展出能够在一定情况和环境下进行思考、理解、反馈、适应的深层次、交互式、高级认知智能。认知智能是比感知智能更先进的人工智能，但现阶段人工智能在机器认知智能方面还远没有突破。认知人工智能将成为继深度学习主导的感知智能之后下一阶段的人工智能主流方向。

早期的物理符号主义发展出的知识表示、推理等认知技术虽然在实际应用中遇到一些问题，但是在发展认知智能过程中，还是需要依赖这些思想，只是方法和技术要不断随着问题和需要进行发展。研究人员将深度学习、因果学习、逻辑推理结合起来，将创造出一种能在复杂情景中做出明智决策，具有自主学习能力，并拥有更强理解能力的新型人工智能系统，从而为人类生活带来更大便利。因此，未来的机器认知智能将具有更强大的符号处理、逻辑推理、因果学习能力。未来人工智能系统如果可以在不可预测的、开放的环境中自主做出可靠的决策，将使得人类科技水平达到一个新的高度。

7.3　行为智能与机器人

7.3.1　机器人概念

机器人形象和机器人一词，最早出现在科幻和文学作品中。1886 年，法国作家利尔亚当在他的小说《未来夏娃》中将外表像人的机器起名为“安德罗丁”（Android），它由以下四部分组成。

（1）生命系统（平衡、步行、发声、身体摆动、感觉、表情、调节运动等）。

（2）造型解质（关节能自由运动的金属覆盖体，一种盔甲）。

（3）人造肌肉（在上述盔甲上有肉体、静脉、性别等身体的各种形态）。

（4）人造皮肤（含有肤色、机理、轮廓、头发、视觉、牙齿、手爪等）。

1. 机器人的发展

1920 年，一名捷克作家发表了一部名为《罗萨姆的万能机器人》的剧本，剧中叙述了一个名为罗萨姆的公司把机器人作为人类生产的工业品推向市场，让它充当劳动力以代替人类劳动的故事。就目前来看，机器人的发展一共经历了三代，具体如下。

第一代——可编程机器人：20 世纪 60 年代初，世界上第一台数控机械手诞生。它是具有记忆存储能力的示教再现式机器人。这也是当代工业机器人中主要的类型，这类机器人一般可以根据操作员所编写的程序完成一些重复性操作。

第二代——自适应机器人：20 世纪 70 年代，出现了带有感觉传感器的机器人，具有一定的自适应能力并具有不同程度的感知能力，这归功于近些年来各种传感器的广泛应用。

第三代——智能机器人：20 世纪 80 年代，具有感知、识别、推理、规划和学习等智能机制，又称具有智能功能和灵活思维功能的机器人，主要处于试验阶段。

到了 21 世纪，随着计算机技术、微电子技术、网络技术等的快速发展，机器人技术也得到了飞速的发展。除了用于工业制造业方面的机器人水平不断提高，各种用于非制造业的智能服务机器人系统也有了很大进展。

2. 机器人与人工智能的关系

机器人与人工智能无论在历史发展还是思想起源方面，在发展初期是两个独立发展的领域。人工智能与机器人真正交汇是在人工智能诞生以后。现在，机器人已经成为测试、实验和实现人工智能重要载体和手段，人类除了利用不会动、不会跑的计算机实现人工智能，还可以通过设计、创造机器人来实现具有智能的机器。机器视觉、语言识别、图像识别、自然语言处理等技术不仅是人工智能需要研究的重点，同时也是智能机器人得以实现必须攻克的科技难点。人工智能实际上是将人的智能通过计算机等机器实现，而机器人则是为这样的智能化提供一个很好的物理载体。人工智能比机器人技术更具有革命性。人工智能包含了能够学习执行复杂任务的计算机技术，甚至包括一些超出人类智力的计算机，机器人也承载了人类实现具有类人智能的梦想。但是，有很多机器人技术并不是以人类为对象的，而是以各种各样的动物甚至植物为模拟对象或设计灵感来源的。因此，机器人技术具有非常多元化的内容，小到爬虫机器人大到人形机器人。但是，机器人不一定是人类的形象。现代机器人已经从早期的科学幻想中的人形机器人发展到应用于空中、水下、水面、陆地、太空等各种场景的形态各异的机器人，成为实现增强人类体能、扩展活动空间的重要手段。机器人技术弥补了深度学习系统缺乏在实际场景中行动或执行任务的能力的缺陷，是发展“具身智能”的最佳载体。

7.3.2 机器人学

一般来说，无论何种类型的机器人，其基本组成都包括五大部分：运动系统、感知系统、控制系统、动力系统、通信系统。

机器人的工作既可接收人类指挥，也可以执行预先编排的程序，还可以根据以人工智能技术制定的原则纲领行动。机器人完成的是取代或是协助人类工作的工作，如制造业、建筑业，或是危险的工作。机器人是整合控制论、机械电子、计算机、材料和仿生学的产物。

关于机器人如何分类，国际上没有制定统一的标准，有的按负载重量分，有的按控制方式分，有的按自由度分，有的按结构分，有的按应用领域分。一般的分类方式如表 7.1 所示。

表 7.1 机器人分类

分类名称	简要解释
操作型（工业）机器人	能自动控制，可重复编程，多功能，有多个自由度，可固定或运动，用于相关自动化系统中
程控型机器人	按预先要求的顺序及条件依次控制机器人的机械动作
示教再现型机器人	通过引导方式，先教会机器人动作，输入工作程序，机器人则自动重复进行作业
数控型机器人	不必使机器人动作，通过数值、语言等对机器人进行示教，机器人根据示教后的信息进行作业
感觉控制型机器人	利用传感器获取的信息控制机器人的动作
适应控制型机器人	机器人能适应环境的变化，控制其自身的行为
学习控制型机器人	机器人能“体会”工作的经验，具有一定的学习功能，并将所“学”的经验用于工作中
智能机器人	以人工智能决定其行为的机器人

按照服务对象区分，机器人可分为工业机器人、服务机器人和移动机器人三大类，如图 7.10 所示。

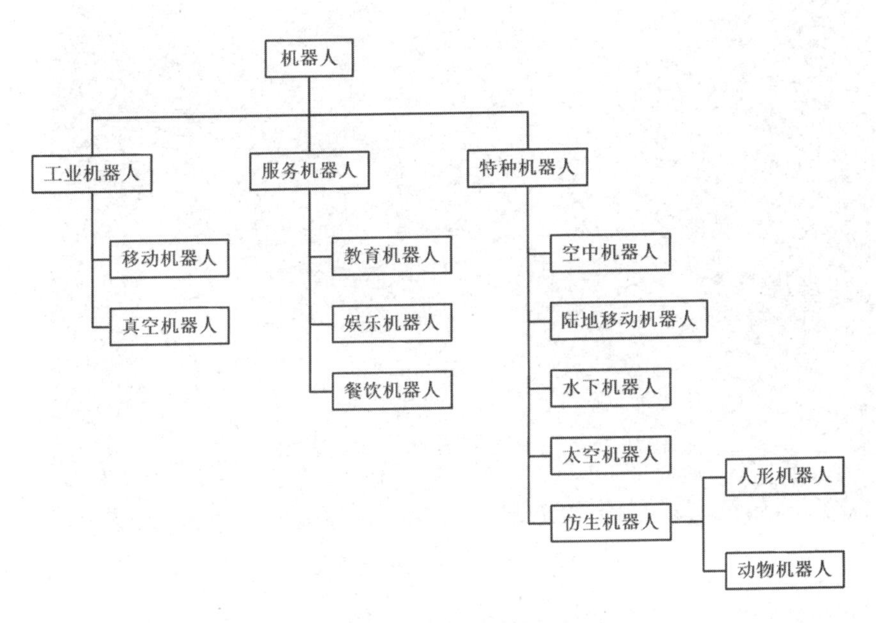

图 7.10　机器人的类型

特种机器人则是除了工业机器人，用于非制造业并服务于人类的各种先进机器人，包括服务机器人、娱乐机器人、教育机器人、水下机器人、军用机器人、农业机器人、太空机器人等，如图 7.11 所示。在特种机器人中，有些分支发展很快，有独立成体系的趋势，如服务机器人、水下机器人、军用机器人、微操作机器人等。从应用环境出发，将机器人也可以分为两类：制造环境下的工业机器人和非制造环境下的服务与仿人型机器人。

图 7.11　市场上的各种服务、娱乐及教育机器人

智能机器人应用于军事、医疗、农业、工业等各个领域。例如，用于行星探测和在地球轨道工作的各种太空飞船，能够收集和应用科学数据，并把它们发回地球，是一种专门用于执行太空作业的智能机器人。如图 7.12、图 7.13 所示，分别是我国自主研发的正在月球背面工作的祝融号火星探测机器人和“玉兔二号”探测机器人，在火星表面工作的“祝融号”火星探测机器人。

图 7.12 “玉兔二号”探测机器人

图 7.13 “祝融号”火星探测机器人

7.3.3 机器人的基本构成

不同类型的机器人的机械、电子系统和控制结构也不相同。通常情况下，一个机器人系统由三部分、六个子系统组成。这三部分是机械部分、传感部分、控制部分；六个子系统是驱动系统、机械系统、感知系统、人机交互系统、机器人–环境交互系统、控制系统，如图 7.14 所示。

机械系统是由关节连在一起的许多机械连杆的集合体。连杆类似于人类的小臂、大臂等。关节通常分为转动关节和移动关节，移动关节允许连杆做直线移动，转动关节仅允许连杆之间发生旋转运动。由关节–连杆结构所构成的机械结构一般有三个主要部件，即手、腕、臂，它们可在规定的范围内运动。

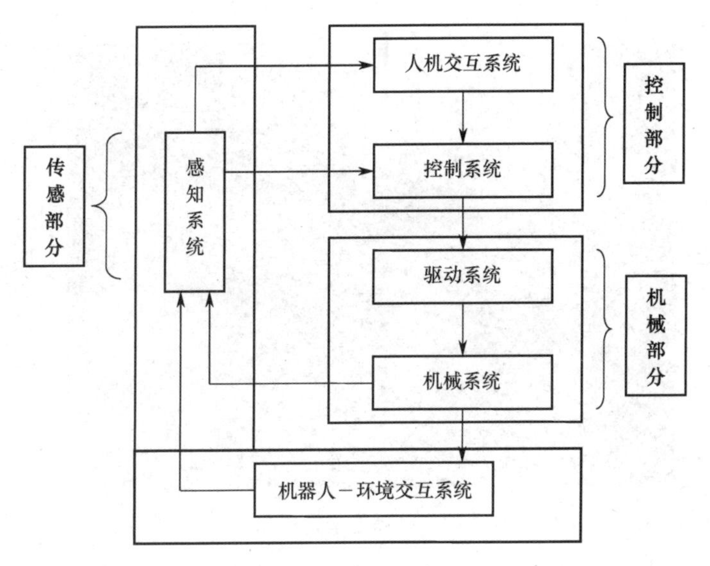

图 7.14　机器人系统

驱动系统是使各种机械部件产生运动的装置。常规的驱动系统有气动传动、液压传动或电动传动，它们可以直接地与手臂等上肢的机械连杆或关节连在一起，也可以使用齿轮、带、链条等机械传动机构间接传动。

感知系统由一个或多个传感器组成，用来获取内部和外部环境中的有用信息，通过这些信息确定机械部件各部分的运动轨迹、速度、位置和外部环境状态，使机械部件的各部分按预定程序或者工作需要进行动作。传感器的使用提高了机器人的机动性、适应性和智能水平。

控制系统的任务是根据机器人的作业指令程序及从传感器反馈回来的信号支配机器人的执行机构去完成规定的运动和功能。若机器人不具备信息反馈特征，则为开环控制系统；若机器人具备信息反馈特征，则为闭环控制系统。根据控制原理，控制系统又可分为程序控制系统、适应性控制系统和人工控制系统。根据控制运动形式的不同，控制系统还可分为点位控制和规矩控制。

机器人-环境交互系统是实现机器人与外部环境中的设备相互联系和协调的系统。机器人可与外部设备集成为一个功能单元，如加工制造单元、焊接单元，也可以是多台机器人或设备集成为一个复杂任务的功能单元。

人机交互系统是使操作人员参与机器人控制并与机器人进行联系的装置。例如，计算机的标准终端、指令控制台、信息显示板及危险信号报警器等。归纳起来人机交互系统可分为两大类：指令给定装置和信息显示装置。

7.3.4　工业机器人

1959 年，美国人英格伯格和德沃尔联手制造出世界上第一台用于汽车生产线上的工业机器人；1962 年，英格伯格成立的世界上第一家机器人制造工厂——Unimation 公司推出了最早的实用机型“UNIMATE”机器人，如图 7.15（a）所示，这是第一款实现示教再现的机器人。同年，美国 American Machine and Foundry 公司制造了一款柱坐标型 Versatran 机器人，由此机器人的历史才真正开始。

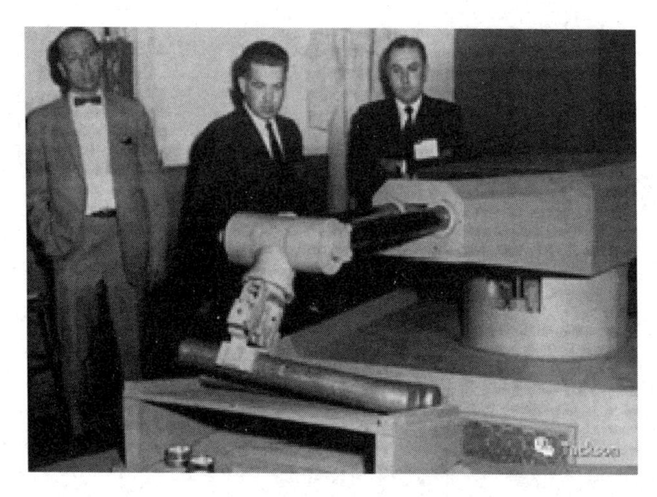

图 7.15　世界最早的机器人

20 世纪 70 年代，随着计算机技术、现代控制技术、传感技术、人工智能技术的发展，机器人技术也得到了迅速的发展。1979 年，Unimation 公司推出了 PUMA 机器人，如图 7.16 所示，PUMA 是一种多关节、全电机驱动、多 CPU 二级控制的机器人，采用专用机器语言，可配视觉、触觉、力觉传感器，在当时是技术最先进的工业机器人，标志着工业机器人技术完全成熟，现在的工业机器人在结构上大体都以此为基础。

迄今为止，世界上对于工业机器人的研究、开发及应用已经经历了 60 多年的历程。日本、美国、法国、德国的工业机器人产品已日趋成熟和完善。随着现代科技的迅速发展，工业机器人技术已经广泛地应用于各个生产领域。制造业中诞生的工业机器人是继动力机、计算机之后出现的、全面延伸人的体力和智力的新一代生产工具。工业机器人的应用是一个国家工业自动化水平的重要标志。在国外，工业机器人产品日趋成熟，已经成为一种标准设备而被工业界广泛地应用，从而相继地形成了一批具有影响力的工业机器人公司，这些公司已经成为它们所在国家和地区的支柱企业。

图 7.16　PUMA 机器人

7.3.5　智能机器人

1. 智能机器人结构

在上述一般机器人的系统组成基础上发展而来的智能机器人是一个集感知、决策、规划、控制与执行等多种功能于一体的综合系统。先进的智能机器人主要包括三种技术：传感器、驱动器和人工智能。由于机器人工作任务的不同，机器人系统结构的复杂程度可能有很大差别。目前，很难对智能机器人系统提出一个统一的结构。如图 7.17 所示，机器人系统结构也可以被看成一种智能机器人系统的结构。

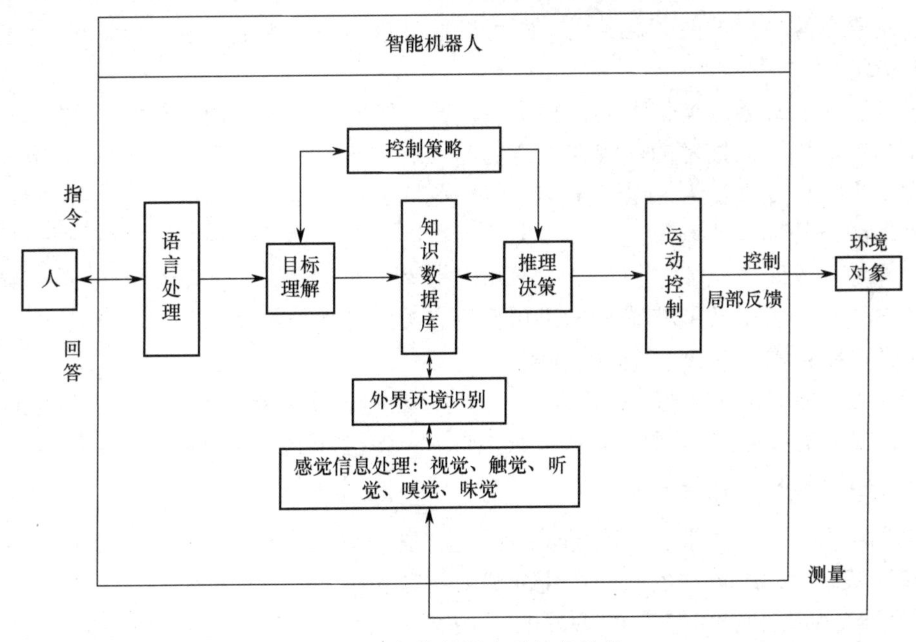

图 7.17　智能机器人系统的结构

由图 7.17 可见，该智能机器人系统主要是由基于知识的智能决策子系统和传感信号的识别与处理子系统组成的。基于知识的智能决策子系统涉及智能数据库和推理机；传感信号的识别与处理子系统则与各种传感信号的接收、测量及处理有关。这两个系统所涉及的有关研究领域包括人机交互、自然语言处理、任务规划、自动程序设计、智能知识库、自动推理、各种传感信息的测量与处理、任务建模和运动控制等，它们已远远超出一般控制器的研究内容。因此，我们把这一控制器称为广义控制器。

智能机器人的工作环境往往是比较复杂的、不完全确定的、可变的，其任务也是比较复杂和困难的。

2. 感知智能机器人与认知智能机器人

人工智能在机器人技术中的重要应用是感知智能。机器人可以通过集成上述各种传感器或计算机视觉来感知环境，因此，人工智能中的感知智能很大程度上是依靠机器人来体现和实现的。对外界环境的感知能力不仅对机器人执行一定的任务很重要，还有助于机器人产生自我意识，实现类人智能机器人，也就是机器人形态的强人工智能。

智能机器人感知与学习技术是目前机器人领域研究的热点，旨在充分利用人工智能现有的成果，把人工智能的现有成果和机器人有机结合，从环境感知、知识获取与推理、自主认知和学习等角度开展机器人智能发育的研究，使机器人通过不断的学习和自身积累来提升自我。

从感知向认知的跨越一度是区分“第二代”机器人与“第三代”机器人的鸿沟。下一代智能机器人将是在认知智能技术发展而来的认知智能机器人。具备认知智能的机器人的最核心之处就在于其具有自主学习行为和环境主动适应能力。作为机器学习和机器人学的交叉领域，机器人的学习将允许机器人通过学习算法获取新技能或适应其环境的技术。通过学习提高知识获取的质量和速度，使机器人产生动机和好奇心，实现包括运动、交互及语言等多种技能。这种学习既可以通过自主探索实现，也可以通过人类教师的指导来实现。

对于认知智能机器人模仿人类认知系统，通过经验和感知来调节获取知识和理解的过程。认知智能机器人技术的关键在于为机器人提供自主学习能力和基于模仿和经验的复杂知觉水平。认知机器人通过外部传感器获取环境、场景、目标的信息，并通过认知智能技术理解所处环境或场景，通过一定的语言能力及手势、动作等人机交互技术与人类实现自然地、无障碍交流。相对于以感知能力为主的机器人，认知智能机器人目前还处于萌芽发展期。人工智能在感知与认知智能方面的进步与机器人技术的结合将继续重塑人类在许多新领域对机器人智能的理解。

随着人工智能的快速发展，机器人学习的进步也是日新月异，目前，基于深度学习、强化学习、视觉技术的机器人技术取得了很大进展，使得机器人学习能力突飞猛进。

3. 实体人工智能与机器人

未来十年内，机器人学领域的主要缺口之一是：为机器人机体以及机体形态与智能控制系统和基于学习的方法的共同进化开发新材料和新结构。为了填补这一缺口，机器人学社区的一个重要发展趋势是实现机体、控制、形态、动作执行和感知的协同进化，这里将其称为实体人工智能（Physics AI，PAI）。PAI 是指能够执行通常与智能生物体相关的任务的实体系统，该领域包含理论和实践。PAI 方法论原本就自带对材料、设计和生产制造的考虑。使用 PAI 开发的机器人可以利用自身机体的物理和计算特征，再加上它们大脑的计算能力，有望在非结构化环境中自动执行任务和维持稳态。类似于生物体，PAI 既可以替代数字人工智能，也能通过连接大脑来为数字人工智能提供协同辅助。很多小型机器人（计算能力有限的机器人）没有专用的中心大脑，它们的性能由机体的计算引导。类似于自然多样性原理，PAI 合成是指具有任意功能、形状、大小和适宜场景的机器人系统，其中尤其注重对基于化学、生物和材料的功能的整合。因此，PAI 与机体变化方法无关，并且有别于具身智能。

机器人必须限定在结构化、封闭化环境或条件下，并不具备人类或动物的灵活适应复杂开放环境的能力。也就是说，目前人类利用各种算法，包括机器人都只能解决某一方面的问题，或者在特定场景执行特定的任务。

为了在各种日常任务中发挥作用，机器人必须能够与人类进行身体互动并推断出如何最有帮助。一种用于交互式机器人控制的新理论允许机器人学习在到达动作期间何时协助或挑战人类。

如果机器人可以与人类进行物理互动，即与人类一起工作并帮助人类执行日常任务会怎样？这种机器人可以通过协助完成诸如举重物等困难任务来充当人类助手，或者通过提供适度的身体挑战来更有效地锻炼来充当私人教练。这种自适应机器人会在物理交互过程中感知力和运动，并推断人类的目标、运动能力和努力程度，以产生最佳的交互行为。人类距离看到机器人在人类的办公室和健身房提供常规帮助还有很长的路要走。

7.4　语言智能

7.4.1　人类语言与机器语言

语言是以语音为外壳、以词汇为材料、以语法为规则而构成的体系。语言通常分为口语和文字两类。口语的表现形式为声音，文字的表现形式为形象。口语远较文字古老，个人学习语言也是先学口语，后学文字。

语言是最复杂、应用最广的符号系统之一。语言符号不仅能表示具体的事物、状态或动作，而且也能表示抽象的概念。汉语以其独特的词法和句法体系、文字系统和语音声调系统而显著区别于印欧语言，具有音、形、义紧密结合的独特风格。概念的产生和存在必须依附于语词。语言之所以能够表示现实事物，就是由于人脑中有相应的概念。所以，语词是概念的语言形式，概念是语词的思想内容。

语言区分了人类认知和动物认知。语言的发明是人类进化关键的一步。自从使用表意的符号语言和文字，人类的经验就可以形成知识，积淀为文化，从此，人类的进化不再是动物的基因层级的进化，而是语言、知识和文化层级的进化，语言使思维成为可能。人类的语言能力表现在主要通过隐喻的方法，产生和使用抽象概念，并在抽象概念的基础上，形成判断，进行推理。语言和思维形成知识，知识积淀为文化。非人类的动物则只能由每代和每个个体重新开始积累经验，其进化只能是基因层次的进化。人类知识绝大部分来源于前人创造和积累的间接知识，其进化不仅是基因层次的进化，更主要的是知识的进化。

要实现或创造一个高级智能系统，能理解人的意图应该是一个基本条件，而其实现的一个重要桥梁就是语言。图灵测试实际上就是要通过对话，也就是通过语言来判断隐藏的对话者是人还是机器。“中文屋”理论虽然是对强人工智能的否定，但也说明了机器要达到人类的水平，语言理解是必不可少的功能。

语言研究对机器智能有重要意义，然而机器要具备人类水平的语言能力，是非常困难一件事。在机器语言智能方面，科学家主要通过研究自然语言处理技术来使机器具备一定的语言智能。

7.4.2　自然语言理解基本概念

简单地说，自然语言处理（Natural Language Processing，NLP）是用计算机来处理、理解及运用人类语言（如中文、英文等），它属于人工智能的一个分支，是计算机科学与语言学的交叉学科，又常被称为计算语言学。自然语言是人类区别于其他动物的根本标志。没有语言，人类的思维也就无从谈起，所以自然语言处理体现了人工智能的最高任务与境界，也就是说，只有当计算机具备了自然语言处理的能力时，机器才算实现了真正的智能。从微观上看，自然语言理解是指从自然语言到机器（计算机系统）内部之间的一种映射。从宏观上看，自然语言理解是指机器能够执行人类所期望的某些语言功能。

认知心理学家奥尔森提出如下语言理解的判别标准。

（1）能成功地回答语言材料中的有关问题，也就是说，回答问题的能力是理解语言的一个标准。

（2）在给予大量材料之后，有做出摘要的能力。

（3）能够用自己的语言，即用不同的词语来复述这个材料。

（4）从一种语言转译为另一种语言。

如果能达到上述标准，机器就能实现如下功能和应用。

目前，人工智能在认知智能上的做法大多停留在纯文字层面，然而语言只是人类智慧的载体和表层，如果只纯粹在文字层面做认知智能，就会在机器智能及人机交互方面产生瓶颈。若想在认知智能路上走得更远，需要关注的是语言之下的智慧本质。

自然语言处理的目的在于让计算机实现与人类语言有关的各种任务。例如，使人与计算机之间的通信成为可能，改进人与人之间的通信，或者简单地让计算机进行文本或语音的自动处理等。

7.4.3 自然语言处理技术

如图 7.18 所示，自然语言处理技术体系涉及文档分析、句法分析、词法分析等多方面内容。从研究内容来看，自然语言处理包括语法分析、语义分析、篇章理解等。自然语言处理的关键技术包括：词法分析、句法分析、语义分析、语用分析和语句分析等几方面。其中词法分析的主要目的是从句子中切分出单词，找出词汇的各个词素，并确定其词义。不同的语言对词法分析有不同的要求，如英语和汉语就有较大的差距。汉语中的每个字都是一个词素，所以要找出各个词素是相当容易的，但要切分出各个词就非常难。如“我们研究所有东西”，可以是“我们—研究所—有—东西”也可是“我们—研究—所有—东西”。英语等语言的单词之间是用空格自然分开的，很容易切分一个单词，因此很方便找出句子的每个词汇，不过英语单词有词性、数、时态、派生、变形等变化，因而要找出各个词素就复杂得多，需要对词尾和词头进行分析。如 uncomfortable 可以是 un-comfort-able 或 uncomfort-able，因为 un、comfort、able 都是词素。

句法分析是对用户输入的自然语言进行词汇短语的分析，目的是识别句子的句法结构，实现自动句法分析过程。分析的目的就是找出词、短语等的相互关系及各自在句子中的作用等，并以一种层次结构来加以表达。这种层次结构可以是从属关系、直接成分关系，也可以是语法功能关系。

语义分析是基于自然语言语义信息的一种分析方法，其不仅是词法分析和句法分析这样语法水平上的分析，还涉及单词、词组、句子、段落所包含的意义。其目的是从句子的语义结构表示言语的结构。中文语义分析方法是基于语义网络的一种分析方法。语义网络则是一种结构化的、灵活、明确、简洁的表达方式。

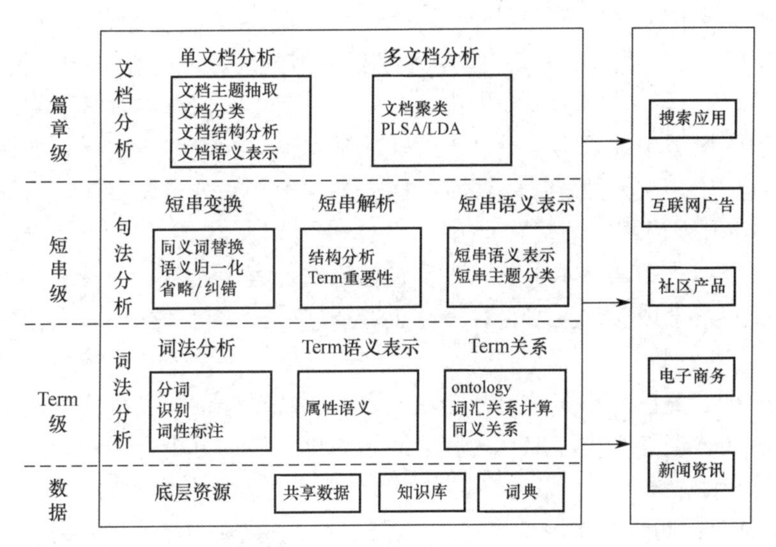

图 7.18　自然语言处理技术体系

语用分析相对于语义分析又增加了对上下文、语言背景、环境等的分析，从文章的结构中提取到意象、人际关系等的附加信息，是一种更高级的语言学分析。语用分析将语句中的内容与现实生活的细节相关联，从而形成动态的表意结构。

语境分析主要是指对原查询语篇以外的大量“空隙”进行分析从而更为正确地解释所要查询语言的技术。这些“空隙”包括一般的知识、特定领域的知识以及查询用户的需求等。语境分析将自然语言与客观的物理世界和主观的心理世界联系起来，补充完善了词法、语义、语用分析的不足。

7.4.4　自然语言处理应用

从应用角度来看，自然语言处理具有广泛的应用前景。特别是在信息时代，自然语言处理的应用范围广泛，如机器翻译、手写体与印刷体字符识别、语音识别与文语转换、信息检索、信息抽取与过滤、文本分类与聚类、舆情分析与观点挖掘等。自然语言处理涉及与语言处理相关的数据挖掘、机器学习、知识获取、知识工程、人工智能研究和与语言计算相关的语言学研究等。值得一提的是，自然语言处理的兴起与机器翻译这一具体任务有着密切联系。

（1）机器翻译：实现一种语言到另一种语言的自动翻译。

（2）自动摘要：将原文档的主要内容和含义自动归纳、提炼出来，形成摘要或简写。

（3）信息检索：信息检索也称情报检索，就是利用计算机系统从海量文档中找到符合用户需求的文档。

（4）文本分类：其目的就是利用计算机系统对大量的文本按照一定的分类标准（如根据主题或内容划分等）进行自动归类。近年来，情感分类或称文本倾向型识别成为本领域研究的热点。

（5）问答系统：通过计算机系统对用户提出的问题进行理解，利用自动推理等手段，在有关知识资源中自动求解答案，并做出相应的回答。问答技术有时与语音技术和多模态输入、输出技术以及人机交互技术等相结合，构成人机对话系统。

（6）信息过滤：通过计算机系统自动识别和过滤那些满足特定条件的文档信息。

（7）信息抽取：是指从文本中抽取出特定的事件或事实信息，有时又称事件抽取。例如，从时事新闻报道中抽取出某一恐怖事件的基本信息：时间、地点、事件制造者、受害者、袭击目标、伤亡人数等；从经济新闻中抽取出某些公司发布的产品信息：公司名称、产品名称、开发时间、某些性能指标等。

（8）文本挖掘：是指从文本中获取高质量信息的过程。文本挖掘技术一般涉及文本分类、文本聚类、概念或实体抽取、粒度分类、情感分析、自动文摘和实体关系建模等多种技术。

（9）舆情分析：舆情是指在一定社会空间内，围绕中介性社会事件的发生、发展和变化，民众对社会管理者产生和持有的社会政治态度。舆情分析是一项十分复杂，且涉及众多问题的综合性技术，它涉及网络文本挖掘、观点挖掘等各方面的问题。

（10）隐喻计算：隐喻是指用乙事物或其某些特征来描述甲事物的语言现象。简要地讲，隐喻计算就是研究自然语言语句或篇章中隐喻修辞的理解方法。

（11）文字编辑和自动校对：对文字拼写、用词，甚至语法、文档格式等进行自动检查、校对和编排。

（12）字符识别：通过计算机系统对印刷体或手写体等文字进行自动识别，将其转换成计算机可以处理的电子文本，简称字符识别或文字识别。

（13）语音识别：将输入计算机的语音信号识别、转换成书面语表示。

（14）文语转换：将书面文本自动转化成对应的语音表征，又称语音合成。

（15）说话人识别/认证/验证：对某说话人的言语样本进行声学分析，依此判断（确定或验证）说话人的身份。

（16）自然语言生成：利用机器通过自然语言处理生成像人类语言一样的自然语言。

自然语言处理发展最成功、应用最为广泛的两类技术是机器翻译和语音识别。

机器翻译是指利用计算机自动地将一种自然语言翻译为另一种自然语言。由于人工翻译需要训练有素的双语专家，翻译工作非常耗时耗力。更不用说在翻译一些专业领域文献时，还需要翻译者了解该领域的基本知识。世界上有超过几千种语言，而仅联合国的工作语言就有六种之多。如果能够通过机器翻译准确地进行语言间的翻译，将大大提高人类沟通的效率。经过 50 多年的发展，在机器翻译领域中出现了很多的研究方法，包括直接翻译方法、句法转换方法、中间语言方法、基于规则的方法、基于语料库的方法、基于实例的方法（含模板、翻译记忆方法）、基于统计的方法、基于深度学习的方法等。其中，基于深度学习的机器翻译方法在近几年取得了巨大进步，超越了以往的任何方法。

语音识别技术是将人类的语音中的词汇内容转换为计算机可读的输入，如按键、二进制编码或者字符序列。与说话人识别及说话人确认不同，后者尝试识别或确认发出语音的说话人而非其中所包含的词汇内容。语音识别技术所涉及的领域包括：信号处理、模式识别、概率论和信息论、发声机理和听觉机理、人工智能等。计算机先根据人的语音特点建立语音模型，对输入的语音信号进行分析，并抽取所需的特征，在此基础上建立语音识别所需要的模板，然后在识别过程中，计算机根据语音来识别所需的模板。而后在识别过程中，计算机根据语音识别的整体模型，将计算机中已经存在的语音模板与输入语音信号的特征进行比较，并根据一定的搜索和匹配策略找出一系列最优的与输入语音匹配的模板。最后通过查表和判决算法给出识别结果。显然识别结果的准确率与语音特征的选择、语音模型和语音模板的好坏、准确度均有关。

这两类技术的成功很大程度上取决于一种称为长短时记忆神经网络（LSTM）的深度神经网络方法。目前，在语言翻译和语音识别方面，机器的能力也超过了人类。

7.5　类脑智能

7.5.1　类脑智能定义

随着大数据时代的到来，传统计算机处理单元和存储单元是分开的，两者通过数据传输总线相连。芯片总线处理能力受总线容量的限制，构成所谓“冯•诺依曼瓶颈”，已无法满足更大规模数据的处理需求，世界各国开始着手寻找解决方案，并把目光转向能够以复杂方式处理大量信息的人脑神经系统，而且因为神经系统在时间和空间上实现了硬件资源的稀疏利用，功耗极低，其能量效率是传统计算机的 100 万倍到 10 亿倍。为此，各国在积极研究类脑计算方法。

近年来，类脑计算从概念走向实践，正走出一条制造类人智能的新途径。所谓类脑计算是指仿真、模拟和借鉴大脑神经系统结构和信息处理过程所设计或实现的模型、软件、装置等新型计算方法。其目标是模仿人脑，即从人脑的机能与运转方式获取灵感，制造不同于传统计算机的类脑计算机，进而创造更加智能的机器，即类脑智能机器。类脑计算是一种全新的基于神经系统的智能数据存储和运算方式，以类似于人脑的方式存储多样化的数据，实现处理复杂问题的功能，其目标是具有更强的感知、学习和预测的能力，并且可以从经验中学习并预测未来的事件。

7.5.2　类脑计算机与类脑智能

利用大规模神经形态芯片构建类脑计算机，包括神经元阵列和突触阵列两大部分，前者通过后者，两者互联，一种典型联结结构是纵横交叉，使得一个神经元和上千乃至上万其他神经元联结，而且这种联结还可以是软件定义和调整的。这种类脑计算机的基础软件除管理神经形态硬件外，主要用于实现各种神经网络到底层硬件器件阵列的映射。软件神经网络可以复用生物大脑的局部甚至整体，也可以是经过优化，乃至全新设计的神经网络。通过对类脑计算机进行信息刺激、训练和学习，使其产生与人脑类似的智能甚至涌现出自我意识，实现智能培育和进化。刺激源可以是虚拟环境，也可以是来自现实环境的各种信息（如互联网、大数据）和信号（如遍布全球的摄像头和各种物联网传感器），还可以是机器人“身体”在自然环境中的探索和互动。在这个过程中，类脑计算机能够调整神经网络的突触联结关系及联结强度，实现学习、记忆、识别、会话、推理及更高级的智能。世界上比较典型的神经形态类脑计算机包括 SpiNNaker、

Thinker 芯片等。

如图 7.19 和图 7.20 所示，由英国曼彻斯特大学开展的 SpiNNaker 项目由 2 万个芯片组成，每个芯片都代表 1000 个神经元。SpiNNaker 的设计侧重在生物学速度方面模拟大脑的交流活动。

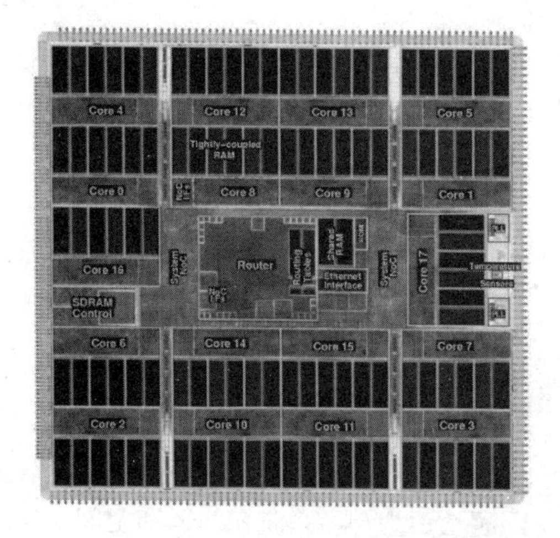

图 7.19　曼彻斯特大学的 Building Blocks

图 7.20　50 万核神经形态计算平台 SpiNNaker

自 2016 年 4 月以来，SpiNNaker 一直使用 50 万个核心处理器来模拟大脑皮层中的 8 万个神经元活动，但是升级后的机器是此前容量的两倍。在欧盟“人脑计划”项目的支持下，SpiNNaker 将继续让科学家们能够建立详细的大脑模型。现在 SpiNNaker 有能力同时执行 200 万亿次运算。

2017 年，清华大学推出可重构多模态混合神经计算芯片（代号 Thinker）。Thinker

芯片基于该团队长期积累的可重构计算芯片技术，采用可重构架构和电路技术，突破了神经网络计算和内存的瓶颈，实现了高能效、多模态混合神经网络计算。Thinker 芯片具有高能效的突出优点，其能量效率相比目前在深度学习中广泛使用的 GPU 提升了三个数量级。Thinker 芯片支持电路级编程和重构，是一个通用的神经网络计算平台，可广泛应用于机器人、无人机、智能汽车、智慧家居、安防监控和消费电子等领域。

类脑计算技术的发展将推动图像识别、语音识别、自然语言处理等前沿技术的突破，类脑计算应用有望推动新一轮产业革命。目前，类脑智能取得的进展只是对脑工作原理初步的借鉴，未来的机器智能研究需与脑神经科学、认知科学、心理学深度交叉融合，逐渐实现类脑智能。

类脑智能当前存在“先结构、后功能”和“先功能、后结构”两条发展思路。“先结构、后功能”主要是指先研究清楚大脑生理结构，然后根据大脑运行机制研究如何实现大脑功能；“先功能、后结构”主要是指先使用信息技术模仿大脑功能，在模仿过程中逐步探索大脑机制，然后相互反馈促进。

创造这样统一的“终极”类脑系统结构还存在多种限制，最重要的是缺乏一个统一的脑理论。最终需要一种自下而上、自上而下，将微观与宏观、整体与局部、系统与子系统互相结合起来的方法，才可能真正揭示大脑各项智能机制的奥秘，进而设计人工大脑。但是，即使实现了基于上述类脑计算技术的类脑智能，具有类脑智能的智能机器是否就具有了自己的意识、思维以及自主学习、决策等通用智能还是一个未知数。

7.6　混合智能

7.6.1　混合智能技术

生物智能、人类智能与机器智能各有所长，并且具有很强的互补性。例如，机器智能擅长海量存储与精确数值计算、声光电多模态感知及海量图像识别等，而人类智能擅长抽象思维、自主学习、语言理解等高级智能活动。同样，生物智能与人类智能也各有特色。人类具有语言思维、预测未来、文化创造等高级智能，而动物在环境复杂信息感知、觅食求偶逃生等方面表现出远胜人类的智能行为，如猎豹捕食猎物时的高速奔跑、蚁群觅食过程中的群体协作行为等。

如图 7.21 所示，混合智能技术是将人的智能与微电子、机械、材料、嵌入式计算机及可穿戴传感器技术结合而成的系统性智能技术，其特点在于直接利用人的智能技术与外界进行通信、控制、交互，而不是单纯利用计算机模拟人的机器代替人去完成任务。混合智能技术的本质是一种人类体能、智能的增强、拓展技术。在通用人工智能时代到来之前，混合智能将成为传统人工智能与未来超级机器智能之间的过渡形态。

利用由混合智能技术形成的混合智能系统构建一个双向闭环的有机系统，既包含生物体，又包含人工智能组件。其中，生物体组织可以接收人工智能体系统的信息，人工智能体系统可以读取生物体组织的信息，两者无缝交互。同时，生物体组织实时反馈人工智能体的改变，反之亦然。混合智能系统不再仅仅是生物与机械的融合体，而是同时融合生物、机械、电子和信息等多领域因素的有机整体，实现系统的行为、感知和认知等能力的增强。

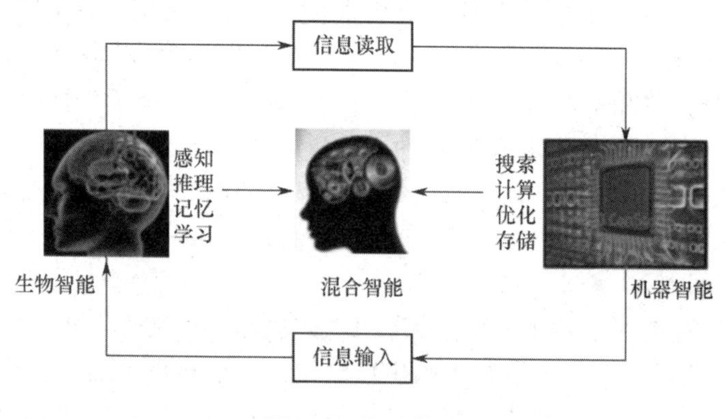

图 7.21　混合智能

生物智能与机器智能在不同的层次、方式、功能、耦合层次的交互融合形成的混合智能有多种形态，具体内容如表 7.2 所示。

表 7.2　混合智能的形态

分类方式	混合智能形态		
智能混合方式	增强型混合智能	替代型混合智能	补偿型混合智能
功能增强方式	感知增强混合智能	认知增强混合智能	行为增强混合智能
信息耦合方式	可穿戴人机协同混合智能	脑机融合混合智能	人机一体化混合智能

从层次角度看，将生物智能体系和机器智能体系粗略地分为感知层、认知层和行为层。三个层次之间存在紧密的联系，层次化是混合智能最显著的特点之一。

从智能混合方式来看，混合智能系统可采用增强、替代和补偿三种方式。其中增强是指融合生物和机器智能体后实现某种功能的提升；替代是指用生物/机器的某些功能单元替换机器/生物的对应单元；补偿是指针对生物及机器智能体的某项弱点，采用机器或生物部件补偿并提高其较弱的能力。

从功能增强角度来看，混合智能可以分为感知增强混合智能、认知增强混合智能、行为增强混合智能，三种系统分别实现感知、认知及行为层面的能力提升。

从信息耦合方式来看，混合智能可以分为可穿戴人机协同混合智能、脑机融合混合智能、人机一体化混合智能。穿戴人机协同混合智能通过穿戴非植入式器件，实现生物智能体与机器智能体的信息感知、交互与整合，机器智能体和生物智能体的耦合程度较低。人机融合的混合智能采用植入式器件，实现机器智能体与生物智能体的信息融合，两者不仅仅是简单的信息整合，还包括多层次、多粒度的信息交互和反馈，形成有机的混合智能系统。人机一体化混合智能是深度的信息、功能、器件与组织的融合，系统呈现一体化态势。无处不在的物联网、互联网进一步整合形成了机器脑与机器脑、人机之间的混合智能系统。

混合智能中的生物可以是人类，也可以是某种动物。2004 年，英国人哈维森把带芯片的天线植入自己的头骨中，从而成为世界上第一个获得政府认可的半电子人（见

图 7.22）。在编程设计下，植入的天线能够识别紫外线和红外线，并把人眼可见的颜色转换为声音。这意味着，天生色盲的哈维森可以通过声音辨别各种色彩，成为一个典型的人机混合人。

图 7.22　世界上第一个获得政府认可的半电子人

混合智能技术主要包括可穿戴计算、外骨骼、脑机接口等技术。

人类一直在用机器来延伸和扩展人类的某些智能行为，混合智能使得人与机器之间相互作用，甚至使得人与机器在身体和智能方面进行融合，在体力、智力方面都将进一步拓展人类的自然智能，也为人类深入认识自身提供了新工具、新手段、新方法，并将促使人类向新阶段进化。

7.6.2　可穿戴计算

社会已经历史地进化了其工具，使产品形成更轻便、更机动和可穿戴的形式。可穿戴暗示着利用人体作为物体的支持环境。可穿戴计算技术是计算领域正在兴起的一项新技术，为计算机科学与技术提出了新的课题，将形成新的计算概念、理论和技术，并将拓展计算的功能和开辟新的应用领域。可穿戴性被定义为人体和可穿戴物体之间的交互活动。

近年来，由于应用需求的牵引和计算机技术的快速发展，可穿戴计算机备受世界各国关注，并迅速得到了发展。虽然可穿戴计算机可在许多特殊任务领域得到充分利用，但人类更希望它早日进入日常生活。可穿戴计算作为一种新的计算模式，为计算机科学与技术提出了新的课题，将形成新的计算概念、理论和技术，并将拓展计算的功能和开辟新的应用领域。可穿戴计算也为系统仿真提供了新的计算平台，将会对系统仿真技术产生重要的影响。目前，面对的挑战有无限自主网技术，可穿戴计算机应用系统，移动数据管理技术，可穿戴计算机体系结构设计，人机交互技术，可穿戴计算机操作系统技术，可穿戴计算机应用软件设计，可穿戴计算机系统无线联结技术，可穿戴计算机系统设备设计技术，电源能耗问题，系统可靠性，安全性设计技术，普适计算其他相关技术等。

比较典型的先进可穿戴产品包括电子皮肤、外骨骼机器人等，如图 7.23（a）、（b）电子皮肤是一种柔性电子技术结合材料技术研制而成的传感器，贴在皮肤表面可以测量人体的温度、心率等身体指标，保护人的健康。

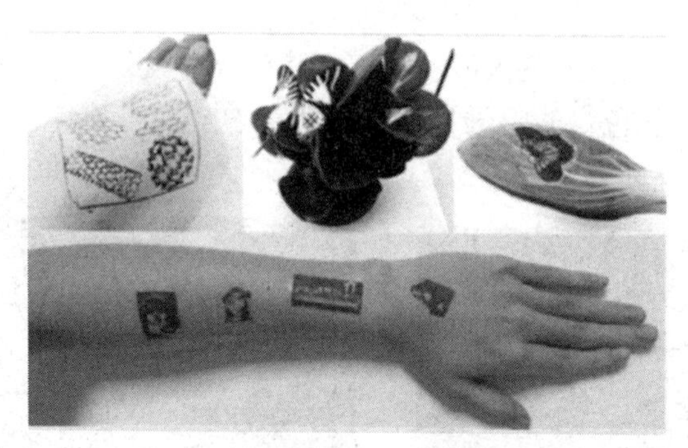

（a）贴在皮肤表面的电子皮肤

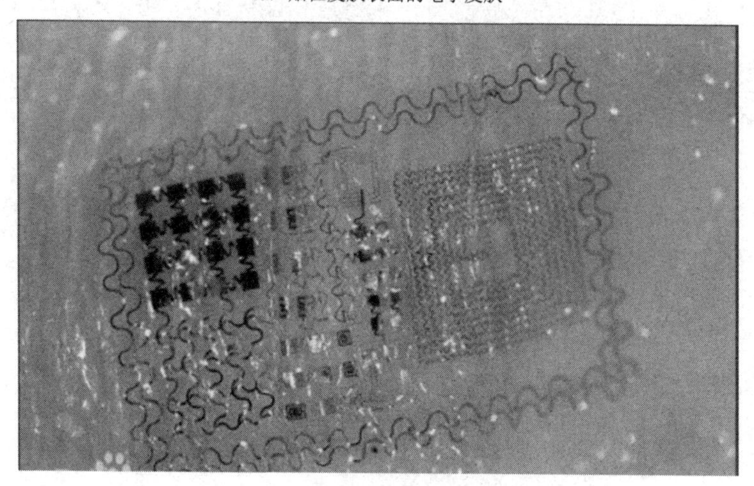

（b）柔性电子传感器

图 7.23 可穿戴产品

7.6.3 外骨骼

外骨骼（Exoskeleton）这一名词来源于生物学，其概念是指为生物提供保护和支持的坚硬的外部结，例如，甲壳类和昆虫等节肢动物的外骨骼主要由几丁质和矿化（磷酸钙化）的胶原纤维（一种蛋白质）组成。外骨骼体制的优越性在于支撑、运动、防护三项功能紧密结合。与此对应，外骨骼机器人（Exoskeleton Robot）实质上是一种可穿戴机器人，即穿戴在操作者身体外部的一种机械机构，同时又融合了传感、控制、信息耦合、移动计算等机器人技术，在为操作者提供了诸如保护、身体支撑等功能的基础上，还能够在操作者的控制下完成一定的功能和任务。由于外骨骼机器人技术能够增强个人在完成某些任务时的能力，外骨骼和操作者组成的人–外骨骼系统能够对环境有更强的适应能力。

近年来对外骨骼机器人的研究引起了许多科研人员的关注，并在单兵作战装备、辅助医疗设备、助力机构等领域获得了广泛的应用。

在军事领域，由于外骨骼能够有效提高单兵作战能力因而具有很大的吸引力。从 2000 年开始，美军开始从事“增强人体机能的外骨骼（EHPA）”项目的研究。美国政府已经制定计划投资数百万美元研制新一代的基于外骨骼的单兵作战装置。这套作战外骨骼系统不仅自身具有能源供应装置，提供保护功能，还集成了大量的作战武器系统和现代化的通信系统、传感系统及生命维持系统，从而把士兵从一个普通的战士武装成一个“超人”。外骨骼装备可以使士兵轻松承受高达吨级的武器装备，外骨骼本身的动力装置和运动系统能够使士兵不感疲倦地做长距离、长时间的高速运动，同时外骨骼坚实的防御能力也使得士兵能够“刀枪不入”。在不久的将来，飞行能力也将被集成到外骨骼装备中，从而使士兵的作战范围和能力超越传统的概念。

在社会生活的各个方面，也都能找到外骨骼的实际应用事例。如图 7.24 所示的是辅助人类行走的外骨骼，如利用外骨骼来使身体有残疾的人重新站起来，减轻工人的劳动强度等。

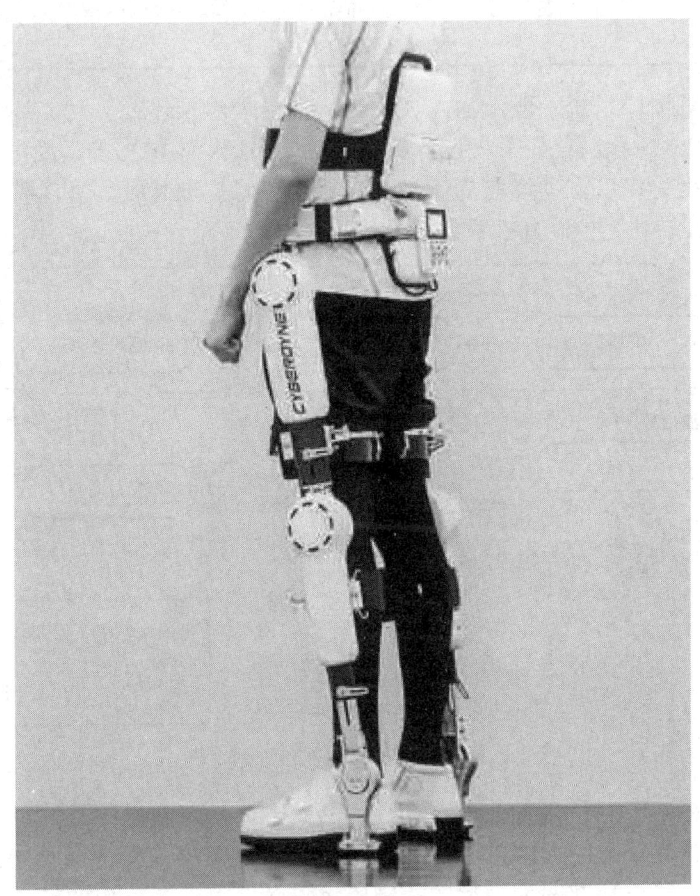

图 7.24　辅助人类行走的外骨骼

7.6.4　脑机接口

19 世纪末，德国生物与精神病学家汉斯伯格观察到一种从未有过的神奇现象——电鳗自身会产生电流。这个现象给他很大的灵感，他从而发现了人脑中也有非常微弱的电流——脑电波（EEG）。脑电波的生理电位通常十分微弱，大约在 5～30 μV 左右，属于 0.5～60 Hz 的交流信号。表 7.3 列出可测量的脑电波频段和相关的大脑状态。

表 7.3　脑电波频段和相关的大脑状态

脑电波类型	频率及幅值	精神状态
Delta	0.1～3Hz 幅值不一	沉睡，非快速动眼睡眠，无意识状态
Theta	4～7Hz 高于 20μV	直觉的，创造性的，回忆，幻想，想象，浅睡
Alpha	8～12Hz 30～50μV	放松但不困倦，平静，有意识地
Beta	12～30Hz 5～30μV	警觉，放松，专注，有协调性，烦躁，思考，对于自我和周围环境意识清楚
Gamma	30～100Hz 幅值不一	心理活动活跃

原理上，脑机接口系统一般由输入、输出、信号处理及转换等功能环节组成。整个系统框图如图 7.25 所示，首先采集设备从大脑皮层采集脑电波信号，经过放大、滤波等处理环节将其转换为可以方便读取的信号；然后对信号提取特征，并对特征信号进行模式分类；最后将其转化为控制外部设备的具体指令，实现意念控制。

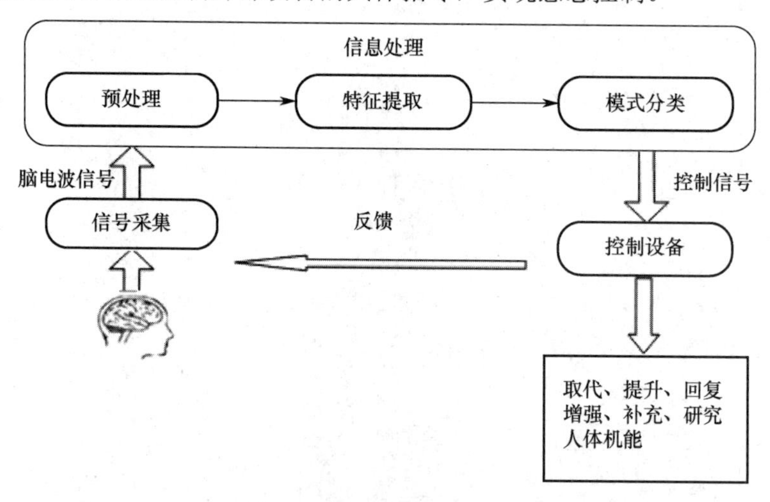

图 7.25　脑机接口系统框图

输入环节是用来检测包含有某种脑电特性的信号，是对脑电信号的粗提取。信号处理和转换环节负责对采集的大脑信号进行处理分析，分类决策并转换成某种参数产生驱动或者操作命令。输出环节即为最后的控制应用设备，可以是外部的轮椅、机械手、机器人等。在整个系统中的信号分析和转换环节中，方法的优化可以提高脑机接口系统的控制性能。

（1）信息采集：脑机接口的划分形式一般也是以信息采集方式为主的，通常被分为侵入式、半侵入式、非侵入式（脑外）。其中，典型的系统有脑电图（EGG），脑电图是有潜力的非侵入式脑机接口的主要信息分析技术之一，这主要是因为该技术具有良好的时间分辨率、易用性、便携性和相对低廉的价格等特点。

（2）信息分析：收集好了足够多的信息后，就要进行信号的解码和再编码以处理干扰。脑电波信号在采集过程中的干扰有很多，如工频干扰、眼动伪迹、环境中的其他电磁干扰等。

（3）分析模型：是信息解码环节的关键，根据采集方式的不同，一般会有脑电图、皮层脑电图等模型可以协助分析。信号处理、分析及特征提取的方法包括去噪滤波、P300 信号分析、小波分析+奇异值分解等。

（4）再编码：将分析后的信息进行编码，如何编码取决于希望做成的事情。如控制机械臂拿起咖啡杯喂自己喝咖啡，就需要编码成机械臂的运动信号，在复杂三维环境中，准确控制物体的移动轨迹及力量都是非常的复杂。

但编码形式也可以多种多样，这也是脑机接口可以几乎与任何工科学科相结合的原因。最复杂的情况包括输出到其他生物体上，如小白鼠身上，控制其行为方式。

（5）反馈：获得环境反馈信息后再作用于大脑也是非常复杂的。人类通过感知能力感受环境并且传递给大脑进行反馈，感知包括视觉、触觉、听觉。

7.6.5　混合智能的作用

1. 人体增强

人类不断尝试通过技术来改善自己，如通过整容手术增加物理吸引力和使用植入前基因检测降低胚胎遗传性疾病的可能性，因此，人类增强的形式不是新概念。

在工程学的背景下，人类增强可以被定义为应用技术来克服身体或精神上的限制，从而暂时或永久地提高一个人的能力。按照这个定义，人类增强需要治疗疾病和残疾，以及提升人类的能力。

2. 机能增强

除了药物和基因工程技术，外骨骼增强等技术可以在不久的将来用于人类增强。许多这些装置正在通过新兴的跨学科科学领域提出，并且对人类增强有重要的应用。随着假肢技术的进步，一些科学家正在考虑使用先进的假肢增强（其应用生物形态机器人的原理），用人造机构和系统代替健康的身体部位以改善功能。

3. 神经增强

生物电子学和生物电子学的应用使人类机能增强，生物相容性纳米线已成功地嵌入到工程化人体组织中，人脑智能和机械肢体形成的混合智能会十分普遍。由神经学家开发的多功能超感官传感器（VEST）能够检测声波，并将其转换为微弱的振动，它允许聋人以全新的方式感受声音。据称一种眼镜仿生镜片能够让人类实现超常视力或让盲人恢复视力，可通过类似白内障手术的简单手术植入眼球内。

神经增强技术对许多残疾人更有积极意义，甚至改变他们的生活。如图 7.26 所示的是利用神经增强技术的残疾人。在某些病例中，假体设备帮助患者恢复了运动和感觉能力。思维控制机械臂帮助被截肢、遭遇外伤或天生缺失手臂的患者，让他们实现各种活动能力。最令人印象深刻的是，他们在使用机械臂时将感觉很“自然”。科学家为失去半条胳膊的鼓手设计了机械假肢，装上这种假肢后，他仍可以在乐队中演奏。

通过能够解码肌肉和神经信号的计算机算法，并预测出穿戴设备的残疾人想要做什么，可以尽可能地实现那种自然的无意识效果。比如残疾人利用对一只手的记忆，想象做出 11 种姿势中的一种，比如用手指指向某处。残肢上的肌肉会按压这些按钮，并告诉他的假手去做他打算做的动作，经过一段时间想象训练之后，曾经控制手指的大脑回路仍然能执行命令使得假肢可以工作。瑞士生物医学工程师开发一种双向假体手臂，可以在运动的时候产生感觉。这个手臂是永久植入在佩戴者的骨骼中的，使用多达 9 个电极来接收残肢肌肉发送至该假肢的电机指令，并将手指传感器中的信号传回手臂的感知神经元。

图 7.26 利用神经增强技术的残疾人

4. 记忆力增强

人类的记忆能力各有不同。虽然搜索引擎技术可以帮助人类辅助记忆，但是对于患有轻度痴呆症状的人帮助是有限的。一些记忆辅助技术可以帮助这类人规划、管理任务和事件。一些其他的记忆辅助设备能够分析可穿戴监测器的数据，使用监测个人生活环境的传感器数据，或根据医生的指令向病人提供个性化提醒服务，如何时服药、何时进行物理治疗，甚至帮助个人追踪容易放错的物品。各种人机混合技术用来监测健康并感知信息，成为收集、存储和追溯个人记忆的新媒介，这实际上是对个人生命历程的记忆过程。

将芯片直接植入和作用于神经系统，补充或是增强大脑能力，将改变人们感知世界、与世界互动的方式，它们会成为人类的一部分。但大脑植入芯片也存在一定安全问题及生物学问题，同时涉及医学伦理及人工智能伦理问题。

7.7 本章小结

机器是模拟或实现人类智能的物理载体。大数据驱动下的弱人工智能或者感知智能在机器视觉、听觉、语音识别能力都达到甚至超越人类水平。认知智能还处于低级阶段。语言智能和行为智能使得机器也呈现出独有的智能。类脑智能是机器智能发展的高级阶段，目前还处于发展中。混合智能则是人机混合的特殊智能形态。人工智能研究的对象本质应该是“人”本身，机器是手段。总体上，机器智能目前仍然属于比较低的等级，随着人对智能的认识的深化，就可能在机器上实现出越来越高级的水平，这将主要通过认知智能技术的发展来支撑和实现。

习题 7

1. 机器感知智能主要依赖哪些技术实现？举例说明机器感知智能在超越人类方面的一些具体表现。

2. 认知智能包括哪些技术？为什么说机器认知智能还处于低级阶段？

3. 语言智能包括哪些技术？机器在语言智能的哪些方面已经表现出卓越性能？机器语言智能技术能够使机器理解人类语言吗？

4. 机器行为智能与机器人有什么关系？通过哪些技术来实现？

5. 人机混合智能主要有哪些形式？主要有哪些技术？人机混合智能对于人类而言有什么意义？

第 8 章　机器博弈与机器创造

本章学习目标

1. 学习和理解机器在博弈和创造力方面表现出的智能特性。
2. 学习和理解机器博弈、机器创作与机器创造对人类构成的挑战性。
3. 学习和理解机器智能在科学发现方面表现出的智能特性。

学习导言

从 AlphaGo 击败人类围棋世界冠军，到无人机、无人车、智能语音识别等技术取得突破性进展，人工智能已经成为人们日常生活的一部分。除了在象棋、围棋等原本人类擅长的博弈领域取得突破，人工智能也正在进入人类感性艺术领域、科学发现领域。人工智能创作文学作品、音乐作品、美术作品的新闻层出不穷。人工智能将人类的创造力、情感表达、审美等智能与计算技术相结合，突破了人类在艺术创作方面的认知局限，创造出更具新奇感的表达效果，同时也节省了人力成本，提高了艺术创作的效率。在新材料、药物分子设计甚至数学定理等方面都取得了令人惊叹的成就。基于算法实现的机器智能在这些方面已经远超过自然的人类智能。本章主要从棋类博弈、艺术创作、科学发现等方面了解机器智能展示的惊人性能。

8.1　人类创造与机器创造

8.1.1　人类创造力

创造力是指人类产生新颖的、异乎寻常的，以及有价值的想法的能力，是人类智慧的精华和顶峰。对于人类来说，创造力是一个复杂和较难界定的概念。根据心理学家的共识，创造力被定义为对问题或情境反应的一种新颖但恰当的解决方式，而结果和过程是创造力的两个紧密相关的层面。

人类是怎么进行创造的，人类的创造过程是怎样的？人们普遍认为创造力很神秘，如同智能一样，人类是如何产生新颖想法的？至今还是个谜团。深刻理解人类创造力的内在认知机制，对于发展更先进的人工智能技术至关重要。

人类创造力主要有两个标准：新颖性和有用性，其中新颖性是创造力的主要标准，它也经常被认为是最有特色和最重要的特征之一，但是，创造力只有新颖性是不够的，一些令人难以置信的新颖和非常规的想法是完全不现实的，大多被认为是不具备创造性的，或者是准创造性的；有用性通常被视为创造力的次要特征，它是创造力的必要条件，而非充分条件，有用性要求产品能够提供一些功能，这种功能适应性的标准不是毫无价值的。创造力需要体现为一个最终产品作为结果，而且这一产品必须被认为是新颖和有用的。

人类的创造性活动涉及发散性思维和聚合性思维，对人类创造力的内涵界定和特征刻画的是认知心理学的工作，认知心理学研究对创造力的进化认知解释，以及对创造力

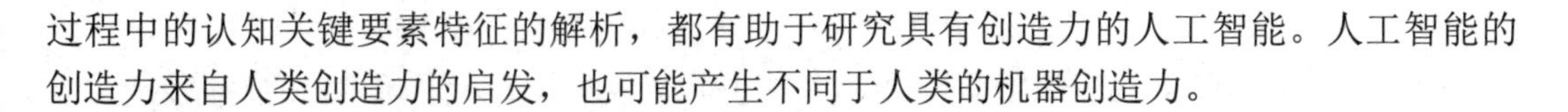

过程中的认知关键要素特征的解析，都有助于研究具有创造力的人工智能。人工智能的创造力来自人类创造力的启发，也可能产生不同于人类的机器创造力。

8.1.2　机器创造力

机器是如何产生创造力的？人类通常认为人工智能没什么创造力，但深度学习等人工智能技术确实产生了许多新颖的、异乎寻常的，以及有价值的设计、创作、科学发现，超出人类的想象或想法。2012 年，研究人员花了一周时间向一个深度神经网络展示约 1000 万个 YouTube 视频的截屏图像，并且不对图像的性质做任何说明，即无监督学习。研究者随后分析了该系统的深层结构，发现其中一个特定的神经元对图像中的人脸有强烈反应，而另一个处理单元则一看到猫就立刻活跃起来，机器在经过大规模图像识别训练后，自主发现了人脸和猫脸的潜在结构，算法“大脑”似乎形成了关于猫概念。这一包含 10 亿联结的神经网络没有特定的搜寻目标，算法自发地将猫的外表概念化，非常类似一种人类的初级理解水平。这实际上正是一种机器创造力的雏形。

基于深度神经网络的机器智能事实上已经孕育出一种与人类迥异的智慧。在解决问题或执行任务时，深度神经网络算法自有一套逻辑，与人类大异其趣，却殊途同归。人类不需要给出具体步骤来教算法如何解决问题，算法会自行找出最理想的策略。这些策略在人类看来往往出乎意料、无法理解。算法似乎能够想人所不敢想，探究理论上不可思议的方案。这反映了一种借助人类智能而进化出的新型智能形态，一种人类前所未见的智慧，有时它们与人类的认知过程有着惊人的相似，有时却有天壤之别。其中的种种迹象，不禁令人联想到真正的感知能力、抽象能力、理解能力乃至创造能力。

目前，一些科学家认为，人类相信自己拥有所谓“创造力”的特殊能力，而人工智能算法没有这种能力的观点是错误的。

下面从机器博弈、音乐创作、文学创作、美术创作、材料及药物分子设计、数学定理证明等几方面介绍机器表现出的机器创造力。

8.2　机器博弈

8.2.1　完整信息博弈

游戏长久以来都被认为是用来衡量人工智能进步的一个标准。在过去的二十年里，人们见证了许多计算机程序已经在许多游戏上超越了人类，如西洋双陆棋、跳棋、国际象棋、围棋和电子游戏。早在 20 世纪 50 年代，在棋类游戏领域最简单的跳棋，人类就已经败给计算机。在国际象棋方面，IBM 公司开发的深蓝超级计算机在 1997 年就打败了国际象棋大师，而后续的 Stockfish 和 Komodo 国际象棋程序也早已独霸国际象棋世界。在跳棋、象棋等棋类游戏中，人工智能可以与人类选手一样，能够获得的确定性信息是相同的。基于这种限定规则，随时可以获取全部信息的游戏，可以称为完整信息博弈游戏。这种完整信息属性也是让算法取得成功的核心。

围棋是棋类游戏皇冠上的明珠，是最复杂的完整信息博弈、最能体现人类智慧的游戏之一。

2016 年，围棋程序 AlphaGo 与世界冠军李世石（人类最高水平九段）的对弈掀起了全世界对人工智能领域的新一轮关注。在与李世石对战的 5 个月之前，AlphaGo 已经击败了欧洲围棋冠军樊麾二段，按照人类的围棋等级计算，积分上升至 3168 分，而当时排名世界第二的李世石是 3532 分。按照这个等级分数对弈，AlphaGo 每盘的胜算只有约 11%，而结果是 3 个月之后它在与李世石对战中以 4 比 1 大胜。

通过这次比赛，人类已经看到了机器创造力的端倪。2016 年，AlphaGo 对阵李世石的第二局比赛中，AlphaGo 执黑下出的第 37 手（见图 8.1），围棋界人士认为这一手创造力十足，甚至超出了人类职业棋手的理解。

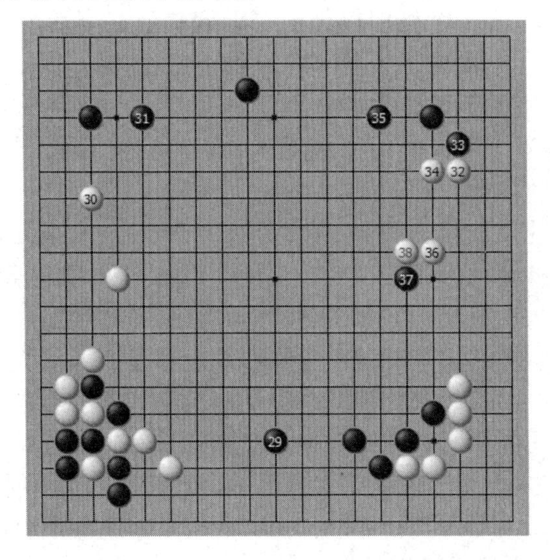

图 8.1　AlphaGo 执黑下出的第 37 手

在 AlphaGo 战胜人类前，首先模仿人类围棋高手并学习他们的棋形。AlphaGo 采用深度卷积神经网络来识别、判断棋形。围棋盘可以看成 19×19 的图像，有 250^{150} 种变化，要将这些变化分成高手棋形、非高手棋形，是一个非常困难的机器学习问题。为了达到系统自我学习的效果，AlphaGo 设计了一种深度强化学习技术。在系统自我学习过程中，AlphaGo 局部会采用一种叫蒙特卡罗搜索树的随机策略进行搜索，该策略使得整个系统能够自我进化。

在对弈人类冠军的棋局中，AlphaGo 生成了不少出人意料的招数，在汗牛充栋一般的棋谱里从未出现过，可以说 AlphaGo 重新定义了围棋。现在，围棋大师们都纷纷从 AlphaGo 的招数中寻找灵感。

在围棋上打败天下无敌手之后，Alpha 家族开始深入探究所有棋类，其中就包括国际象棋、日本将军棋，并于 2017 年 10 月发布 AlphaGo Zero。研究论文显示，AlphaGo Zero 在三天内自学了国际象棋、围棋和日本将军棋，成为通用“棋手”，而且不需要人工干预。几个小时内，AlphaGo Zero 就成为世界上最好的棋类玩家，清楚地展示了人类从未见过的一种机器智慧。

Alpha Zero 通过与自己对弈并根据经验更新神经网络，从而发现了国际象棋的原理，并迅速成为史上最好的棋手，它不仅能够轻而易举地击败所有强大的人类棋手，还能击败当时的计算机国际象棋世界冠军 Stockfish。在与 Stockfish 进行的 100 场比赛中，AlphaZero 取得 28 胜 72 平的好成绩，在其中几个棋局中，它使 Stockfish 瘫痪。当 AlphaZero 在第 10 局进行进攻时，它把自己的皇后假装退到棋盘的角落里，远离 Stockfish 的国王。通常来说，这并不是攻击皇后应该被放置的地方。很明显，AlphaZero 获胜靠的是更聪明的机器思维，而不是更快地计算。AlphaZero 每秒只计算 6 万个位置，而 Stockfish 会计算 6 千万个。因此，AlphaZero 相比 Stockfish 更智能，知道该思考什么，该忽略什么。

最令人惊讶的是，AlphaZero 不仅打败了人类和所有程序，还似乎表达出一种天然的洞察力。它具备浪漫而富有攻击性的风格，以一种直观而优美的方式发挥着计算机所没有的作用。AlphaZero 拥有精湛的技艺，同时也拥有机器的力量。这是人类第一次瞥见一种令人敬畏的新型智能。国际象棋大师卡斯帕罗夫在《科学》杂志文章附带的一篇评论中写道，AlphaZero 通过自主发现国际象棋的原理，开发出一种“反映游戏真相”的玩法，而不是“程序员式的优先级和偏见”。

棋类博弈问题是一个试错学习过程，也是一个创造性的过程，无论对于人类还是人工智能都是如此。深度学习、强化学习等算法从一开始什么都不知道，然后可以通过学习逐渐发现一件新事物、一种新模式，这种能力有助于基于深度学习等技术设计的人工智能系统比以往的人工智能系统能更好地解决问题。

8.2.2 非完整信息博弈

完整信息游戏在开始时会展示所有信息。玩家要玩好完整信息游戏，需要相当多的预见性和计划。玩家必须处理他们在棋盘上看到的东西，并决定他们的对手可能会做什么，同时努力实现最终的胜利目标。非完整信息游戏则要求玩家考虑隐藏的信息，并思考下一步应该如何行动才能获胜，包括可能的虚张声势或组队对抗对手。

非完整信息游戏要求更复杂的推理能力。在特定时刻的正确决策依赖于博弈一方所透露出来的个人信息的概率分布，这通常会在其行动中表现出来。但是，博弈一方的行为如何暗示其信息，反过来也要取决于其对博弈的另一方的私人信息有多少了解，另一方的行为已经透露了多少信息。这种循环性的推理正是为什么一个人很难孤立地推理出游戏的状态的原因。

围棋是讲究计算和形势判断能力的完整信息游戏，大约有 10^{170} 个决策点。在“星际争霸”或“德州扑克”这类游戏中，讲究的是在多人博弈中，避免人性贪婪、恋战等弱点，并将科学的概率统计与灵活的实战策略很好地配合起来，是一种不完整或非完整信息游戏，也就是说，对弈双方是在通常无法在特定时刻获得有关游戏的全部信息的情况下进行博弈的。例如，在“德州扑克”中，玩家无法知道对手的底牌是什么，也不知道发牌员发出的下一张牌是什么。

冯·诺依曼曾对非完整信息游戏中的推理行为进行过解释：“现实世界与此不同，现实世界包含有很多赌注、一些欺骗的战术，还涉及你会思考别人会认为你将做什么。”

扑克是典型的非完整信息博弈游戏，一对一无限注中包含 10^{160} 个决策点，每个点都根据出牌方的理解有不同的路径。玩家只能根据自己手上的牌提供的非对称的信息来对游戏状态进行评估，因此，扑克游戏也一直是人工智能面临的挑战。在这类游戏里，人工智能必须像人一样，根据经验或概率统计知识，猜测对手底牌和下一张牌的可能性，然后再制定自己的应对策略。在一对一对战（也就是只有两位玩家）的有限下注“德州扑克”中，人工智能曾经取得了一些成功。但是，一对一有限注的“德州扑克”，只有不到 10^{14} 个决策点。

在非完整信息游戏中，比较有竞争力的人工智能方法通常是对整个游戏进行推理，然后得出一个完整的优先策略。反事实后悔最小化（Counterfactual Regret Minimization，CFR）是其中一种战术。这种战术使用自我博弈来进行循环推理，也就是在多次成功的循环中，通过采用自己的策略来对抗自己。若游戏过大，难以直接解决，则先解决更小的、浓缩型的游戏；若要进行大型游戏，则需要把原始版本游戏中设计的模拟和行为转移到一个更“浓缩”的游戏中完成。

来自卡内基梅隆大学的桑德霍姆教授与他的博士生布朗最早开发了一款名为 Claudico 的“德州扑克”程序。Claudico 是一个拉丁文单词，对应于“德州扑克”中的一种特别的策略——平跟，指的是翻牌之前，选择跟大盲注而不加注的策略。平跟这种策略，在实际“德州扑克”游戏中，使用的频率并不是很高。根据开发者介绍，计算机通过学习发现，使用这种策略有许多好处。开发人员在研发“德州扑克”程序时，主要不是向人类职业选手学习打牌技巧，而是让计算机通过自我训练寻找最好的方法。

2015 年，计算机扑克程序 Claudico 以较大的劣势输给一个专业扑克玩家团队。2017 年，同一研发团队又开发了名为“冷扑大师”（Libratus）的新版本“德州扑克”程序。Libratus 也是一个拉丁文单词，对应于程序使用的均衡策略，这一策略源自数学家纳什定义的一种完美博弈的模型。纳什博弈大概是指在有两名玩家的零和游戏中，如果有一人不遵从纳什均衡的策略，那么两名玩家获得的收益都将受损。在此类游戏中，以纳什均衡的方式思考是最安全的。遵从规律的玩家将合理地获得收益，同时在任何地方都不会被对手利用。

2017 年的比赛规则与 2015 年的基本一致，基于无限制投注的规则，“冷扑大师”轮流与人类高手一对一比赛。人类团队计算总分与“冷扑大师”的总得分比较，得到胜负结界。“冷扑大师”一开始就对四名人类高手形成了全面压制，从比赛第一天就一路领先。比赛时间从 13 天延长到 20 天。最终，在“德州扑克”人机大战中，人工智能完美胜出。

“冷扑大师”基本是从零开始学习“德州扑克”策略，且主要依靠增强学习自我对局来学习最优的扑克玩法，这一技术策略非常成功。从自我对局中学习，避免从人类的既定模式中学习经验，这对于发展解决更为广泛的现实问题的人工智能系统而言意义重大。

除了“冷扑大师”，来自加拿大和捷克的几位计算机科学研究者开发了另一种用于非完整信息的新算法 DeepStack，该算法结合使用循环推理来处理信息不对称，使用分解将计算集中在相关的决策上，并且使用一种深度学习技术，从单人游戏中自动学习有关扑克任意状态。在一项有数十名参赛者进行的 44000 手扑克的比赛中，DeepStack 成为第一个在一对一无限注“德州扑克”中击败职业扑克玩家的人工智能程序。

8.2.3 会打电子游戏的人工智能

“星际争霸”是一款经典即时战略游戏。与国际象棋、Atari 游戏和围棋不同，“星际争霸”具有以下几个难点。

（1）博弈：“星际争霸”具有丰富的策略博弈过程，没有单一的最佳策略。因此，智能体需要不断的探索，并根据实际情况谨慎选择对局策略。

（2）非完整信息：战争迷雾和镜头限制使玩家不能实时掌握全场局面信息和迷雾中的对手策略。

（3）长期规划：与国际象棋和围棋不同，“星际争霸”的因果关系并不是实时的，早期不起眼的失误可能会在关键时刻暴露。

（4）实时决策：玩家随着时间的推移不断的根据实时情况进行决策动作。

（5）巨大动作空间：必须实时控制不同区域下的数十个单元和建筑物，并且可以组成数百个不同的操作集合。因此由小决策形成的可能组合的动作空间巨大。

（6）三种不同种族：不同的种族的宏机制对智能体的泛化能力提出挑战。

正因为这些困难与未知因素，“星际争霸”不仅成为风靡世界的电子竞技，也同时是对人工智能巨大的挑战。

但“星际争霸 2”和围棋不同，围棋的棋盘永远是固定的，“星际争霸 2”中的“棋盘”是不断变化的，不同的地图即为不同的棋盘，而不同的地图也对应着不同的战术。同时在该游戏中，“战争迷雾”对人工智能算法影响巨大，能获取的对手的信息是有限的，因此这会极大地影响人工智能的判断和战术选择。

2019 年 1 月 25 日 2 时，DeepMind 在伦敦向世界展示了他们的最新成果——“星际争霸 2”人工智能 AlphaStar。比赛共 11 局。最终，AlphaStar 取得了 10∶1 的绝佳成绩，堪称世界上第一个击败星际争霸顶级职业玩家的人工智能。

AlphaStar 的行为是由一个深度神经网络产生的。网络的输入来自游戏原始的接口数据，包括单位以其属性，输出则是一组指令，这些指令构成了游戏的可行动作。

在 AlphaStar 系统中，与 AlphaGo 类似，DeepMind 将最先进的人工智能方法组合在一起。AlphaStar 使用新型的多智能体学习算法训练权重。研究者首先使用暴雪发布的人类匿名对战数据，对网络权重进行监督训练，通过模仿来学习星际天梯上人类玩家的微观、宏观策略。这种模拟人类玩家的方式让初始的智能体能够以 95%的胜率打败星际内置的人工智能精英模式（相当于人类玩家黄金级别水平）。

在初始化之后，DeepMind 使用了一种全新的思路进一步提升智能体的水平。“星际争霸 2”游戏作为一种非完整信息博弈问题，几乎不可能像围棋那样通过树搜索的方式确定一种或几种胜率最大的下棋方式。一种星际策略总是会被另一种策略克制，关键是如何找到最接近纳什均衡的智能体。为此，DeepMind 设计了一种智能体联盟的概念，将初始化后每代训练的智能体都放到这个联盟中。新一代的智能体需要和整个联盟中的其他智能体相互对抗，通过强化学习训练新智能体的网络权重。这样智能体在训练过程中会持续不断地探索策略空间中各种可能的作战策略，同时也不会将过去已经学到的策略遗忘。

每个智能体不只是简单地和其他智能体相互对抗学习，而是有针对性、有目的性地学习。例如，通过内在激励的调整，有些智能体只考虑打败某种类型的智能体，而另一些智能体则是要尽可能地击败种群的大部分智能体。这就需要在整体训练过程中不断地调整每个智能体的目标。

为了训练 AlphaStar，DeepMind 构建了高度可拓展的分布式训练方式，支持数千个智能体群并行训练。在训练期间，每个智能体经历了相当于正常人类要玩 200 年的游戏时长。最终的 AlphaStar 智能体集成了联盟中最有效策略的组合，并且可以在单块桌面级 GPU 上运行。

Player of Games

在不断取得的博弈游戏突破基础上，DeepMind 创建了一个名为 Player of Games 的系统，与 DeepMind 之前开发的其他游戏系统，如国际象棋冠军 AlphaZero 和“星际争霸 2”的 AlphaStar 不同，该系统是第一个在完整信息游戏以及非完整信息游戏中都能实现强大性能的人工智能算法。博弈者可以在完整信息游戏（如中国围棋和国际象棋）和非完整信息游戏（如扑克）中表现出色。无论是解决交通拥堵问题的道路规划，还是合同谈判、与顾客沟通等互动任务，都要考虑和平衡人们的偏好，这与游戏策略非常相似。人工智能系统可能通过协调、合作和群体或组织之间的互动而获益。像 Player of Games 这样的系统，能推断其他人的目标和动机，使其与他人成功合作。

Player of Games 是首个“通用且健全的搜索算法”，在完整和非完整信息游戏中都实现了强大的性能。Player of Games 有很强的通用性，但并不是擅长所有游戏。参与研究的 DeepMind 高级研究科学家马丁·施密德（Martin Schmid）说，在完整信息游戏中，AlphaZero 比 Player of Games 更强大，但在不完整信息游戏中，就没有那么厉害。

现在，智能机器掌握了玩游戏、解谜或者与人类互动的新方式。这个过程实际上是成千上万个小发现一个接一个累积而成的，这正是“创造力”的本质。这也是人工智能未来的研究方向，以继续推动能够通过自我尝试得出“新点子”的人工智能系统。

8.3 机器创作

8.3.1 机器音乐创作

20 世纪 50 年代，希乐博士就使用早期的计算机设计程序来控制变量形成音符，后来根据排列规则创作音乐。之后，有多种基于智能算法被运用到作曲中，主要包括马尔科夫链、人工神经网络、遗传算法，以及多种混合型算法等。

人工智能技术已经被广泛应用于乐器。人工智能技术的应用使传统乐器及其生产发生了很大的变化。人工智能乐器让用户享受音乐创作的乐趣。例如，英国 ROLL 公司推出了 ROLL Blocks，可以模仿吉他、大提琴和钢琴等 100 多种乐器。同时，该乐器可以与其他音乐软件平台同时使用，让用户体验演奏音乐的乐趣。

近些年，人工智能技术在音乐创作方面取得了更大、更惊人的进步。根据相关研究结果，人工智能技术已经可以进行非常复杂并且水平非常高的音乐创作。人工智能技术在音乐中的应用甚至已经使音乐逐渐走向商业化。通过相关调查显示，人类与人工智能合作创作的速度是人类音乐家的 20 倍，极大地提高了音乐创作的效率。

在音乐创作过程中，人工智能技术建立了音乐结构、节奏、风格、音阶等的基本逻辑和规律，并通过精确的算法系统创造出优美的旋律。同时，结合乐器的声乐特点和效果，创造出具有内涵的音乐。

智能作曲是运用人工智能算法进行机器作曲的过程，使人在利用计算机进行音乐创作时介入程度达到最小。将人工智能算法运用到计算机辅助算法作曲系统，可以模拟作曲家的创作思维，极大提高作曲系统的自动化程度。具有高自动化程度的机器智能作曲，不仅可以使作曲家更高效地工作，提高作曲效率，还可以简化作曲的繁杂性，提高音乐创作的普遍性，更增加了音乐与人工智能等多领域交叉发展的可能性。

在旋律识别方面，给计算机听一段新的旋律，让其判定是否与已知的旋律匹配，来达到音乐曲目模式识别的目的。现在许多软件中的“听歌识曲”功能都来源于此。准确的旋律识别需要短时傅里叶变换、液体状态机等算法。

近年来，国内外人工智能作曲领域发展较为迅速，国外人工智能巨头公司都对人工智能作曲展开了深入研究，一些由人工智能创作的音乐作品已经达到大师级水平。2017 年，一名流行歌手发表了一张名为 *I Am AI* 的新专辑，成为人类历史上第一张正式发行的人工智能歌曲专辑。其中，对于主打单曲 *Break Free*，听众普遍反映完全听不出是由应用程序创作完成的，与音乐人创作的作品没有太大差别，改变了人工智创作的音乐比较机械、情感空白的现状。

国外有机构利用算法将古典音乐中最著名的未完成作品续写完成，其软件已经在法国作词者、作曲者和音乐发行人协会（SACEM）获得了作曲家的资格。证明了算法已生成原创音乐的能力，而且对音乐的“理解”相当深入。

在音乐历史长河中，无数音乐家穷尽一生精力为后人留下了动听的旋律，这些旋律与所创作的时代相贴合，甚至被打上了创作者自己独特的烙印。加州大学圣克鲁兹分校的音乐学教授戴维·柯普（David Cope）是古典音乐界极具争议的人物，因为他编写了能够谱写出协奏曲、合唱曲、交响乐和歌剧的计算机程序。他写出的第一个程序名为 EMI（Experiments in Musical Intelligence，音乐智能的实验），专门模仿巴赫的风格。虽然程序开发耗费了 7 年实践，但 EMI 短短一天就创作了 5000 首巴赫风格的赞美诗，它甚至学会了如何模仿贝多芬、肖邦、拉赫玛尼诺夫和斯特拉文斯基。柯普还为 EMI 签了合约，首张专辑《计算机谱曲的古典音乐》，受到意想不到的欢迎。柯普曾经挑出几首，安排在一次音乐节上演出，观众反应热烈，但他们并不知道作曲者是 EMI 而非巴赫。

有人批评说 EMI 的音乐虽然技术出众，但一切太过准确，没有深度，没有灵魂。但只要人们在不知作曲者是谁的情况下听到 EMI 的作品，常常会大赞这些作品充满灵魂和情感的共鸣。

从人工智能技术在音乐创作中的应用可以看出，人工智能技术可以提高音乐家的工作效率，降低音乐家与制作人之间的沟通成本，为制作人提供更多低成本的版权音乐，制作大量的音乐内容。然而，在音乐创作的过程中，人工智能技术并不能完全取代音乐家。音乐艺术是对现实世界的一种表达，它将人类的智慧与情感联系起来，表达了音乐家独特的思维和心理活动，体现了不同音乐家独有的音乐形象。这些都是人工智能目前无法达到的效果。同时，人工智能技术在音乐创作过程中还不够成熟，它可以帮助音乐家表达他们的情绪，但不能达到音乐创作者的最高标准。同时，人工智能技术虽然可以根据特定条件创造音乐旋律，但旋律并不包含真实的情感。

8.3.2 机器美术创作

计算机艺术历史可以追溯到 20 世纪 60 年代早期的绘图机器，被称为数字人文。这些精巧的设计基于二战期间飞行员用于运送弹药的精准计算机完成，产生由曲线组成的抽象且复杂的图像。

20 世纪 60 年代，计算机艺术运动催生了更多机器图片创作。1966 年，工程师比利克鲁弗和沃尔德豪尔联手艺术家创立了贝尔艺术与技术实验室，这是一个开创性项目。后期大多数计算机图片生成艺术都以它为基础。早期计算机艺术创作的过程极其艰辛，画面和数据必须通过老式键控打孔机呈现。这些穿孔卡片接连被放进一个房间大小的计算机里。由此产生的静态图像必须手动转换成可视的输出介质，如钢笔、缩微胶片绘图机、行式打印机等。随着新计算机技术的出现，机器创作艺术也在更新，即点阵打印机艺术（20 世纪 70 年代）、视频游戏艺术（21 世纪）、3D 打印艺术（2010 年左右）层出不穷。艺术家们也曾经在 20 世纪 90 年代利用进化算法生成艺术图案。

近几年随着图像处理技术和智能算法的发展，人工智能技术已经具有能够模仿艺术家的创作能力，具有更强的艺术表现能力和心理震撼力的非真实感图像能够被大量生成。

DeepDream 是一款可以识别、分类和整理图像的智能程序。如果将著名画家梵高的作品输入到计算机软件中，软件就能分析其绘画风格，并能将任何图画转换为梵高风格的画作，这种技术被称为风格迁移。通过输入数以百万计的艺术家创作风格，作为学习的样本，然后通过每层神经网络的学习逐步提升对艺术创作风格的认识，直到最后可以自动合成具有艺术家风格的图片。该程序可以把两张完全不相干的图片进行融合，即第一张图片的内容和第二张图片的风格融合生成新图片，如图 8.2（a）、图 8.2（b）和图 8.2（c）所示。

（a）梵高的星空

（b）拍摄照片

（c）融合后的照片

图 8.2　风格迁移

大多数数字艺术家都是探索型或变革型的。艺术家们利用计算机和人工智能算法开发一种新的艺术形式——计算机生成（Computer Generated，CG）。在数字艺术中，计算机是一种工具，可以将其比作一支新画笔，帮助艺术家做他们自己本来可以做的事情。计算机有时通过执行艺术家编写的智能程序，可以完全独立地生成艺术品。在交互艺术中，艺术作品的最终形式部分取决于观众的输入，有些交互艺术家与观众一起创作，还有一些交互艺术家认为观众以各种方式无意间影响了艺术作品。

2012 年，美国罗格斯大学计算机科学系人工智能和计算机视觉算法的实验室的艾哈迈德教授开发了一种艺术生成算法，创造出一系列令人震惊的画作。艾哈迈德做了一次特殊的美术图灵测试：把这些计算机生成的画作（见图 8.3）与几十幅博物馆藏级的油画混合在一起，看看人类是否能分辨出来。在这个随机对照的双盲研究中，受试者无法区分出哪些是计算机的画作，哪些是人类艺术家的画作。事实上，计算机的画作常常被认为更新颖、更具审美吸引力。

该实验室相继推出的几种创新算法，激发了策展人、历史学家、收藏家、拍卖行的兴趣。例如，其中一种算法可以从创造力和影响力等方面，衡量一幅艺术作品的价值；另一种算法能分析画作，并根据艺术家、时期、类型等属性进行分类；还有一个鉴别赝品的算法，能够识别艺术家笔触中微妙的变化。

艾哈迈德教授构建了一个称为生成对抗网络的人工智能。他利用超过 8 万幅的 15～20 世纪的绘画作品对算法进行训练。他还开发了一个创意对抗网络（Creative Adversarial Networks，CANs）。利用 CAN 生成的画作不同于传统的艺术标准流派。

图 8.3　艺术生成算法生成的美术作品

这些画作看起来非常抽象，没什么可识别的特征。事实上，正如专家所言，“机器发展出了一种美感”，人工智能已经学会了如何作画。

有专家认为，机器作画和人类创作看起来是一回事，把人工智能带到一个可以创造概念的层次，一系列的情感将会建立在它创造的画作基础上，这是一个全新的层次。也有美术史学家认为机器作画总是缺少一些深层次的东西。因为算法不是根据社会环境、含义和表达目的来创作的，而是根据艺术风格来创作的，这种狭义的有趣之处在于，它暗示着一幅画的风格就能让它成为一幅杰作。对于不同的艺术家而言，人类艺术家与机器艺术家之间的差别在于艺术创作并不是人类艺术家的唯一使命，还包括构建艺术体系、教育学生、创建品牌等。

8.3.3　机器文学创作

一直以来，机器人或者说人工智能写作都只是存在于科幻作品中。随着计算机技术的发展，出现了一些能够部分自动写作的程序。在机器文学领域，早在 20 世纪 60 年代，研究人员就成功设计出诗歌创作软件 Auto—Beatnik，开始尝试智能写作。20 世纪 80 年代中期，未来学家库兹韦尔提出了一个基于诗词的图灵测试，他基于简单的马尔可夫模型构造了诗词生成器。后来有研究人员开发出在线生成诗歌的算法、故事生成算法等。1998 年，研究人员研制出的计算机小说家（Brutus），10 余秒就能撰写一部短篇小故事。但是这些程序仍然有赖于程序设计者，直到人工智能的深度学习出现，使相对独立、具有一定创造性的自动写作成为可能。

2011 年，杜克大学的一名本科生修改了一种算法，将诗歌分解成更小的部分（如诗、行、短语），然后自动生成诗歌。其中一个诗歌甚至被杜克大学的文学期刊 The Archive 采用。因此，这位人工智能作家的作品被当作了人类作品，从而通过了图灵测试。

2015 年，研究人员发布了一个被称为 Char-RNN 的简单模型，仅几百行代码就在文本生成上得到了令人称奇的结果。只要提供一段训练文本，这个程序就会设法从中学习字词的组合，并且有能力产生出与训练文本风格相符的段落。

在智能写作方面，2010 年，国外某公司推出了名为 Quill 的写作软件，它可以完成数字内容的文章化，自动生成如财务报告、比赛报告等相关文章，可以说是写稿机器人的雏形。

2017 年 8 月，九寨沟地震发生 18 分钟后，中国地震台网的计算机写作工具发布一篇新闻稿，用时 25s。稿件用词准确，行文流畅，且对地形、天气的介绍面面俱到。

2020 年 5 月，人工智能研发机构 OpenAI 推出参数量高达 1750 亿的语言预训练模型 GPT-3，模型能够完成阅读理解、常识推理、文字预测、文章总结等多种任务，需要针对性训练就能面向各种特定领域的语言完成建模任务，同时还具备阅读理解、问答、生成文章摘要、翻译、绘画、编程等多种功能。

随着技术日趋成熟与服务思路转变，智能写作开始走进人们的生活。语音录入、机器校对、智能写作开始成为常态。

自然语言处理技术的其中一个目标就是可以像人类一样运用文字，而这个目标大致上又可以分成两个部分，也就是自然语言理解和自然语言生成。核心的困难并不是写作本身，而是机器人无法自动判定是否写得对、写得好。

微软的“小冰”是目前全球最大的交互式人工智能系统之一，该系统不仅实现了智能情感聊天，而且做到了智能作诗、智能新闻写作。在智能作诗方面，由“小冰”创作的现代诗集《阳光失了玻璃窗》于 2017 年 5 月 19 日正式出版。其中不乏意象十分丰富的作品，如

《秋虫的声音》

幸运将要投奔你的门上的时候　秋虫的声音也没有

你的眼睛的诱惑　在天空中飞动

像人家把门关了几天吧

我一个迷人的容貌　有时候不必再有一个太阳

把大地照成一颗星球

该诗集共收录 139 首诗，精选自“小冰”创作的 70928 首诗。这是人类历史上第一部 100%人工智能诗集。

运用深度神经网络等算法，在模拟人类作诗过程的基础上，经过上万次的训练，“小冰”才具有了诗歌创作的能力。

“小冰”师从于 1920 年以来 519 位中国现代诗人，经过对几千首诗 10000 次的“学习”，获得了现代诗的创造力，而人类如果要把这些诗阅读 10000 遍，则需要大约 100 年。为了测试“小冰”的创作水平，微软让“小冰”化名在报刊、豆瓣、贴吧和天涯等多个网络社区诗歌讨论区中发布作品，这本书出版时，还没有人发现这个突然出现的少女诗人其实并非人类。那么，“小冰”所写的到底能算作诗歌吗？如果说是诗歌，小冰“所写”的诗与人类所写的诗有何本质的不同？

“小冰”之所以能够模仿出像诗一样的作品，是因为它模仿学习了人类的诗作，它所产生的作品只能是“语言游戏”，而非真正有独创性、有内在情感逻辑的作品。不过，“小冰”可以为人类提供廉价的诗歌，也可以为科学家提供研究人类创作时的心理和脑部运行机制的研究案例，“小冰”写诗不是为了代替诗人，而是为了给人们创造更美好的生活。

除“小冰”外，由清华大学语音和语言技术中心开发的“薇薇”也具有这种作诗能力。2016 年 3 月 20 日，该中心宣布，他们的作诗机器人“薇薇”通过了中国社会科学院唐诗专家的评定和图灵测试，即“薇薇”创作的古诗词中，有 30%以上被认为是人创作而非机器创作的。

8.4　机器创造

除了上述博弈、文学艺术创作领域，今天的智能机器已经在更多的领域展示其日渐强大且非同凡响的创造能力。这里选取材料、化学、药物分子设计、生物蛋白质等几个典型领域介绍智能机器的创造力。

8.4.1　机器智能材料设计

新材料研发对提高国家经济竞争力、促进国家繁荣和保障国家安全有重要意义。但是，按照目前的研发模式，材料研发通常需要很长的周期和很高的成本，已成为新材料发展面临的瓶颈问题。将人工智能应用到材料研发中，是解决目前材料研发周期过长并降低成本的一种全新尝试。人工智能在材料方向的应用包括材料自主开发试验机器、新材料成分和配方设计等。

2013 年，美空军研究实验室功能材料部高级研究人员将人工智能与机器人、大数据、高通量计算、原位表征等技术相结合，开始研发可自主开展材料制备试验的机器。2016 年，成功研制出世界首套可自主进行材料试验的样机——自主研究系统（ARES）。该系统能在材料制备迭代试验过程中，自主学习并优化试验设计，确定最佳制备参数，使材料制备试验效率提高百倍，大幅度提高材料研发速度。

2017 年 11 月，麻省理工学院开发出了一套机器学习系统，采用 Word2vec 深度学习算法，可从大量论文中提取数据并进行分析学习，针对特定材料需求，定制性给出材料配方方案。2018 年 4 月，西北大学成功利用人工智能算法从数据库中设计出了新的高强超轻金属玻璃材料，比传统试验方法快了几百倍。

对于人工智能技术在材料中的作用（或称计算材料学）的研究已经发展了三代。第一代是结构性能计算，主要利用局部优化算法从结构预测出性能；第二代是晶体结构预测，主要利用全局优化算法从元素组成预测出结构与性能；第三代是数据驱动设计，主要利用机器学习算法从物理、化学数据预测出元素组成、结构和性能。其中，机器学习主要分为四个步骤：一是数据搜集，包括从实验、仿真和数据库中获取；二是数据选择，包括格式优化、噪点消除和特征提取；三是学习方法选择，包括监督学习、半监督学习和无监督学习；四是模型选择，包括交叉验证、集成和异常检测，具体如图 8.4 所示。

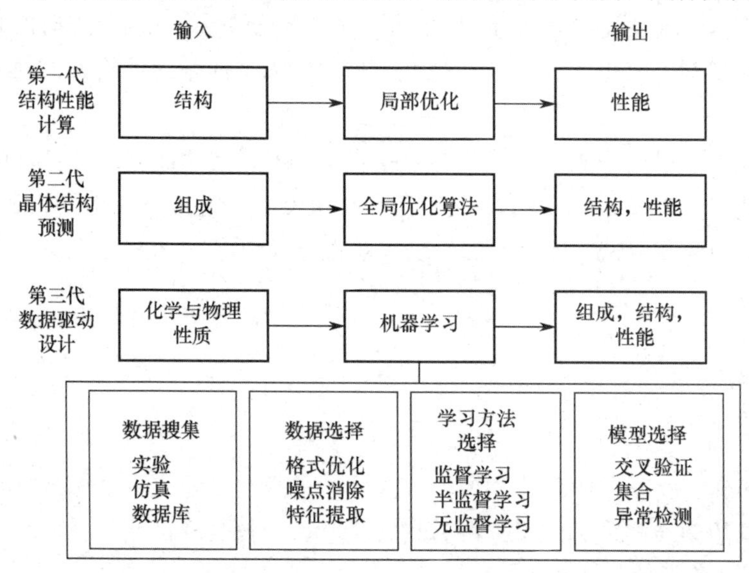

图 8.4　人工智能在材料领域的研究流程

在实际的新材料研发中，人工智能技术已经在文献数据获取、性能预测、测试结果分析等各环节展现出巨大优势。

发现一种新的材料是非常艰难的过程，通常要经历无数次失败，偶尔在机缘巧合之下取得成果，还要费劲功夫反向检测这种新材料的性质。但有一批材料科学家转换思路，使用计算机模型和机器学习算法生成海量假想的材料，并建立数据库，从中筛选出值得合成的材料，再通过检索这些材料可能拥有的性质进行具体应用测试，如将这种材料用作导体表现如何、用作绝缘体性能又如何、这种材料是否具有磁性、这种材料的抗压力是多少。

2016 年 5 月，研究人员提出“从失败中学习”。他们利用机器学习算法，用失败或不成功的实验数据预测了新材料的合成，并且在实验中机器学习模型预测的准确率超过了经验丰富的化学家。机器学习模型反馈机制示意图如图 8.5 所示。这意味着机器学习将改变传统材料发现方式，发明新材料的可能性也大幅提高。该研究所用的计算材料学与计算机模型、机器学习相结合，是对传统研究方法的革新。

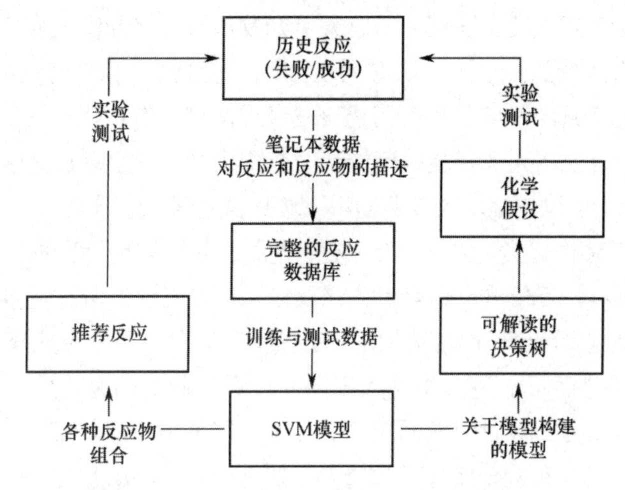

图 8.5　实验中机器学习模型反馈机制示意图

使用计算机模型和机器学习算法的好处在于，失败的实验数据也能用作下一轮的输入，继而不断完善算法。科学家们认为这种做法代表了实验科学和理论科学的真正融合。

目前，科学家们在努力开发更好的机器学习算法，从已知化合物合成过程中提取规律。但是，要从假想材料到现实落地还有很长一段距离。首先，现有数据库所含有的材料数据较少，已知材料都没有收录完全。其次，这种用数据驱动的发现方法并不适用于所有的材料（目前算法只能预测完美晶体）。再者，即使计算机生成了一种极有前景的材料，但要在实验室里将其合成、制为实物仍然需要花费很长时间。但是，材料科学家对于发现新的化合物充满信心，他们相信还有数不清的新材料有待合成，而这些新材料将对电子工业、能源产业、机器人产业、健康医疗和交通运输带来巨大改变。

8.4.2　机器智能化学合成

化学家通常会搜索其他人记录的反应列表，并根据自己的直觉制定一个逐步产生特定化合物的途径。这需要先从想要创建的分子开始分析，如要用到哪些试剂，是否容易获得，通过哪些反应序列才能合成它，这被称为逆合成反应，这种分析往往要消耗数小时乃至数天时间。

自 20 世纪 60 年代以来，研究人员一直试图利用计算机规划有机化学合成，但成效不大。随着人工智能的兴起，这些备忘录自然而然地转向数据库存储乃至应用。

在 20 世纪 80 年代之前，许多化学家收集了大量文献资料、手写的有用反应、参考索引卡片，以指导合成途径的设计。

现在，化学家将人工智能系统作为新的实验助手。近几年来，人工智能用于有机合成和教学的研究也在蓬勃地开展并获得相当的成功，有机合成反应数以千计，合成路线变换多样，一种化合物可以有各种不同的合成方法。研究人员开发了一款名为 Chematica 的软件，可以帮助化学家快速得到物质的合成路线。Chematica 的运转建立在深度学习基础上，可以在短时间内预测化学反应，甚至提供未被文献报道的分子合成途径。

普林斯顿大学及默克研究实验室的研究人员开发出可计算同时改变化学反应中多达 4 种反应组分的反应产率的智能软件，该软件可以用于任何底物的任何反应。化学家们将这一进展视为一个大跨越，其可以加速药物研发过程，推动有机化学的快速发展。随着深度学习算法的进一步应用，人工智能程序能帮助药物化合物等小有机分子产生所需的反应序列，制定合成路径，可以掌握相关专业知识，这是里程碑式的研究。

德国明斯特大学有机化学家和人工智能研究员赛格勒等人开发的深度神经网络学习了目前所有已知的 1240 万种单步骤有机化学反应，这使它能预测任何单一步骤中发生的反应结果。这一工具是近年来开发的使用人工智能标记潜在化学反应路线的程序之一。这个工具从数据中学习而不需要人类输入规则，已经引起制药公司的兴趣。因为提高合成化学的成功率，对于提高药物研发的速度和效率、降低成本等，都有着巨大的好处。

逆合成分析法是当今有机合成化学的重要手段之一，于 20 世纪 60 年代由哈佛大学科里教授提出。这种方法揭示了如何将所需分子分解为更简单的化学构建块，然后化学家可以采取必要的反应步骤，用这些简单的结构单元制备所需的分子，用于制造药物和其他产品。科里教授因发现这一技术，获得了 1990 年的诺贝尔化学奖。

过去，科学家们一直使用计算机辅助有机合成的方式来完成逆合成分析过程。尽管这种方法可以提高合成效率，但传统的计算机辅助方式合成速度仍然较慢，且提供的分子质量参差不齐。人类还是需要手动搜索化学反应数据库，来找到制造分子的最佳方法。

为了解决这一问题，化学家们使用蒙特卡罗树搜索和与指导搜索的扩展策略网络以及筛选网络相结合，形成了一种新的人工智能算法。研究人员使用 2015 年之前发布的所有化学反应作为数据，来对这种新型算法进行训练，让这种算法可以自己学习一套“规则”，来预测那些并未包含在训练数据集中的小分子合成路线。

未来的有机化学合成可能如同“导航地图”一样。今后的有机化学工作者也许会将更多精力投入到新合成规则的创建以及将计算机预测的途径变为现实。

8.4.3 机器智能药物设计

药物设计包括对药物分子结构的识别，对药物分子合成路线的分析及构效构性关系分析。20 世纪 90 年代，基于计算机的全新药物设计已有相关的文献报道，包括人工神经网络的应用，全新药物设计已成为新药研发的重要手段，但因为受限于分子生长和连接方式、成药性、合成难易及计算资源的问题，全新药物设计能直接成功的案例并不多。2007—2010 年，每年仅 20 种左右的新药获得批准上市。面对每种新药平均 20 亿美元的开发费用和 10 年以上的研发周期，各大制药公司寻求的突破口之一是开始从一般性疾病药物转向专科病药物开发。另一个突破口则是寻找用于新药研发的新技术，如高通量筛选、DNA 编码化合物库、计算机辅助药物设计和人工智能等。

人工智能的引入为有机合成化学，特别是天然产物和药物的全合成带来一场革命。贝尔格生物技术公司的研究人员建立了一个模型，利用对 1000 多个人类癌细胞和健康细胞样本的测试结果，来识别以前未知的癌症机制。他们改变细胞接触到的糖分和氧气水平，以此模拟患病的人类细胞，然后追踪细胞的脂质、代谢物、酶和蛋白质情况。研究人员利用其人工智能平台，生成和分析来自患者的大量生物和疗效数据，找到患病细胞和健康细胞之间的重要差异。他的目标是根据准确的生物学病因，发现可能的疗法，这个系统颠覆了药物发现范式。利用来自患者的生物和疗效数据，得出更有预见性的假设，而不是采用传统的试错法。研究人员还利用其人工智能系统来寻找药物靶标和治疗糖尿病、帕金森病等其他疾病的药物。

2007 年 6 月，一个名为 Adam 的机器人发现了一种酵母基因的功能，终结了人类对科学新发现的垄断。通过搜索公共数据库，Adam 提出了哪些基因编码了酿酒酵母反应催化酶的假设，并在实验室中利用机器人技术来检验其假设。英国亚伯大学和剑桥大学的研究人员各自检验了 Adam 关于 19 种基因有何功能的假设。其中 9 个假设是新的且正确的，只有 1 个假设是错误的。使用人工智能的机器人科学家能测试更多的化合物，准确率和再现性更高，并建立全面的、可检索的记录。2018 年 1 月，比 Adam 更先进的机器人 Eve 计算出三氯生（一种常见的牙膏成分）可以治疗耐药疟疾寄生虫。研究人员制作了新的酵母菌株，其基因组中对生长起关键作用的基因被疟疾寄生虫或人类的对应基因所替代。然后，Eve 筛查了数千种化合物，以发现哪些化合物可以阻止或大幅减缓包含疟疾基因的菌株生长，但不影响包含人类基因的菌株生长。这是为了把疟疾寄生虫作为目标，同时降低毒性风险。早期结果被用来选择后续的候选药物以供筛查。

药物设计作为一门综合学科，需要考虑化合物生物学活性、药代动力学、药效动力学、毒理学和物化性质等各方面的因素，而有些因素并无清晰的判断标准，不同药物化学家对同一分子的评价也常常存在分歧，这对于目前仍然需要明确数据标识的深度学习而言是较大的障碍。

8.4.4　机器智能生物学

如果说生物的基本单元是细胞，那么细胞的基本功能单元就是一个个错综复杂的蛋白。而决定蛋白质功能的核心，正是蛋白质的结构。想要研究蛋白质的功能或是设计靶向药物，蛋白质的结构也是非常重要的一环。也正是因为这种重要性，生物里面专门有一个领域称为结构生物学。

蛋白质的结构和功能是分子和细胞生物学家每天面临的最大难题之一。根据蛋白质的氨基酸序列以计算方式预测蛋白质的能力，已经可以帮助科学家在几个月内实现以前需要通过多年艰苦、费力且通常成本高昂的技术通过实验确定蛋白结构。随着氨基酸测序技术的不断发展，越来越多的蛋白质序列得以被高通量地读取，但是从这个一维序列本身到能够解出实际的三维结构，仍然还有很大的距离。据统计，截至 2010 年，只有

0.6%的已知蛋白序列被解析出了相应的结构。正是因为这个巨大的断层，第一届蛋白质结构预测挑战（Critical Assessment of Techniques for Protein Structure Prediction，CASP）于 1994 年在加州举办。2017 年 10 月，DeepMind 团队开始对人工智能在药物开发中的应用感兴趣，而新药开发的关键一步，就是对靶点蛋白质三维结构的精准测算。2018 年，已经进行了 25 年的比赛项目——国际蛋白质结构预测竞赛（CASP）。见证了“前所未有”的突破。2021 年 7 月 15 日，DeepMind 公司在 *Nature* 杂志上发表文章描述了 AlphaFold 2，这是一个基于神经网络的全新设计的 AlphaFold 版本，其预测的蛋白质结构能达到原子水平的准确度，如图 8.6 所示的是实验与计算机预测结果。

2021 年 7 月 22 日，DeepMind 公司再次在 *Nature* 发表了文章，描述了 AlphaFold 对人类蛋白质组（人类基因组编码的所有蛋白质的集合）的准确结构预测。由此得到的数据集涵盖了人类蛋白质组近 60%氨基酸的结构位置预测，且预测结果具有可信度。预测信息将通过欧洲生物信息研究所托管的 AlphaFold 蛋白质结构数据库免费向公众开放。AlphaFold 提供了迄今为止人类蛋白质组最完整、最准确的图片，是人类积累的高精度人类蛋白质结构知识的两倍多。

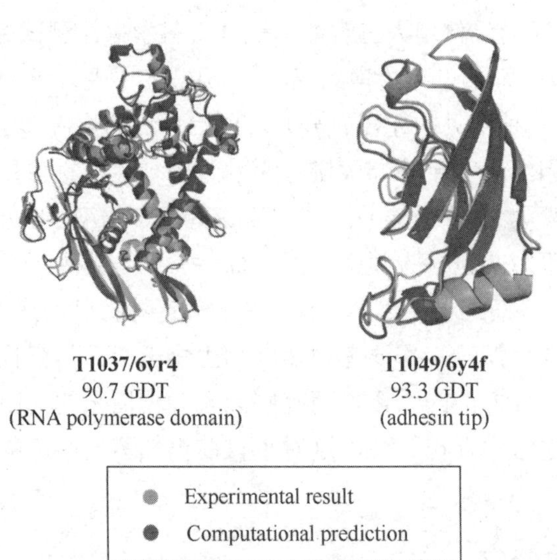

图 8.6　蛋白质结构三维实验与计算机预测结果（彩图请扫二维码）

2022 年 7 月，人们明白了蛋白质之间如何相互作用，生物学家就可以进一步发现复合物细胞内执行多项任务的机制。这些模型为实验人员提供了可测试的假设，而且，由于破坏这些相互作用，可能获得干预各种疾病的新方法，这一发现为未来新靶向药物的研发提供了更多可能。

2022 年 7 月 29 日，DeepMind 正式宣布该数据库已经从近 100 万个扩大到 2.14 亿个，可预测的蛋白质结构数量也提高了 200 多倍，几乎涵盖了地球上所有已进行过基因组测序的生物体，包括细菌、植物、动物和人类的蛋白质。

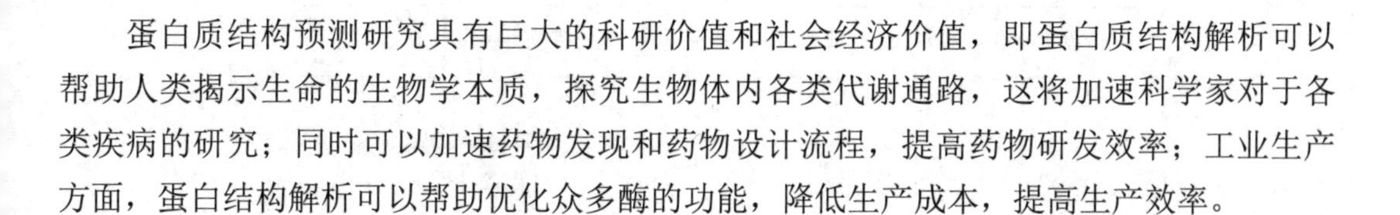

蛋白质结构预测研究具有巨大的科研价值和社会经济价值，即蛋白质结构解析可以帮助人类揭示生命的生物学本质，探究生物体内各类代谢通路，这将加速科学家对于各类疾病的研究；同时可以加速药物发现和药物设计流程，提高药物研发效率；工业生产方面，蛋白结构解析可以帮助优化众多酶的功能，降低生产成本，提高生产效率。

8.5　机器科学发现

8.5.1　数学定理证明

作为一门古老的学科，数学的内容包括发现某种模式，并使用这些模式来表述和证明猜想，从而产生定理。计算机也很早被用于研究数据定理证明。历史上，华人人工智能学者王浩用 20 世纪 50 年代最简单的计算机在十几分钟内就证明了《数学原理》中前辈们花了十几年证明的几百个定理，曾获得“数学定理机械证明里程碑奖”。自 20 世纪 60 年代以来，数学家们一直使用计算机来帮助发现猜想的模式和公式，最著名的案例之一是“贝赫和斯维讷通·戴尔猜想”，这个猜想是千禧年数学大奖的七个问题之一，是数论领域的著名问题。但是，时至今日，计算机证明基础数学重要定理的例子也并不多见。

数学问题一度被认为是最具智力挑战性的问题。基础数学属于重大科学问题的范畴。虽然数学家们已经使用机器学习来帮助人类分析复杂的数据集，但这是人类第一次使用计算机来辅助形成猜想，或为数学中未经证实的想法提出可能的突破路线 DeepMind 的一项成果展示了更多的可能性，即计算机科学家和数学家们首次使用人工智能系统来帮助证明或提出新的数学定理，包括复杂理论中的纽结理论（Knot Theory）和表象理论（Representation Theory）。研究人员提出采用一种机器学习模型来发现数学对象之间的潜在模式和关联，用归因技术加以辅助理解，并利用这些观察进一步指导直觉思维和提出猜想的过程。

在这项研究中，人工智能系统帮助探索的数学方向是表象理论。表象理论属于线性对称理论，是利用线性代数探索高维空间的数学分支。

数学家的直觉在数学发现中起着极其重要的作用，即只有结合严格的形式主义和良好的直觉思维才能解决复杂的数学问题。如图 8.7 所示，科学家描述了一种通用的框架方法，在这个框架方法下，数学家可以使用机器学习工具来指导他们对复杂数学对象的直觉，验证关系存在的假设，并理解这些关系。他们发现了纽结的代数和几何不变量之间惊人的关联，建立了数学中一个全新的定理。这些不变量有许多不同的推导方式，研究团队将目标主要聚焦在两大类：双曲不变量和代数不变量。两者来自完全不同的学科，图 8.7 增加了研究的挑战性和趣味性。

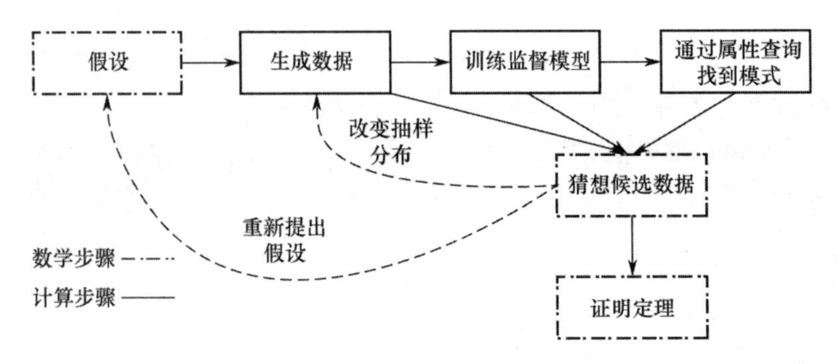

图 8.7　深度学习证明数学理论的过程

在数学直觉思维的指导下，机器学习提供了一个强大的框架，可以在有大量数据可用的领域，或者对象太大而无法应用经典方法研究的领域，发现有趣且可证明的猜想。这项工作第一次证明了，人工智能技术对于纯数学家的有用性。经验直觉可以使数学家走很长一段路，但人工智能技术可以帮助数学家找到人类思维可能并不总是容易发现的关联。与围棋相比，数学又是一种与众不同的、更具合作性的工作，因此人工智能技术在协助数学家完成相关方面的工作，具备卓有成效的空间和潜力。

8.5.2　物理定律发现

17 世纪初，在开普勒对大量精密观察的天体轨道数据进行分析后，得出著名的开普勒定律。此后，牛顿用其运动定律万有引力中证明了开普勒定律。在爱因斯坦以相对论解释了水星近日点异常的进动后，天文家了解到牛顿力学的准确度依然不够。时至今日，牛顿解法的地位仍难以撼动，因为它简便又精度高，仍是计算行星轨道的主流。2021 年，美国能源部的普林斯顿等离子体物理实验室（PPPL）设计出了一个机器学习算法。“绕”过了牛顿，中间没使用任何物理定律，这是一种物理学中离散场理论的机器学习和服务方法，包括学习算法和服务算法。该算法的开发者是华人学者近代物理教授秦宏。

该研究假设从与开普勒同期的历史节点开始，基于一组类似于开普勒的数据，利用学习算法和服务算法发现天体运行规律。学习算法从时空网格上的一组观测数据中训练出离散场论，服务算法利用学习到的离散场论预测新的边界和初始条件下的场的观测数据。如图 8.8 所示，为简单起见，这些数据是根据万有引力定律通过求解牛顿在太阳引力场中的行星运动方程而生成的水星、金星、地球、火星、谷神星和木星的轨道。

将这些轨道观测数据输入了程序，然后，该程序与算法一起运行，结果竟是惊人的准确。

图 8.9 中可以看出，通过人工智能算法学习的离散场理论生成的轨迹与图 8.8 的训练轨道几乎完全一致，也就是说，在学习了极少的训练例子后，这个人工智能算法似乎就能学会行星运动的规律。换句话说，人工智能算法是在“学习”物理规律。为了丰富实验内容，研究人员又对从水星轨道的近日点发起的轨道进行了类似的研究，证明所开发的算法对于物理控制定律的变化具有抗干扰性和稳定性，因为该方法除了控制定律是场论的基本假设，不需要任何物理定律知识。数据驱动方法论最近在物理学界

引起了很多关注。这不足为奇，因为物理学的基本目标之一是从观测数据推论或发现物理学定律。

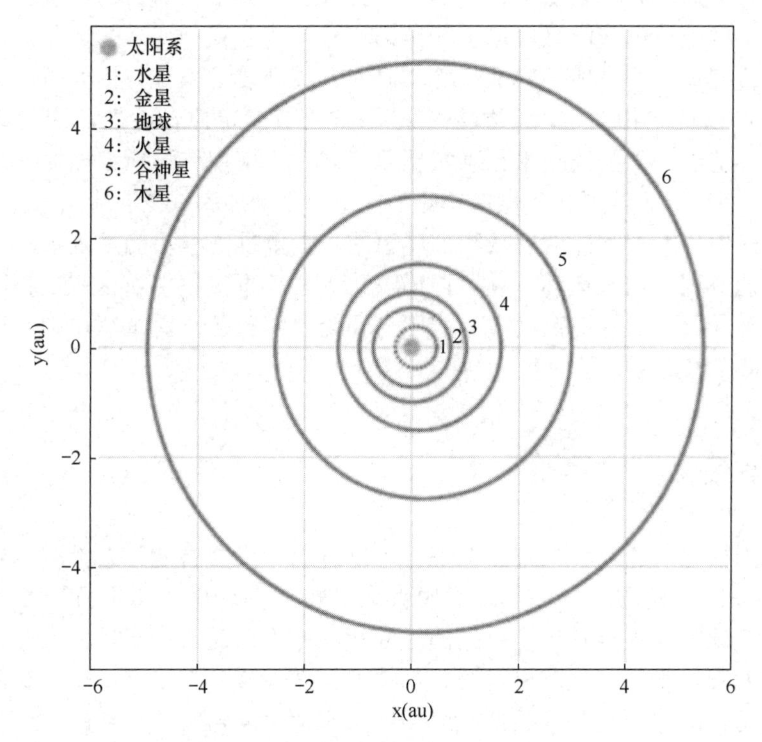

图 8.8　行星运动方程生成的行星轨道

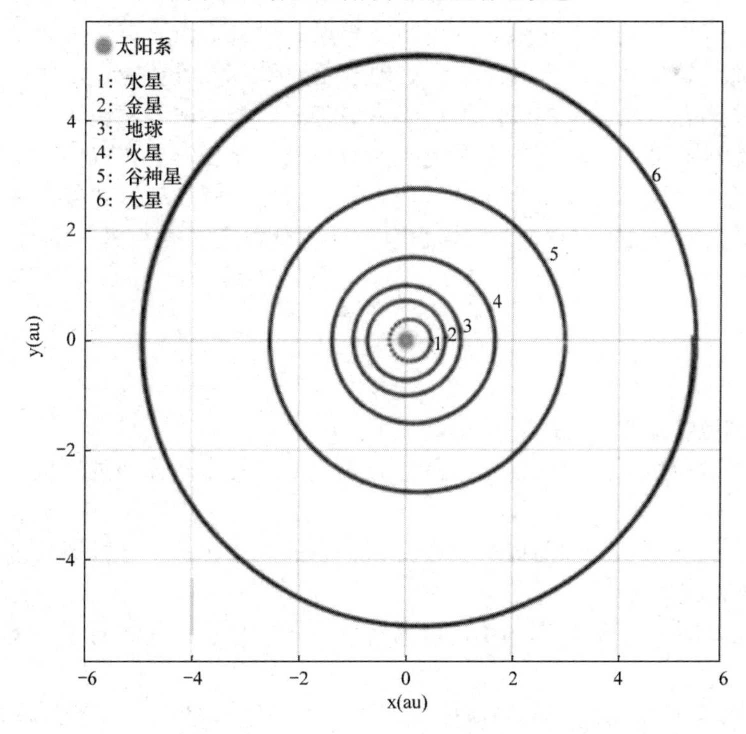

图 8.9　程序和算法生成的行星轨道

2020 年 12 月，有研究小组开发了可以遵守物理定律的同时模拟运行的人工智能技术。科研人员使用数字分析来复制计算机可以在数字世界中识别的物理现象。只要有足够的观测数据，这种技术将能够模拟出其详细的机理或公式不清楚的现象，如波动、断裂力学（如裂纹增长）、晶体结构增长等。研究人员开发了微分与机器学习结合的新方法，这种方法可以遵守物理定律，如数字世界中的节能定律。此外，即使在仿真过程中，也可以通过基于人工智能技术正确实现节能规律。使用这种新方法将使高度可靠的预测成为可能，并防止发生常规模型中所见的能量异常增加和减少的情况。

在这项研究中，人工智能能够从物理现象的观测数据中学习能量函数，然后在数字世界中生成运动方程。这些运动方程可以通过仿真程序直接使用，这些方程的应用将带来新的科学发现。另外，这些运动方程式不需要为计算机仿真而重写，因此可以复制物理定律，如能量守恒定律。

8.6 本章小结

从机器在围棋等博弈、游戏方面的突破可以看出，机器智能与人类智能对事物的认识存在差异。在围棋问题上，机器已经脱离人类棋谱创造出了属于机器智慧的下棋策略，其中有许多地方与人类数千年总结的经验相吻合，但是有许多地方又是人类无法理解的。人类开始尝试学习和理解机器智慧创造的博弈策略。在蛋白质结构预测问题上，人类对蛋白质结构的理解是基于长期研究的结果，但是机器智能另辟蹊径，帮助人类解决长期悬而未决的问题。机器智能在数学和物理学方面的突破说明未来一定会出现人类通过机器智能学习和发现更多从未认识到的新知识的现象。作为灵长类智慧生物，人类创造了无法被取代的文明。从人类感情和心理学角度看，人类智能许多现象还不是目前人工智能的计算能力所能触及的。但是，无论如何，人类不得不承认，对于某些客观规律的探索，机器智能可能已经走在了人类的前面。未来需要学会人机协同学习和创造，探索未知的世界和科学规律。与此同时，我们也应看到，开发机器智能，未必一定要绝对忠实遵循人类的智能机制，何况人类对自身的智能机制还不甚了解。

习题 8

1. 机器的创造性主要表现在哪些领域？
2. 在棋类博弈领域，机器智能不断战胜人类说明了什么？如何理解机器智能超越了人类智能？
3. 在艺术创作领域，机器智能如何发挥其特有的技术优势？艺术图灵测试能说明机器有了类人的智能吗？
4. 在材料、药物分子设计等领域，机器智能发挥了什么作用？对于人类而言有什么意义？
5. 数学定理证明和物理规律发现能说明机器智能达到数学家、物理学家的水平了吗？为什么？

第 9 章　人工智能行业应用

本章学习目标

1. 学习和理解人工智能对于各行业的应用价值。
2. 学习和理解人工智能技术如何与不同行业问题结合，解决行业问题。
3. 学习和理解人工智能技术在不同行业的不同作用。

学习导言

从 2010 年至今，以大数据与云计算、物联网、移动互联网及人工智能等新一代信息技术产业作为主导产业，以“智能机器+大数据分析”作为主要特征，各行业以信息技术和人工智能技术为基础，全面迈向智能+时代，人类社会逐步进入智能时代，随着人工智能技术在社会的普遍应用，智能社会雏形初步显现。人工智能与制造业、医疗、农业、教育等各行业结合，出现了智能制造、智能医疗、智能农业、智能教育等多种新兴行业业态。同时，随着战略性新兴产业的技术不断变革创新，信息技术、数字技术、人工智能技术相融合驱动的数字经济正在逐步打破传统的生产方式和供给需求方式，形成全新的数字经济生态体系。本章选取代表性的几个重点领域，包括制造、医疗、农业、教育、城市、军事等领域，介绍智能+行业的主要内容和技术基础。

9.1　人工智能行业应用概述

如图 9.1 所示，人工智能行业应用涉及基础设施、技术基础算法、技术方向、具体技术、行业解决方案等内容，总体上主要有五个层面。

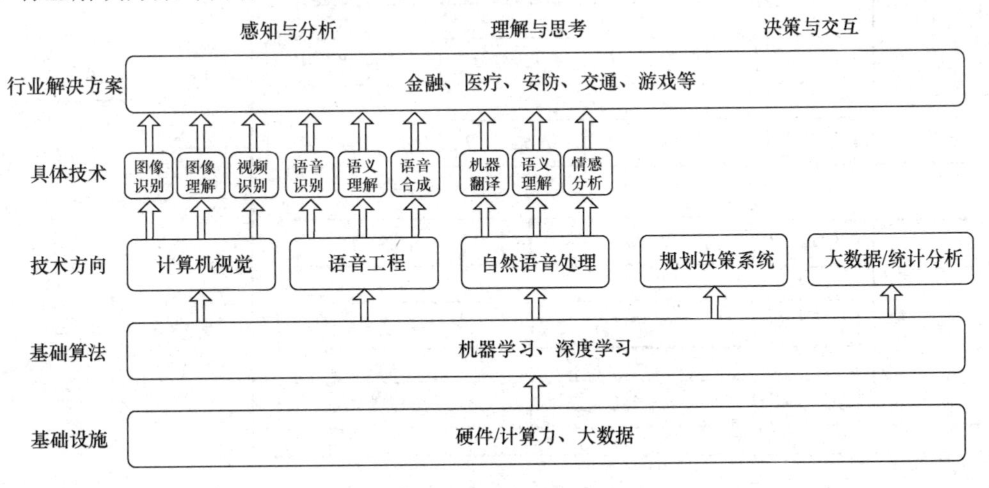

图 9.1　人工智能行业应用

1. 基础设施

最底层是基础设施建设，包含数据和计算能力两部分，数据越大，人工智能的能力越强。

2. 基础算法

第二层为基础算法，如深度学习、迁移学习、联邦学习等各种机器学习算法。

3. 技术方向

第三层为技术方向，如计算机视觉、语音工程、自然语言处理等。

4. 具体技术

第四层为具体技术，如图像识别、语音识别、机器翻译等。

5. 行业解决方案

最顶层为行业解决方案，如人工智能技术在金融、医疗、安防、交通和游戏等行业的应用。

人工智能产业作为新兴产业方向之一，是一项基础性、综合性、集成性都很强的领域，不仅涉及人工智能技术，而且还是一个庞大的产业链。如图 9.2 所示，从产业链的角度看，人工智能产业链分为基础层、技术层和应用层三个层次。

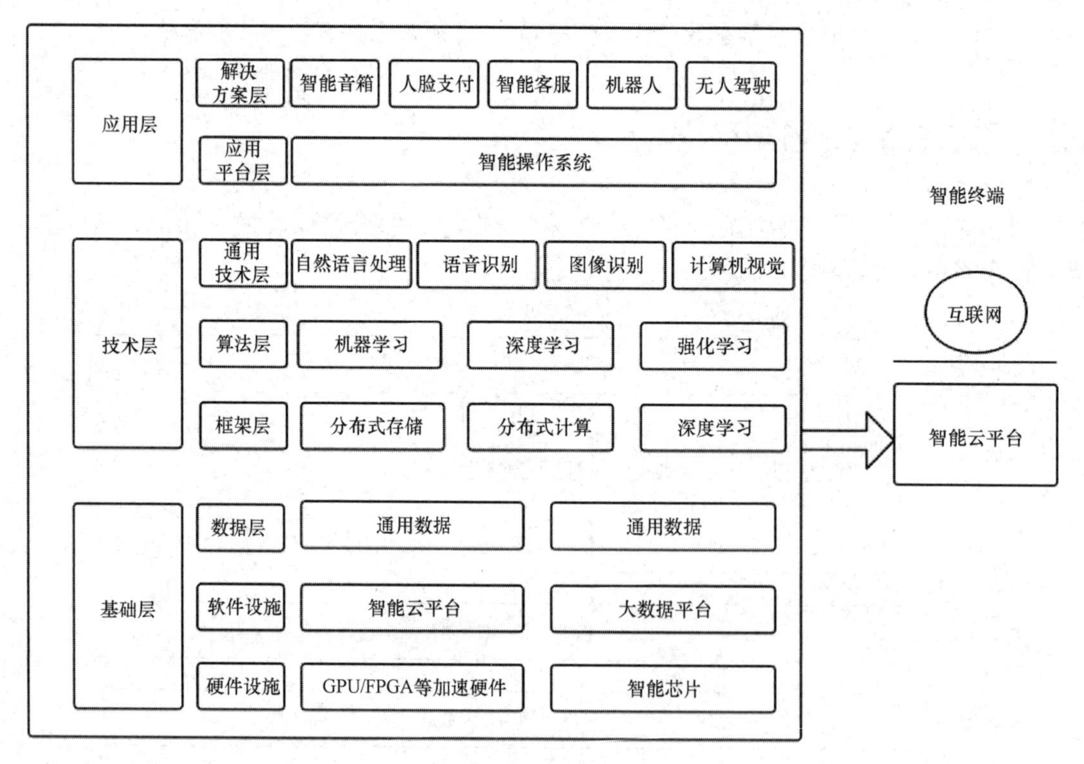

图 9.2　人工智能产业链

基础层主要包括计算能力层和数据层。计算能力层主要是硬件设施和软件设施，包括 GPU/FPGA 等硬件加速、智能芯片等硬件计算能力提供商，大数据及云计算平台等。数据资源层主要包括身份信息、医疗、购物、交通出行等各行业、各场景的一手数据。

技术层包括框架层、算法层、通用技术层三部分。框架层包括 Pytorch 等深度学习框架或操作系统。算法层包括传统机器学习、深度学习、强化学习等各种算法。通用技术层包括语音识别、图像识别、人脸识别、自然语言处理、同步定位与地图生成、传感器等技术或中间件。

应用层包括应用平台层和解决方案层。其中应用平台层包括行业应用分发和运营平台、机器人运营平台等智能操作系统。解决方案层包括智能广告、智能诊断、自动写作、身份识别、智能投资顾问、智能客服、无人驾驶、机器人等场景应用。

按照目前的技术现状，基础层主要依赖网络或云平台，应用层体现在各种终端，如手机、机器人、汽车等各种终端产品。在人工智能产业链中，基础层是构建产业生态的基础，价值最高，需要长期产业界、学术界、政府等多方合作投入进行战略布局；技术层是构建面向不同领域应用的共性技术基础，需要面向具体行业进行中长期布局；应用层直接面向各种行业的迫切需求，解决传统技术无能为力的痛点问题，创造可观的经济价值。

人工智能具有与数字技术、信息技术一样的基础性地位，可以与各行业深入融合，对于发展数字经济、智能产业具有基础性作用。从应用方向上看，目前，人工智能在制造业、农业、城市治理、医疗、汽车、零售等数据基础较好的行业中的应用场景相对成熟，无人驾驶、智能机器人正在成为产业研发热点。智能家居、医疗健康、人工智能驱动加速的科研和研发等行业和领域也正在发生颠覆性创新。

9.2　智能制造

9.2.1　智能制造定义及含义

目前，国际和国内尚且没有关于智能制造的准确定义，我国专家给出的智能制造定义：基于新一代信息技术，贯穿设计、生产、管理、服务等制造活动各个环节，具有信息深度自感知、智慧优化自决策、精准控制自执行等功能的先进制造过程、系统与模式的总称。

该定义指出了智能制造的核心技术、管理要求、主要功能和经济目标，体现了智能制造对于我国工业转型升级和国民经济持续发展的重要作用。

智能制造可以从制造和智能两方面进行解读。首先，制造是指对原材料进行加工或再加工，以及对零部件进行装配的过程。通常，按照生产方式的连续性不同，制造分为流程制造与离散制造（也有离散和流程混合的生产方式）。如果说互联网改变了人类的消费模式，那么智能制造改变的是工业生产模式，重构整个价值链的实现方式，其所带来的影响要比消费领域的互联网大上十倍甚至上百倍。因为前者仅仅是在价值流通环节实现了信息联结，而后者要实现价值创造环节的信息联结，不仅涉及人与人的信息沟通，还涉及人与设备、人与产品、设备与设备、设备与产品的信息沟通，即所谓的信息物理融为一体，做到万物互连。

9.2.2 智能制造与数字制造的区别

数字化技术是指利用计算机软（硬）件及网络、通信技术，对描述的对象进行数字定义、建模、存贮、处理、传递、分析、优化，从而达到精确描述和科学决策的过程和方法。数字化技术具有描述精确、可编程、传递迅速、便于存贮、转换和集成等特点，因此数字化技术为各个领域的科技进步和创新提供了崭新的工具。数字化技术与传统制造技术的结合即为数字化制造技术。数字化制造中的制造是一个大制造的概念，是指将数字化技术应用于产品设计、制造及管理等产品全生命周期中，以达到提高制造效率和质量、降低制造成本、实现快速响应市场的目的所涉及的一系列活动的总称。一般包括数字化设计、数字化工艺、数字化加工、数字化装配、数字化管理、数字化检测和数字化试验等。

可以认为传统的数字化制造技术与目前的智能化制造技术的侧重点不同，如图 9.3 所示，传统的数字化制造技术侧重于产品全生命周期的数字化技术的应用，而智能制造技术侧重于人工智能技术的应用。传统的数字化制造技术是实现智能制造的基础，同时智能制造技术是数字化制造技术的发展方向之一，即采用智能方法，实现智能设计、智能工艺、智能加工、智能装配、智能管理等，进一步提高产品设计制造管理全过程的效率和质量。

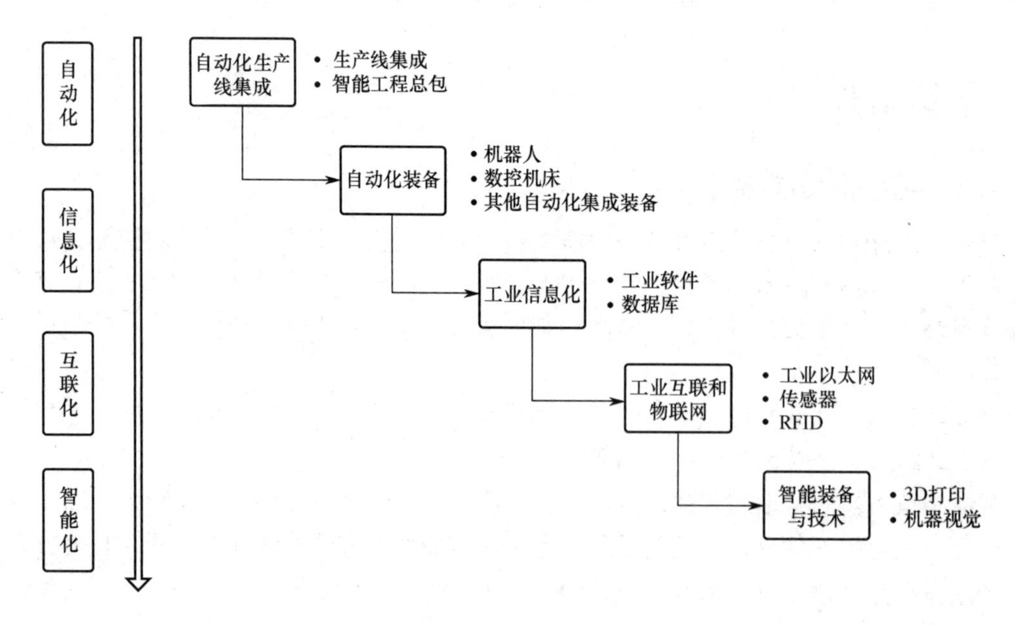

图 9.3　传统的数字化制造技术与智能制造技术的区别

从传统自动化制造、经过数字化制造发展、网络化制造阶段，最终实现智能化制造，其突出特点是产品设计、制造过程融入了具有感知、分析、决策、执行功能的人工智能技术。

9.2.3　智能制造系统

智能制造系统主要包括智能产品、智能生产、智能制造模式三部分。如图 9.4 所示，给出了智能制造系统的主要组成部分。

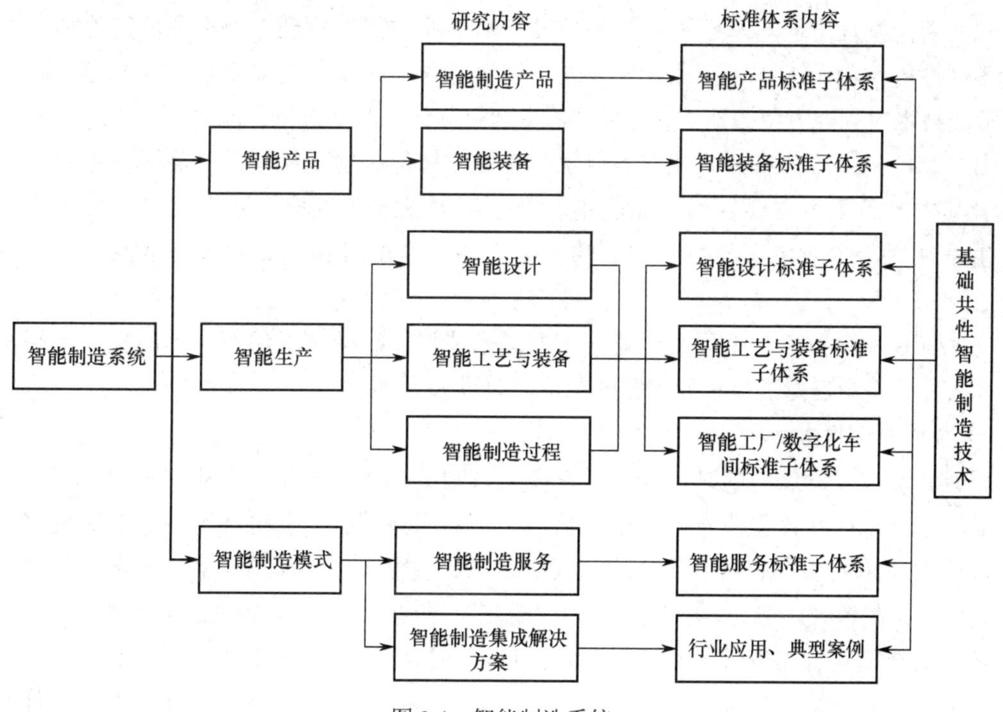

图 9.4　智能制造系统

1）智能产品

智能产品是指在产品制造、物流、使用和服务过程中，能够体现出自感知、自诊断、自适应、自决策等智能特征的产品。

与非智能产品相比，智能产品通常具有如下特点：能够实现对自身状态、环境的自感知，具有故障诊断功能；具有网络通信功能，提供标准和开放的数据接口；具有自适应能力等。产品智能化使得制造产品从传统的被生产变为主动配合制造过程。

2）智能生产

生产制造的智能化是智能制造系统的核心部分，智能生产过程包括设计、工艺、生产过程的智能化。

（1）智能设计。智能设计包括产品设计、工艺设计、生产线设计等诸多方面，利用智能化技术与设计链条的各个环节结合。通过智能数据分析手段获取设计需求，进而通过智能创造方法进行概念抽取，通过样机试验和模拟仿真等方式进行功能与性能的测试与优化，保证最终设计的科学性与可操作性。

（2）智能工艺与装备。制造装备的智能化是体现制造水平的重要标志之一。智能化的制造装备可以完成与制造工艺的主动配合，实现设备、人、工艺之间的高效协同。对智能制造与装备、加工状态、工件材料和环境有关的信息进行自分析，根据零件的设计要求与实时动态信息进行自决策，依据决策指令进行自执行。

（3）智能制造过程。针对制造工厂或车间，引入智能技术与管理手段，实现生产资源最优化配置、生产任务和物流实时优化调度、生产过程精细化管理和智慧决策。

（4）智能管理方面。从管理科学的角度，对传统供应链管理、外部环境的感知、生产设备的性能预测及维护、企业管理（人力资源、财务、采购及知识管理等）等方面，利用智能技术对其全方位改造，最终目的是达到企业管理的全方位智能化。

（5）智能制造服务方面。从服务科学的角度，智能制造系统涉及产品服务和生产性服务。其中产品服务主要针对产品的销售及售后的安装、维护、回收、客户关系的服务；生产性服务主要包含与生产相关的技术服务、信息服务、金融保险服务及物流服务等。

（6）其他相关方面。不同文化背景下的国家或地区智能制造组织管理的模式不同，但是，人在系统中仍然是最重要，智能制造需要以人为本。

3）智能制造模式

智能制造技术发展的同时，催生了许多新兴制造模式。尤其是工业物联网、工业云平台等技术的推广，使得研发、制造、物流、售后服务等各产业链环节的企业实现信息共享，极大地拓展了企业制造活动的地域空间与价值空间。如家用电器、汽车等行业的客户个性化定制模式，电力、航空装备行业的协同开发、云制造、远程运维等模式。

智能制造模式首先表现为制造服务智能化，通过泛在感知、工业大数据等信息技术手段，提升供应链运作效率和能源利用效率，拓展价值链，为企业创造新价值。此外，智能制造模式集中地体现于形成完整的综合解决方案。

9.2.4 智能工厂

智能工厂是实现智能制造的载体。在智能工厂中，借助于各种生产管理工具、软件、系统和智能设备，打通企业从设计、生产到销售、维护的各个环节，实现产品仿真设计、生产自动排程、信息上传下达、生产过程监控、质量在线监测、物料自动配送等智能化生产。智能制造是一个覆盖更宽泛领域和技术的“超级”系统工程，在生产过程中，以产品全生命周期管理为主线，还伴随着供应链、订单、资产等全生命周期管理。在智能工厂中通过生产管理系统、计算机辅助工具和智能装备的集成与互操作来实现智能化、网络化分布式管理，进而实现企业业务流程、工艺流程及资金流程的协同，以及生产资源（材料、能源等）在企业内部及企业之间的动态配置。

如图 9.5 所示，智能工厂/数字化车间的各层次定义的功能以及各种系统、设备在不同层次上的分配如下。

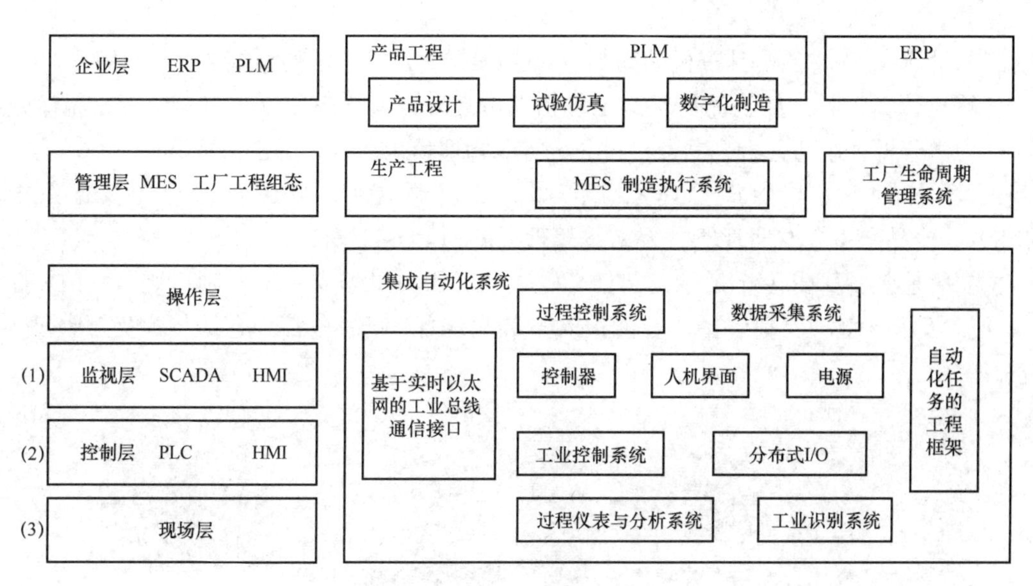

图 9.5　智能工厂的各层次定义

计划层（企业层）：实现面向企业的经营管理，如接收订单，建立基本生产计划（如原料使用、交货、运输），确定库存等级，保证原料及时到达正确的生产地点，以及远程运维管理等。企业资源规划（ERP）、客户关系管理（CRM）、供应链关系管理（SCM）等管理软件都在该层运行。

执行层（管理层）：实现面向工厂、车间的生产管理，如维护记录、详细排产、可靠性保障等。制造执行系统（MES）在该层运行。

监控层（操作层）：实现面向生产制造过程的监视和控制。按照不同功能，该层次可进一步细分为以下三层。

（1）监视层：包括可视化的数据采集与监控（SCADA）系统、人机接口（HMI）、实时数据库服务器等，这些系统统称为监视系统。

（2）控制层：包括各种可编程的控制设备，如可编程控制器（PLC）、分布式控制系统（DCS）、工业计算机（IPC）、其他专用控制器等，这些设备统称为控制设备。

（3）现场层：实现面向生产制造过程的传感和执行，包括各种传感器、变送器、执行器、远程终端设备、条码、射频识别，以及数控机床、工业机器人、工艺装备、自动引导车（AGV）、智能仓储等制造装备，这些设备统称为现场设备。

工厂/车间的网络（以太网）互联互通本质上就是实现信息/数据的传输与使用。其中，物理上分布于不同层次、不同类型的系统和设备通过网络连接在一起，并且信息/数据在不同层次、不同设备间的传输；设备和系统能够一致地解析所传输信息/数据的数据类型甚至了解其含义。前者即指网络化，后者需首先定义统一的设备行规或设备信息模型，并通过计算机可识别的方法（软件或可读文件）来表达设备的具体特征（参数或属性），这一般由设备制造商提供。如此，当生产管理系统（如 ERP、MES、PDM）或监控系统（如 SCADA）接收到现场设备的数据后，就可解析出数据的数据类型及其代表的含义。

实现智能制造的利器就是数字化、网络化的工具软件和制造装备，包括以下类型。

计算机辅助工具：如计算机辅助设计（CAD）、计算机辅助工程（CAE）、计算机辅助工艺设计（CAPP）、计算机辅助制造（CAM）、计算机辅助测试（CAT）等。

计算机仿真工具：如物流仿真、工程物理仿真（包括结构分析、声学分析、流体分析、热力学分析、运动分析、复合材料分析等多物理场仿真）、工艺仿真等。

工厂/车间业务与生产管理系统：如企业资源规划（ERP）、制造执行系统（MES）、产品全生命周期管理/产品数据管理（PLM/PDM）等。

主要智能装备如图 9.6 所示，包括高档数控机床与机器人、增材制造装备（3D 打印机）、智能传感与控制装备、智能检测与装配装备、智能物流与仓储装备及其他智能装备。

图 9.6　主要智能装备

下面介绍几个智能工厂中的典型智能生产场景。

场景 1：设计/制造一体化。

在智能化较好的航空航天制造领域，采用基于模型定义（MBD）技术实现产品开发，用一个集成的三维实体模型完整地表达产品的设计信息和制造信息（产品结构、三维尺寸等），全部生产过程包括产品设计、工艺设计、工装设计、产品制造、检验检测等，这打破了设计与制造之间的壁垒，有效解决了产品设计与制造的一致性问题。制造过程某些环节甚至全部环节都可以在全国或全世界进行代工，使制造过程性价比最优化，实现协同制造。

场景 2：供应链及库存管理。

企业生产的产品种类、数量等信息要通过订单确认，这使得生产变得精确。例如，使用 ERP 或 WMS（仓库管理系统）进行原材料库存管理，包括各种原材料及供应商信息。当客户订单下达时，ERP 自动计算所需的原材料，并且根据供应商信息及时计算原材料的采购时间，确保在满足交货时间的同时使得库存成本最低甚至为零。

场景 3：质量控制。

车间内使用的传感器、设备和仪器能够自动在线采集质量控制所需的关键数据；生产管理系统基于实时采集的数据，提供质量和过程等在线质量监测和预警方法，及时有效发现产品质量问题。此外，产品具有唯一标识（条形码、二维码、电子标签），可以以文字、图片和视频等方式追溯产品质量所涉及的数据，如用料批次、供应商、作业人员、作业地点、加工工艺、加工设备信息、作业时间、质量检测及判定、不良处理过程等。

场景 4：能效优化。

采集关键制造装备、生产过程、能源供给等环节的能效相关数据，使用 MES 或 EMS（能源管理系统）对能效相关数据进行管理和分析，及时发现能效的波动和异常，在保证正常生产的前提下，相应地对生产过程、设备、能源供给及人员等进行调整，实现生产过程的能效提高。

因此，智能工厂的建立可大幅改善劳动条件，减少生产线人工干预，提高生产过程可控性，最重要的是借助于信息化技术打通企业的各个流程，实现从设计、生产到销售各个环节的互联互通，并在此基础上实现资源的整合优化和提高，从而进一步提高企业的生产效率和产品质量。

未来制造业将在大数据（包括产品数据、运营数据、价值链数据、外部数据）方面驱动制造业向服务业转型，从生产管理到市场预测和精准匹配（即推送营销、社交应用），使制造业与服务融为一个整体。

近年来，我国高端装备制造领域取得可喜进展，但制造业中下游和中低端被混淆了。随着人工智能、机器人、物联网等新技术的快速发展，通过场景封闭化，可以实现制造业中下游的智能化，进而实现全产业链的高端化，确保制造业的立国之本地位。

9.3　智能医疗

9.3.1　智能医疗定义

在医疗健康行业，人工智能技术逐渐成为影响医疗行业发展，提升医疗服务水平的重要因素。智能医疗是综合采用信息技术、物联网技术、大数据与人工智能技术相结合的技术手段，建设面向个人疾病预防、诊疗及健康管理的智能医疗平台，实现患者与医务人员、医疗机构、医疗设备之间的即时互动，逐步实现疾病诊断、诊疗和健康管理的信息化、智能化。在医疗健康行业，人工智能技术的应用场景越发丰富，人工智能技术也逐渐成为影响医疗行业发展，提升医疗服务水平的重要因素。与互联网技术在医疗行业的应用不同，人工智能对医疗行业的改造包括生产力的提高，生产方式的改变，底层技术的驱动，上层应用的丰富。通过人工智能在医疗领域的应用，可以提高医疗诊断准确率与诊断效率；提高患者自诊断比例，降低患者对医生的需求量；辅助医生进行病变检测，实现疾病早期筛查；大幅提高新药研发效率，降低制药时间与成本；手术机器人的使用可以提升外科手术精准度。

随着人均寿命的延长、出生率的下降和人们对健康的关注，现代社会人们需要更好的医疗系统。这样，远程医疗、电子医疗（E-health）就显得十分必要。借助于物联网、云计算技术、嵌入式系统及人工智能技术的智能化设备，可以构建较完善的物联网医疗体系，使全民平等地享受顶级的医疗服务，解决或减少由于医疗资源缺乏，导致看病难、医患关系紧张、事故频发等现象。智能医疗即是通过打造健康档案区域医疗信息平台，采用信息技术、物联网技术、大数据与人工智能技术相结合的技术手段，打造健康

9.3.2 智能医疗应用场景

人工智能与医疗的结合方式较多，应用场景主要集中在虚拟助理、医疗影像辅助诊断、药物研发、健康管理等几方面。

1. 虚拟助理

虚拟助理是指通过语音识别、自然语言处理等技术，将患者的病症描述与标准的医学指南进行对比，为用户提供医疗咨询、自诊、导诊等服务的信息系统。如图 9.7 所示的是虚拟助理流程。

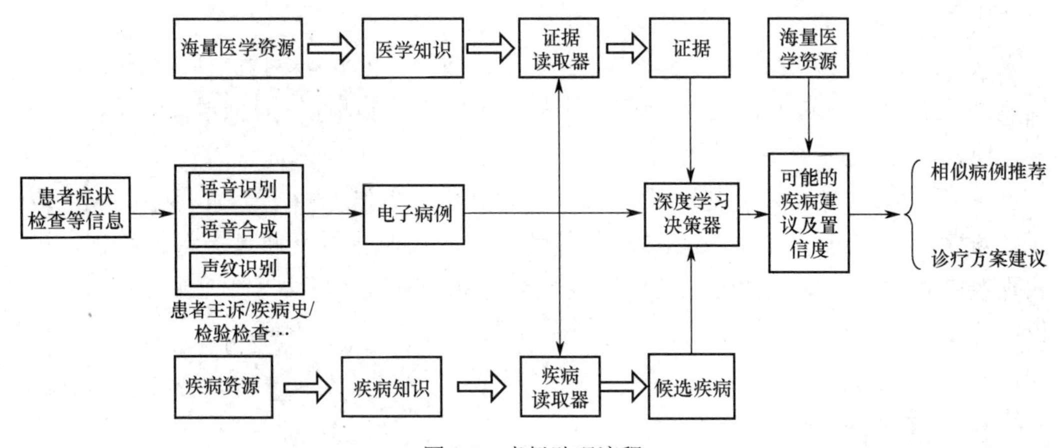

图 9.7 虚拟助理流程

智能问诊是虚拟助理广泛应用的场景之一。智能问诊是指机器通过语义识别与用户进行沟通，听懂用户对于症状的描述，再根据医疗信息数据库进行对比和深度学习，对患者提供诊疗建议，包括用户可能存在的健康隐患，以及应当在医院进行复诊的门诊科目等。人类通过文字或语音的方式，与机器进行类人级别的交流交互；在医疗领域中的虚拟助理，则属于专用（医用）型虚拟助理，它是基于特定领域的知识系统，通过智能语音技术（包括语音识别、语音合成和声纹识别）和自然语言处理技术（包含自然语言理解与自然语言生成），实现人机交互，目的是解决使用者某一特定的需求。

智能问诊在医生端和用户端均发挥了较大的作用。在医生端，智能问诊可以辅助医生诊断，可以帮助基层医生对一些常见病进行筛查，以及重大疾病的预警与监控，帮助基层医生更好地完成转诊的工作，这是人工智能问诊在医生端的价值体现。

在用户端，智能虚拟助手能够帮助普通用户完成健康咨询、导诊等服务。在很多情况下，用户身体只是稍感不适，并不需要进入医院进行就诊。智能虚拟助手可以根据用户的描述定位到用户的健康问题，并提供问诊服务和用药指导。

语音识别技术为医生书写病历，为普通用户在医院导诊提供了极大的便利。当放射

科医生、外科医生、口腔科医生在进行工作时，双手无法空闲出来去书写病历，智能语音录入可以解放医生的双手，帮助医生通过语音输入完成查阅资料、文献精准推送等工作，并将医生口述的医嘱按照患者基本信息、检查史、病史、检查指标、检查结果等形式形成结构化的电子病历，使医生能够将更多时间和精力用于与患者交流和疾病诊断中，大幅提升了医生的工作效率。智能语音产品可以过滤噪声及干扰信息，将医生口述的内容转换成文字。

2. 医疗影像辅助诊断

医学影像是目前人工智能在医疗领域最热门的应用场景之一。人工智能在医学影像的应用主要分为两个部分：第一部分是在感知环节应用机器视觉技术识别医疗图像，帮助影像医生缩短读片时间，提升工作效率，降低误诊率；另一部分是在学习和分析环节，通过大量的影像数据和诊断数据，不断对神经元网络进行深度学习训练，促使其掌握诊断的能力。

医疗影像数据是医疗数据的重要组成部分，从数量上看，超过 90%以上的医疗数据都是影像数据，从产生数据的设备来看，包括 CT、X 光、MRI、PET 等医疗影像数据。据统计，医学影像数据年增长率为 63%，而放射科医生数量年增长率仅为 2%，放射科医生供给缺口很大。人工智能技术与医疗影像的结合有望缓解此类问题。人工智能技术在医疗影像的应用主要指通过计算机视觉技术对医疗影像进行快速读片和智能诊断，如图 9.8 所示的是基于 X 光的肺部疾病诊断。人工智能在医学影像中的应用主要分为两部分：一是感知数据，即通过图像识别技术对医学影像进行分析，获取有效信息；二是数据学习、训练环节，通过深度学习海量的影像数据和临床诊断数据，不断对模型进行训练，促使其掌握诊断能力。

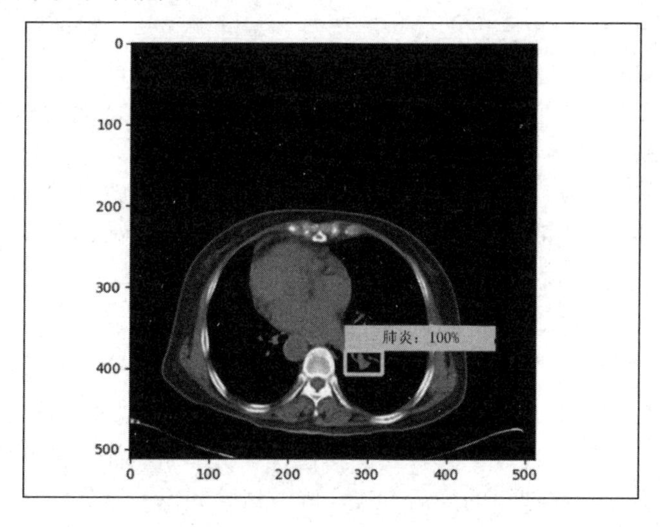

图 9.8　基于 X 光的肺部疾病诊断

3. 药物研发

人工智能正在重构新药研发的流程，大幅提升药物制成的效率。传统药物研发需要投入大量的时间与金钱，制药公司平均成功研发一款新药需要10亿美元及10年左右的时间。如表9.1所示，药物研发需要经历靶点筛选、药物挖掘、临床试验、药物优化等阶段。

表9.1 人工智能技术与药物研发的结合

	药物研发	人工智能结合点
药物发现阶段	靶点筛选	文本分析
	药物挖掘	高通量筛选、计算机视觉
临床试验阶段	临床试验	病例分析
	药物优化	模拟筛选

人工智能技术在药物挖掘方面的应用，主要体现于分析化合物的构效关系（药物的化学结构与药效的关系），以及预测小分子药物晶型结构（同一药物的不同晶型在外观、溶解度、生物有效性等方面可能会有显著不同，从而影响药物的稳定性、生物利用度及疗效）。

靶点筛选：靶点是指药物与机体生物大分子的结合部位，通常涉及受体、酶、离子通道、转运体、免疫系统、基因等。现代新药研究与开发的关键首先是寻找、确定和制备药物筛选靶——分子药靶。传统寻找靶点的方式是将市面上已有的药物与人体身上的一万多个靶点进行交叉匹配以发现新的有效的结合点，人工智能技术有望改善这一过程。人工智能技术可以从海量医学文献、论文、专利、临床试验信息等非结构化数据中寻找到可用的信息，并提取生物学知识，进行生物化学预测。据预测，该方法有望将药物研发时间和成本都缩短约50%。

药物挖掘：主要完成的是新药研发、老药新用、药物筛选、药物副作用预测、药物跟踪研究等方面的内容。

4. 疾病风险预测

通过基因测序与检测可以完成疾病风险预测。基因测序是一种新型基因检测技术，该技术通过分析测定基因序列，可用于临床的遗传病诊断、产前筛查、罹患肿瘤预测与治疗等领域。单个人类基因组拥有30亿个碱基对，编码约23000个含有功能性的基因，基因检测就是通过解码从海量数据中挖掘有效信息。目前高通量测序技术（HTS）从基因序列中挖掘出的有效信息十分有限。人工智能技术的介入可改善目前的瓶颈。通过建立初始数学模型，将健康人的全基因组序列和RNA序列导入模型进行训练，让模型学习健康人的RNA剪切模式。之后通过其他分子生物学方法对训练后的模型进行修正，最后对照病例数据检验模型的准确性。

5. 健康管理

健康管理就是运用信息和医疗技术，在健康保健、医疗的科学基础上，建立的一套完善、周密和个性化的服务程序；其目的在于通过维护健康、促进健康等方式帮助健康人群及亚健康人群建立有序健康的生活方式，降低风险状态，远离疾病；而一旦出现临床症状，则通过就医服务的安排，尽快地恢复健康。健康管理主要包含营养学、身体健康管理、精神健康管理三大场景。

（1）营养学场景：主要表现为利用人工智能技术对食物进行识别与检测，以帮助用户合理膳食，保持健康的饮食习惯。

（2）身体健康管理：主要表现为结合智能穿戴设备等硬件设备提供的健康类数据，利用人工智能技术分析用户健康水平，并通过行为干预帮助用户养成良好的生活习惯；通过基因数据、代谢数据和表型（性状）数据的分析，为用户提供饮、食、起、居等各方面的健康生活建议，帮助用户规避患病风险。

（3）精神健康管理：主要是通过各类交互方式调节用户情绪。又可以分为情绪调节、精神疾病管理两类。对于情绪调节的运用，主要是通过人脸识别用户情绪，以聊天、推送音乐或视频等多种交互方式帮助用户调节心情。

9.4　智能农业

9.4.1　智能农业定义与技术应用

在农业领域，农作物产量经常受到不理想的施肥、灌溉和农药使用的负面影响及遭受人力成本增加、由动物疾病造成的损失。将机器学习等人工智能技术应用到农业中会显著地减少产量损失与劳动力成本。智能农业技术主要体现在以下三方面。

1. 种植、灌溉与施肥

利用物联网、传感器及无人机/卫星采集天气、土壤的图像等各种数据，机器学习可以根据当前和预期的天气模式、作物轮作对土壤质量的影响，帮助农民优化施肥、灌溉和做其他决定，确定最佳生产模式和方法。空间图像分析可以比人类观察更快、更有效地确定如大豆锈病这样的作物疾病，更早介入以防止产量损失。相同的模式识别技术可以用于在家畜动物中识别疾病和跛足（影响运动和健康的腿、脚、蹄的感染或损伤）。

根据机器学习为种植、灌溉、施肥、劳动力和疾病预防治理节省成本。由于机器学习的应用可以限制废料使用并且改善农业预防措施。

针对大范围目标区域，一些规模化经营中已经利用了卫星和无人机图像，如图 9.9 所示，利用无人机进行施肥或喷洒农药作业。利用收集土壤、天气等数据的航空/卫星图像大数据，结合深度学习算法能制定种植时间、灌溉、施肥以及畜牧相关的决策，最终提高农业中土地、设备和人的生产效率。

图 9.9　利用无人机进行农业作业

2. 收获/分拣

玉米和小麦等作物的大部分收获已经开始在大农场进行机械化操作。机器学习所具备的通过使用大数据集来优化单个或一系列关键目标的能力很适合用来解决农业生产中的作物产量、疾病预防和成本效益等问题。在农作物产后分拣或分类方面，一些分拣或分类工作已经实现自动化（按大小和颜色），降低与收获后分拣相关的劳动力成本，提高市场上的产品和蛋白质的质量，随着时间推移，仅在美国境内人工智能技术就能通过降低成本和提高效率每年节约 30 亿美元的劳动力成本。全球范围内的这个数据极有可能超过美国所节约成本的两倍。

例如，机器学习技术已经被黄瓜菜农用来自动分拣黄瓜，而以前分拣黄瓜的程序一直需要大量手动或视觉检查工作和劳动力成本。菜农只需使用包括简单的单片机处理器和普通网络摄像头在内的简单又便宜的硬件设备，就能用深度学习训练出一个能将黄瓜分成九个类别并且具有相对较高的准确度的算法，从而减少了与分拣相关的劳动力成本。相似的应用可以扩展成更大的规模，并且被用于具有较高分拣需求和成本的农产品，如西红柿和土豆。

3. 家禽种群中的疾病监测

在一项学术研究中，研究人员收集和分析鸡的声音文件并假设在生病或痛苦的情况下，它们发出的声音会改变。在收集数据并训练神经网络模式识别算法后，研究人员能够正确地识别出感染了两种最常见的致命疾病之一的鸡，其中对发病两天的鸡的识别准确率为 66%，而对发病八天的鸡的识别准确率为 100%。正确诊断家禽所患疾病并尽早在损失发生之前进行治疗可以消除由疾病导致的损失。实验表明，机器学习可以通过音频数据分析来正确识别用其他方法不可检测的疾病，几乎能消除由于某些可治愈疾病所引起的损失。

基于农作物产量、作物投入成本节省、乳制品/畜牧成本节约、分拣和劳动力节约的潜在增长，机器学习技术的应用能创造巨大的经济价值。

9.4.2 农业机器人

20 世纪 80 年代，人类开始探索如何将机器人技术应用在农业中，之后便有了各种各样的研究。研究对象种类繁多，果实类、叶菜类、花卉、家畜等相关报告陆续出炉。其中，接枝机器人、移栽机器人、具备简易控制功能的病虫害防治机器人、蔬果分类机器人、杂草分类机器人等已经进入了实用化阶段，另外还有许多机器人尚在开发当中。下面以育苗机器人为例进行介绍。

育苗工作包含播种、育苗、间苗、接枝、插枝等作业。关于播种方面，蔬菜、水稻等作物从填装培养土、压实整平到覆土、洒水等作业都已实现自动化。针对南瓜等大颗粒种子，目前已开发出可一粒粒吸附种子，并使种子的方向、甚至发芽位置保持一致的播种机。此外，牵引式播种机从很早以前开始就进入了实用化阶段。针对种子发芽之后的补植、移植等作业，农业发达国家很早就开始使用采用了电视摄像机与光电传感器技术的种苗补植机。由于这类作业的处理对象为较大的种子，因此相对于其他农事作业而言，比较容易实现标准化及自动化作业。

实际上，最早用来处理不规则形状植物的机器人是葫芦科蔬菜嫁接机器人。通过用刀具分别斜切剪取穗木与砧木（砧木上会留下一片子叶），再将两者的切口接合，该机器人可以自动执行上述嫁接作业。起初这项设备是半自动化的，需要两名作业人员提供植物幼苗。近几年已开发出植物幼苗提供机，目前已实现全自动化。不仅如此，在荷兰，针对主茎比西红柿等葫芦科植物更细、易弯折的植物幼苗，研究人员也开发出了通过机器视觉系统辨识出植物幼苗，再进行嫁接作业的机器人。

在进行农业生产自动化时，必须将随时都在变化的农业技术、工业技术，甚至是生产者的经营方针等作为打造农业生产系统的要素加以掌握。换言之，随着栽培技术、基因技术的发展，农业及植物的特性也在不断地发生变化，甚至是培育出了新的作物。根据不同的情况，有时也必须将机器人技术、消费者的喜好等要素列入考虑范围。如果我们的目的是开发出实用的机器人，那么人们必须根据打造新农业生产系统的时机，以及正在发展中的周边技术来设定目标。

在植物工厂或大型温室，由于环境设施本身具有规格化、标准化的特点，再加上之前也采用了一些自动化设备，如将暖气管作为轨道使用的喷药机等，因此很容易引进自动化装置。过去也曾开发出全自动植物工厂，配置了苗栽植机器人、间隔（株距）调节机器人，以及连同整个栽培床一起采摘的设备。未来，随着植物工厂的实用化，将会有许多机器人等着上场一展身手。图 9.10 是一种自动采摘西红柿的机器人。

图 9.10　一种采摘西红柿的机器人

我国将建成 10 亿亩高标准农田，这些农田基本满足半封闭化要求，使得人工智能、机器人、物联网等技术能够大规模应用，如在北方广袤的农田，未来如全面采用大规模无人群体智能农业装备，包括无人机、拖拉机、收割机、播种机等，实现无人群体智能化作业，将促使我国成为全球最大的单一智慧农业工程，彻底颠覆农业、农村和农民的传统形态，产生难以估量的巨大、深远影响。

9.5 智能教育

9.5.1 智能教育定义与含义

智能教育是最近随着人工智能技术发展而在教育领域兴起的新概念。智能教育有双重含义：一方面是指教育教学过程实现智能化，类似智能社会、智能城市的概念；另一方面是对从事教育工作的人员进行人工智能教育教学思想启蒙。而教育智能是指教育过程中教育教学方法、模式的智能化，利用智能化教育教学方法减轻人类教师教学和学生学习的负担，提高教学效率。

智慧教育是与素质教育等教育理念相对应的概念，著名教育技术专家祝智庭教授认为，“智慧教育是当代教育信息化的新境界，是素质教育在信息时代、知识时代和数字时代的深化和提升”。按照这个理解，智能教育是手段，智慧教育是目标。而教育智能化是教育智能的另一种表述，也就是最终实现智慧教育的手段需要智能化。这些概念代表了未来教育的新方向，在教育智能化发展过程中，可能产生新的教育学分支——智能教育学，即专门研究人工智能教育现象及其一般规律的社会科学。世界各国都在积极探索智慧教育的内涵，融合了正确教育理念和物联网、大数据、云计算等技术的智能教育平台，在关于智慧的竞争中抢占领先地位。以发展智慧教育为最终目标的智能教育将构成对传统教育的颠覆性挑战。未来智能教育和教育智能化将大规模采用人工智能技术，既使得教育过程和模式本身智能化，教学内容智能化，也使教育思想和理念智能化。

智能教育、教育智能以及教育智能化是最近随着人工智能技术发展而来在教育领域兴起的新概念。智能教育的主要手段是使用人工智能技术开展教育教学。在互联网基础上，人工智能技术与信息技术、互联网融合，为实现真正个性化教育带来了希望。

通过人工智能与教育的结合能够真正把个性化教育和因材施教规模化和普及化，让每名学生都能享受到个性化教育和因材施教带来的好处，让学生的学习效率不再那么低下，有更多时间去从事更有意义的事情。自适应学习系统模拟特级教师，目标是通过个性化的教学方式，改善或加速学生在学习上的收益。进一步培养学生创造能力、想象力以及终生的学习能力，这三点是未来每名学生、每个人在与机器竞争的时代中所应具备的能力。

9.5.2 人工智能技术在教育领域的应用

人工智能技术在教育领域主要有以下五方面的应用。

1. 智能学习助手

与智能医疗类似，智能学习助手可以分为虚拟学习助手和实体机器人学习助手两种。智能学习助手是一种利用智能问答技术，以人机交互、语音识别、图像识别、文字识别、知识图谱等技术为基础，结合学习者模型、大数据及互联网技术，作为教师助手可以支持教学设备使用、提供学习内容、管理学习过程、常见问题答疑等，作为学习伙伴协助时间和任务管理、分享学习资源、激活学习氛围、参与或引导学习互动，为学习者提供陪练、答疑、咨询等学习服务。这种虚拟助手可以通过手机移动端来使用，也可以通过教室大屏幕来使用。

实体机器人学习助手是有形体的机器人，通过视觉传感器、语音传感器等与学生互动，成为一种智能学习助手。

2. 智能推荐系统

综合利用搜索技术、大数据技术以及机器学习技术，设计智能推荐系统。对学生的学习行为进行跟踪和学习，依托多源的、开放的知识库体系，向学生推荐学习内容、学习经验、学习资料、制定学习方案，提供学习咨询、职业生涯规划等建议。以人机交互、语音识别、图像识别等技术为基础，结合学习者模型、知识图谱领域模型以及各类智能硬件传感器，为学习者提供陪练答疑、方案咨询等服务，并反馈学习效果。

3. 智能教学助手

利用机器人进行辅助教学，通过大数据结合语音识别、图像识别、手势识别、语音分析等技术的发展到自然语言理解等技术实现人机对话，需要通过人类教师来解答学生疑问，使机器模拟人来答疑成为可能，并用于辅助教学。

4. 智能教室

通过机器视觉对课堂教学过程、教学效果长期监测，实现对教学场景认知和理解，通过机器学习和大数据分析平台帮助教师准确、全面地掌握所有学生在课堂教学中的参与情况，成为智能教学辅助系统。以语音识别和合成技术为核心的智慧翻译及语音教学系统，使原来枯燥的语言教学内容变得有声有色，从而调动学生的主观能动性，极大地提高语言教学效果。

5. 智能教学生态系统

现阶段的智能教育的本质是信息互通与数据共享，涵盖教育教学全环节的数据采集、管理、分析能力是关键。教育大数据将彻底改变传统的经验式教学方式，让教育变得更为平等、精准、高效。智能教学生态系统通过人机结合和智能信息处理技术为学生制定个性化学习计划和留学（课程）服务，为学生进行考试成绩分析、职业分析等。如图 9.11 所示，通过人机结合构建“学、练、改、管、测”于一体的完整教学生态系统，为学生提供学习任务、练习、批改、测试、评估一系列的服务，并对认知和学习行为进行诊断分析，将彻底变革目前的传统教学系统。

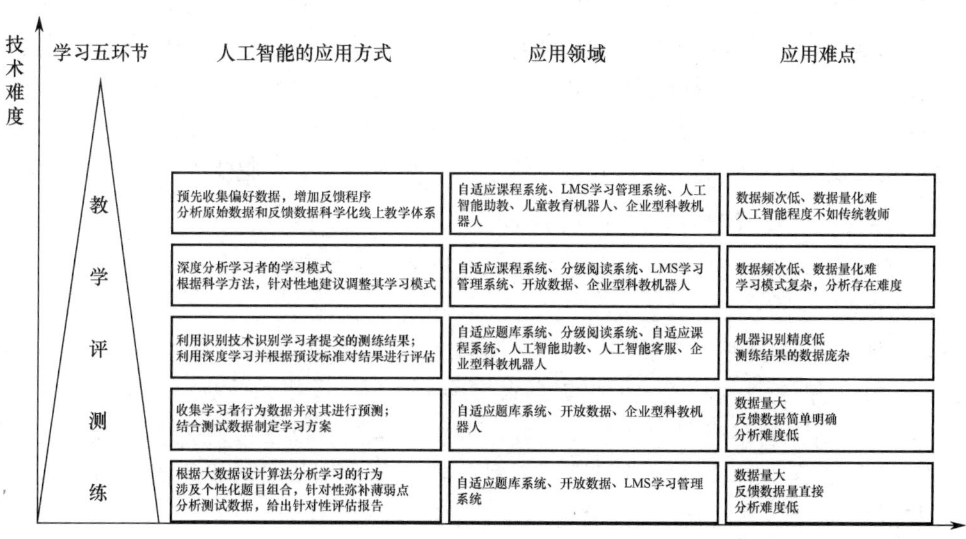

图 9.11　智能教学生态系统

9.5.3 智能学习模式

1. 个性化学习模式

长久以来，因材施教一直是许多教育家和从事教育行业人类的梦想。因材施教的本质就是个性化教育。个性化教育是基于学生当前的学习状态而实行有针对性的智能教育的教学模式，人类将教育心理学、认知心理学和计算机科学等技术进行融合，发展各种面向学生个性化学习的教育分析技术。通过机器学习等算法可以规划最佳的学习路径，最大化学习效率；根据不同学生的个性偏好、学习习惯和学习风格，推荐最匹配的学习内容；以及系统实时对学生的能力水平进行动态评估等。大数据技术与机器学习技术会跟踪记录学生的所有学习过程，发现学生学习的过程和学习的难点、重点，从而帮助学生及时调节学习过程，取得更好的学习效果。不再是对学生进行简单的评价和简单的分数，实现一种自适应个性化学习模式。对于学生而言，可以利用计算机及时掌握自己的知识学习状态，从而实现学业预警；对于教师而言，一方面，可以从学生能力分析的共性结果中发现教育教学的关键点；另一方面，可以通过学生能力分析的特性结果识别出典型学生，并对其进行针对性辅导。

2. 多元化学习模式

长期以来形成的教育传统就是固定在一个场所，教师按照固定的教材传授固定的内容，学生在一定时间内学习固定的内容，而人工智能和计算机网络技术可以打破固有的时空局限，不分时间、地点，学习内容也可以多元化、个性化。随着智能技术的发展，很可能出现教育脱离上述背景而独立发展的情形，自我教育、自主教育、自适应教育、按需教育等新教育形态将会出现。这些教育形态不需要有统一的场地、统一的时间期限、统一的教材或者内容。教育真正上升到以人为本，各取所需的层面，而不再是集中灌输，统一学习。

3. 模拟和游戏化学习

随着技术的发展，人工智能游戏化教学将成为寓教于乐的重要手段，极大提升现有寓教于乐的教学水平和手段。平台应用的科技将会包括虚拟现实、计算机视觉、机器学习、人机交互等。目前，飞行模拟器和真机飞行的感觉没有差别，而模拟器的训练还更为便捷。未来将有更多的教学过程和学习内容以游戏化形式呈现，通过虚拟现实、增强现实、混合现实以及模拟游戏等多种方式提供给学生，并利用人工智能技术辅导学生学习。

4. 人机结合的混合式学习与合作学习模式

所谓混合式学习和合作式学习是指人和智能机器一起学习。混合式学习或合作学习有以下两种方式。

一是人类向机器学习。未来的人机协作时代，人类可以向机器学习。事实上，AlphaGo 在 2017 年 5 月战胜人类围棋最高水平选手之后，围棋职业高手们已经在虚心向 AlphaGo 学习更高明的定式和招法了。因此，向机器学习有助于改进人类思维方式的模型甚至逻辑，将成为一种普遍的学习模式，各行各业各个年龄段的学习者都将可以采用这种学习模式，终身学习也变得更有实际意义。

二是既学习人人协作，又学习人机协作。未来的沟通能力将不仅限于人与人之间的沟通，人与智能机器之间的沟通也将成为重要的学习方法和学习目标。一方面，学生要从学习的第一天起，就要与面对面的或者远程的同学一起讨论、一起设计解决方案、一起进步；另一方面，诸如教育机器人这种新型教学手段将成为智慧学习环境的重要组成部分，形成一种新型教学形态。

9.6 智慧城市

9.6.1 智慧城市定义

智慧城市在广义上指城市信息化，即通过建设宽带多媒体信息网络、地理信息系统等基础设施平台，整合城市信息资源、建立电子政务、电子商务、劳动社会保险等信息化社区，逐步实现城市国民经济和社会的信息化、智能化，使城市在智能时代的竞争中立于不败之地。智慧城市将人与人之间的通信扩展到了机器与机器之间的通信；“通信网+互联网＋物联网”构成了智慧城市的基础通信网络，并在通信网络上加载城市信息化应用。

智慧城市是由多领域、多类别、多级系统构成的庞大系统，它需要处理不同领域、不同系统、不同类型的海量数据。它具有新老系统配合使用、技术发展快速、链接关系多、内部结构复杂、科研和建设周期长，以及需要为其他系统提供广泛的信息支持和服务等特点。因此做好智慧城市的体系架构的顶层设计是非常重要的。图 9.12 所示的是智慧城市的核心部分，包括智能交通、智慧医疗、智慧教育、智慧安防、智慧物流、智慧社区、智慧环保、智慧政务、智慧园区、智能城管等。

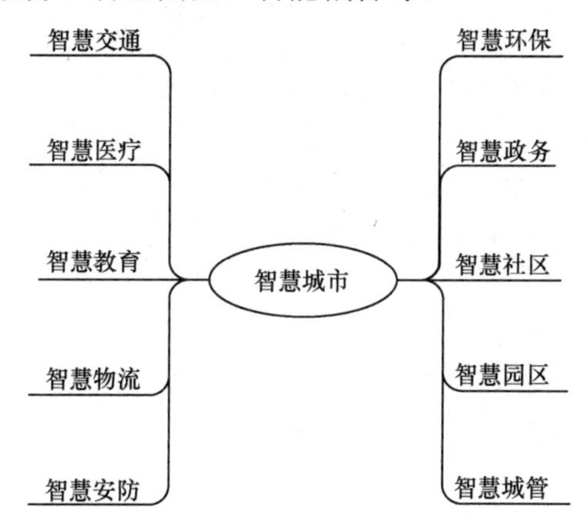

图 9.12　智慧城市的核心部分

9.6.2 智慧城市架构

智慧城市需要打造一个统一平台，设立城市数据中心，构建三张基础网络，通过分层建设，使平台能力及应用可成长、可扩充，创造面向未来的智慧城市系统框架，如图 9.13 所示，智慧城市系统架构主要包括以下几方面。

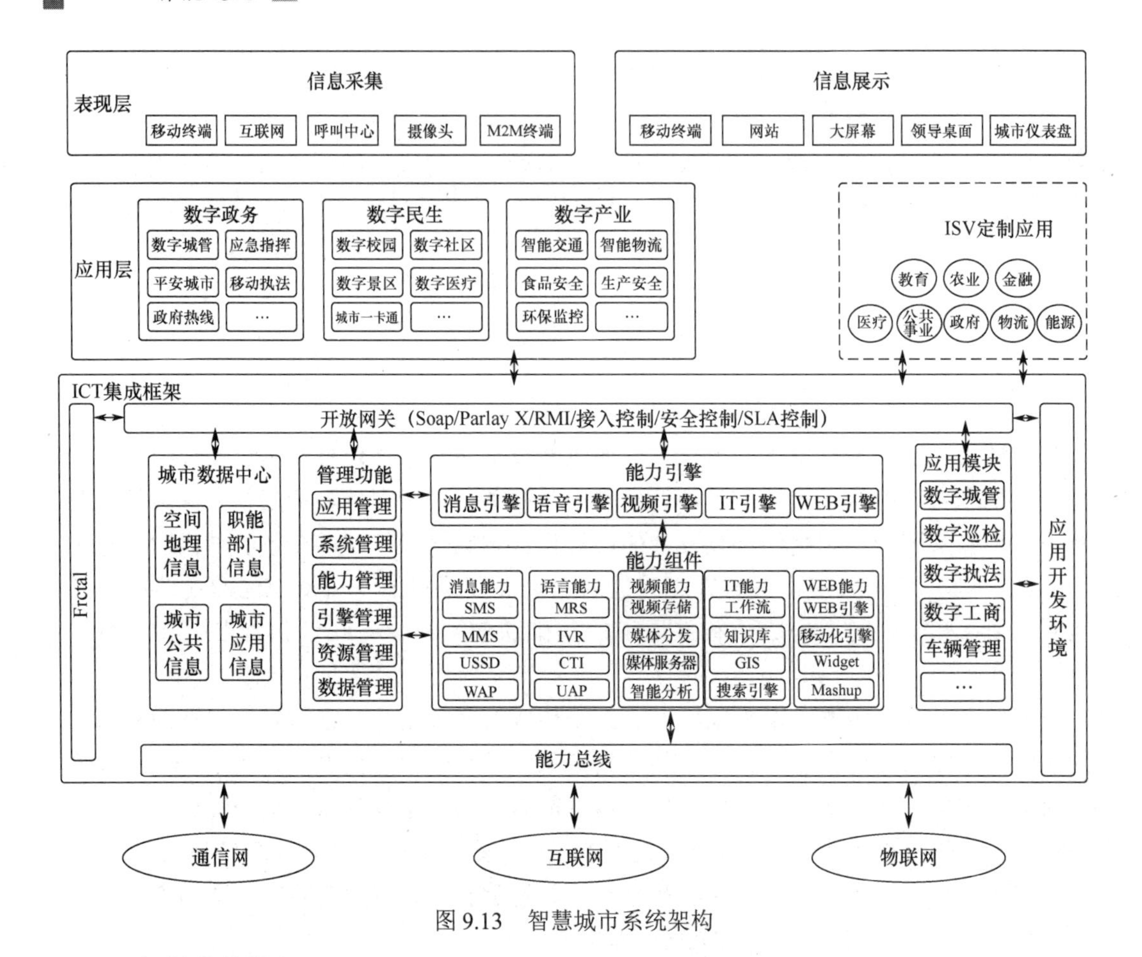

图 9.13　智慧城市系统架构

1. 智慧公共服务

智慧公共服务和城市管理系统是通过加强就业、医疗、文化、安居等专业性应用系统建设，提升城市建设和管理的规范化、精准化和智能化水平，有效促进城市公共资源在全市范围共享，推动城市人流、物流、信息流、资金流的协调高效运行，提升城市运行效率和公共服务水平，推动城市发展转型升级。

2. 智慧城市综合体

采用视觉采集和识别、各类传感器、无线定位系统、无线射频识别、条码识别、视觉标签等顶尖技术，构建智能视觉物联网，对城市综合体的要素进行智能感知、自动数据采集，涵盖城市综合体的商业、办公、居住、旅店、展览、餐饮、会议、文娱和交通、灯光照明、信息通信和显示等各方面，将采集的数据可视化和规范化，让管理者能进行可视化城市综合体管理。

3. 智慧政务城市综合管理运营平台

一个城市或区域的智慧政务城市综合管理运营平台一般包括指挥中心、计算机网络机房、智能监控系统、某区域街道图书馆和数字化公共服务网络系统，其中指挥中心系统包括政府智慧大脑六大中枢系统，分别为公安应急系统、公共服务系统、社会管理系统、城市管理系统、经济分析系统、舆情分析系统，该平台满足政府应急指挥和决策办公的需要，提高快速反应速度，做到事前预警，事中处理及时迅速，并统一数据、统一网络。通过数据中心、共享平台建设从根本上有效地将政府各个部门的数据信息互联互通，并对整个区域的车流、人流、物流实现全面的感知，为城市管理者科学指挥决策提供技术支撑。

4. 智慧安居服务

智慧安居服务充分考虑公共区、商务区、居住区的不同需求，融合应用物联网、互联网、移动通信等各种信息技术，发展社区政务、智慧家居系统、智慧楼宇管理、智慧社区服务、社区远程监控、安全管理、智慧商务办公等智慧应用系统，使居民生活智能化发展。

5. 智慧教育与文化

智慧教育与文化主要建设教育综合信息网、网络学校、数字化课件、教学资源库、虚拟图书馆、教学综合管理系统、远程教育系统等资源共享数据库及共享应用平台系统，提供多渠道的教育培训就业服务。通过新闻出版、广播影视、电子娱乐等行业信息化和信息资源整合，完善公共文化信息服务体系，实现文化共享。

6. 智慧服务应用

智慧服务应用主要包括智慧物流、智慧贸易、智慧服务业等方面的建设。

智慧物流：通过射频识别、多维条码、卫星定位、货物跟踪、电子商务等信息技术在物流行业中的应用，实现基于物联网的物流信息平台及第四方物流信息平台。整合物流资源，实现物流政务服务和物流商务服务的一体化，推动信息化、标准化、智能化的物流企业和物流产业的发展。

智慧贸易：企业通过自建网站或第三方电子商务平台，开展网上询价、网上采购、网上营销、网上支付等电子商务活动。实现在商贸服务业、旅游会展业、中介服务业等现代服务业等领域运用电子商务手段，电子商务平台为聚合点的行业性公共信息服务平台，以及集产品展示、信息发布、交易、支付于一体的综合电子商务企业或行业电子商务网站，形成城市贸易智能化发展。

智慧服务：通过信息化改造传统服务业经营、管理和服务模式，使传统城市服务业向智能化现代服务业转型。

7. 智慧健康保障体系

智慧健康保障体系包括建立卫生服务网络和城市社区卫生服务体系，构建以卫生信息管理为核心的信息平台，实现各医疗卫生单位信息系统之间的沟通和交互。以医院管理和电子病历为重点，建立居民电子健康档案；以医院服务网络化为重点，建设远程挂号、电子收费、数字远程医疗服务、图文体检诊断系统等智慧医疗系统，提升医疗和健康服务水平。

8. 智慧交通

通过监控、监测、交通流量分布优化等技术，完善公安、城管、公路等监控体系和信息网络系统，建立以交通诱导、应急指挥、智能出行、出租车和公交车管理等系统为重点的、统一的智能化城市交通综合管理和服务系统建设，实现交通信息的充分共享、公路交通状况的实时监控及动态管理，全面提升监控力度和智能化管理水平，确保城市交通运输的安全、畅通。

9.7 智能军事

9.7.1 智能军事定义

先进的人工智能技术首先是在军事领域得到应用的。人工智能用于战争始于 20 世纪 90 年代爆发的海湾战争。建立在现代科学基础上的智能较量已成为军事决策的先导，高技术战争已经迎来了智能化战争的新时代。现在，人工智能在军事领域的应用更广泛、更深入、更有效，已经深刻地影响着现代信息化战争的各个领域，对新军事革命的理论和实践都产生了巨大的影响。

军事信息是指战争准备和战争实施过程中的数据、图片、规则、经验、情报、武器性能，以及计划、方案、指令、决策等。所有这些信息都是知识系统、不确定性推理、智能计算、模式识别等人工智能技术研究和处理的对象。

人工智能技术在新军事革命中具有非常广泛的应用。包括智能武器装备、智能情报获取和处理、智能作战决策和计划制定、智能化感知与信息融合处理、智能化指挥控制辅助决策，以及扩展作战人员的体能、技能和智能。

人工智能在军事领域的应用主要体现在智能武器装备，以无人机、无人船、移动机器人、无人车等各种无人智能系统为核心的各种智能武器装备，成为未来智能战争的主角。这些无人智能系统一方面可以独立自主地执行作战任务；另一方面可以人机协同完成作战任务，彻底颠覆传统大规模人员对抗、坦克装甲车集群等战争模式。

9.7.2 智能武器装备

武器装备的智能化程度越来越高，大批无人操作的武器平台和军用机器人即将驰骋在未来战场。有军事专家预言："机器人将有可能在 10～20 年内代替人类，战争将主要由无人驾驶的坦克、火炮、飞机、机器人、导弹等智能武器担任主角，而人类将退居幕后。"以人工智能为关键技术的精确制导武器已成为高技术战争的中坚力量。采用图像识别与理解智能技术，智能导弹可以将探测器获得的实际目标图像与欲攻击的目标图像进行比较，通过识别、判断、推理来确定目标属性，分辨敌我，精确地攻击目标。在实施攻击时，不仅可以准确地命中目标，而且还可以进行威胁判断、多目标选择和自适应抗干扰。在选择命中点时，能自动寻找目标的最易损、最薄弱或最关键的部位，以获得最大化的作战效能。智能型反坦克导弹从空中发射后会自动爬升到 1000 米的高度，搜索、跟踪各种地面装甲目标。

1. 无人智能系统

进入 21 世纪，以无人机（见图 9.14）、水面无人艇（见图 9.15）、水下无人潜器（见图 9.16）、无人车（见图 9.17）以及陆地移动机器人等多种智能化作战系统逐渐形成了无人智能作战系统这一领域。这些系统结合电子、通信、指挥、决策等系统构成综合性作战系统，既可以单独完成作战任务，也可以根据作战需要，几种不同的无人系统组成同构或异构无人系统，甚至以群体形式执行作战任务。

具有强大杀伤力并携带先进的攻击性武器的智能无人作战飞机将有可能成为空中作

战的一支重要力量，它们不仅可以完成侦察、搜索、干扰、电子对抗、反雷达等军事任务，还可以执行最危险的任务——攻击作战，如执行压制敌方上空力量、猎杀敌方各类导弹和远距离攻击重要目标等多种军事任务。智能无人作战飞机可以在任何天气条件下从远离战区的后方起飞，攻击远距离目标。无人作战飞机与有人驾驶飞机将共同组成机动、灵活的空中作战网络，快速到达重要地区，实施火力压制和精确打击。

图 9.14　无人机

图 9.15　水面无人艇

图 9.16　水下无人潜器

图 9.17　无人车

21 世纪以来，机器人技术呈现快速发展，机器人种类很全，有类人机器人、机器狗、机器骡子、机器蛇等各种仿生机器人不断问世，并在军事领域广泛应用。目前智能军用机器人正向着拟人化、仿生化、小型化、多样化方向发展，预计 21 世纪上半叶以智能军用机器人为主的机器人军队将奔赴战场。一些专家预测，到 21 世纪中叶，与蝴蝶、蜻蜓、苍蝇、蝗虫等昆虫一模一样的微型仿生机器人将会大批面世（图 9.18（a）为机器蜜蜂，图 9.18（b）为机器苍蝇）。智能武器的微型化将引发起一场真正意义的军事革命。

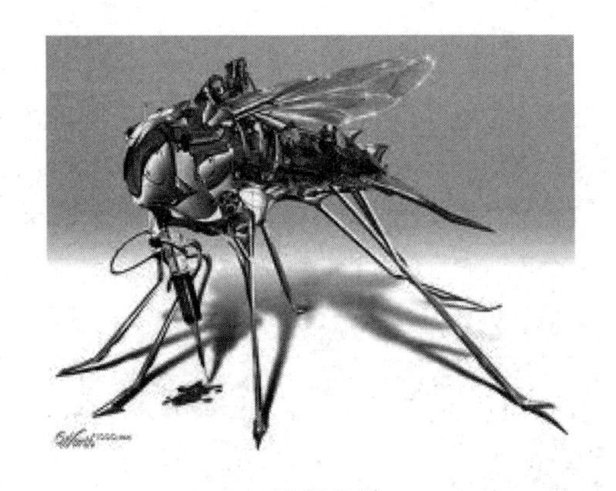

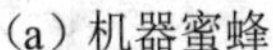

（a）机器蜜蜂　　　（b）机器苍蝇

图 9.18　微型仿生机器人

由于智能武器装备具有超常的作战效能，在高技术战争中具有得天独厚的优势，因此，各国军界都把这类高技术武器装备列为常规武器发展的重点之一，以增加平时威慑和战时获胜的砝码。

2. 其他智能武器装备

普通地雷也能装上信息化的智能芯片。智能地雷就是使地雷引信具有主动识别目标能力，战斗部具有主动跟踪、攻击目标能力的新型地雷。智能地雷由火箭炮、布雷车或直升机大面积部署，能探测、识别和跟踪坦克、装甲车等不同目标，并能根据敌人行动方向变换雷场位置和攻击方向。遥控或智能程序在确定攻击目标后，利用传感器定位，发射能定向爆炸的子雷击毁目标，引爆战斗部实施攻击。美军现正在研制的装备 XM93 广域智能引信地雷，具有多功能传感器，可对目标的各种物理场进行判定。当坦克进入地雷控制的半径为 100 米地域的范围时，即由微机控制发射智能子弹药，先以 35°仰角将子弹药发出，而后子弹药在空中主动寻找目标，攻击坦克顶甲。赫尔卡斯型智能地雷能长时间自动探测目标、锁定目标，然后启动火箭飞向目标，并不断修正误差，直至命中目标。如果在预定时间内没有发现目标，未能实施攻击，还能为避免“被俘”而“自杀”。

传统陆战坦克也开始走向智能化。智能作战坦克可以顺利通过各种障碍物识别目标的不同特征及其威胁程度，并可以经过比较确定最佳行动方案，从而控制武器瞄准射击。智能侦察坦克装有核生化探测器、红外音响传感器、激光测距机等侦察器材，能在时速 64km/h 的情况下识别道路、区分人员与天然地物，并能够绕过障碍物、探测地雷、绘制图形、分清敌我、确定目标。智能扫雷坦克可排除一次性触发地雷，也可远距离引爆感应地雷，一次作业能开辟 10 米左右宽、几百米长的道路。

智能火炮能够执行战场自行监控、自主行动、自动射击任务，如美国的“徘徊者”多用途机器人，装备有防空导弹，可自动控制导弹的发射。上述智能武器装备的共同特点是会有“意识”地寻找、辨别和摧毁要打击的目标。

智能火炮机器人能抓举、填装多发几十公斤重的炮弹，抓手极为灵巧。机器人与火炮控制系统完全连为一体，战斗时，由前方观察，将所观察到的目标信息传给机器人控制的供弹车和控制车，供弹车和控制车做出判断后，再把目标信息和指令传给机器人，机器人便从弹药架上选择所需的弹种和发射药装药，完成自行装填、瞄准和射击。智能炮弹内装有两个战斗部，每个战斗部内都有光电传感器和控制机构，发射到目标区上空后带着降落伞缓缓落下。两个战斗部分别搜索各自的目标并实施跟踪追击，真正做到“一箭双雕”。

智能弹头包括智能导弹、炮弹、炸弹，是把人工智能技术应用于弹头，使其具有某些智能行为。智能弹头依靠弹体内智能计算机和图像处理设备，在发射后能自主寻找、判定、选定和攻击目标，并能发现和攻击目标的薄弱部位，命中精度比普通弹药高 30～40 倍，作战效能是其百倍。如美国研制的“黄峰”机载反坦克导弹，在超低空距离发射后，会自动爬高到上千米，自动俯视战场，搜索、发现、识别敌坦克，然后以其各分弹头分散攻击不同的目标的要害部位和薄弱环节。

人工智能技术控制的飞机、舰船、导弹等武器系统往往都装有许多不同类型的信息获取装备、不同型号的攻击武器，在面对多个来袭目标的攻击时，控制雷达装备能最有效地搜索和跟踪目标，对来袭目标进行分析、判断和攻击决策，向目标分配攻击武器，以及引导这些武器准确地击中这些目标，而且这一切必须在很短的时间内完成。人工智能系统已经成为武器装备的“大脑”，而自动化和智能化则是武器控制系统发展的必由之路。根据有关数据统计分析，装有智能系统的制导武器，在战场条件不变的情况下，命中精度将提高 3 倍。

9.7.3　智能战争与军事变革

人工智能系统与作战平台的广泛应用，将使人工智能作为重要的作战要素渗透战争与作战准备的整个流程，智能感知、智能导航定位、智能情报分析、智能辅助决策、智能指挥控制、智能化无人作战平台等将成为决定战争胜负的重要分支力量，进一步丰富新型作战力量的内涵。不仅如此，随着智能化微小卫星编组、无人机编组、无人潜航器编组、战场机器人士兵编组以及无人与有人作战单元的协同编组走向战场应用，各类混搭式新型作战力量将不断出现。

武器装备和作战指挥的智能化将最大限度地延伸“人体”的功能，成为提高军队战斗力的一个新的增长点。因此，谁能在人工智能领域中取胜，谁就将取得 21 世纪的军事主动权。目前处在新一代军事技术革命的前沿，军事人工智能已经成为世界各个国家争抢的国防战略制高点，这势必给未来军事形态带来翻天覆地的变革。未来战争将是无人化的机器对机器的智能战争，随着无人舰艇、无人装甲车、无人战机、无人卫星等智能技术的不断渗透，大规模、群体化无人异构智能作战系统将改变人类数千年的战争模式，各类智能化无人系统与作战平台将在地面、空中、水面、水下、太空、网络空间以及人的认知空间获得越来越多的应用，会深刻改变现代战争中人工智能的技术比重。

近两年爆发的纳卡冲突、俄乌战争都使当代人感受到人工智能正成为军事变革的重要推手，催生新的战争样式，甚至是决定战争胜负成败的关键手段。对于未来战争而言，一方面，运用人工智能将可能塑造颠覆性的军事能力，带来战斗力的倍增或大幅提升；另一方面，也将为军事理论创新和军事能力建设实践带来新的挑战。

9.8 本章小结

得益于大数据、超级计算机等技术的发展，深度学习等人工智能技术与各行业深度结合，产生一定的经济效益，成为一种推动经济发展新动力。人工智能与制造业、医疗、城市、教育等行业的结合，需要针对不同行业的实际问题和特点，提出不同的解决方案，搭建包括基础资源、基础技术、网络平台、终端应用等不同层次内容的平台。在军事领域，人工智能技术发挥着越来越重要的作用，不断改变未来战争模式。本章只是介绍了一些具有代表性的行业和领域，更多的行业和领域需要结合社会实践深入理解。

习题 9

1. 相较于传统的人工智能技术，为什么今天的人工智能技术能够在各行业发挥作用？
2. 查阅有关资料，梳理人工智能技术在制造业的应用案例。
3. 查阅有关资料，梳理人工智能技术在医疗业的应用案例。
4. 查阅有关资料，梳理人工智能技术在智慧城市的应用案例。
5. 查阅有关资料，梳理人工智能技术在军事领域的应用案例。

第 10 章　超现实人工智能

本章学习目标

1. 学习和理解超现实人工智能基本概念和含义。
2. 学习和理解科幻文学影视作品中的人工智能对人类的启发意义。
3. 学习和理解超现实人工智能对发展符合人类利益的人工智能技术的警示意义。

学习导言

曾几何时，人工智能发展无论在低潮还是高潮时期，其进入社会大众视野的方式往往并不是那些炫酷的机器人和人工智能高科技产品。尽管人工智能已经无处不在，但在人工智能发展过程中，广大公众尤其是青少年对于人工智能的理解可能更多来自各种各样的、人工智能主题文学作品和科幻影视剧。在以往人工智能学习过程中，也往往忽略人工智能发展与科幻文学影视的密切关系和重要作用。人工智能作为一门新兴交叉学科，固然需要数学和工学以及各种技术的支持，但因其与物质、生命、人类、智能乃至宇宙的本质等基本问题的天然联系，使其在根本创新思想源泉上不同于任何一门传统学科。人类智能的一个重要特征就是抽象思维和想象力，对未来的预判和规划能力，这些潜在于人类头脑中的智能现阶段还无法通过物理人工智能方法实现，但是科幻文学影视早已通过其不同于科学和技术的独特方式呈现出来。人工智能作为科幻影视作品的重要主题，不仅给人类带来了视觉、心灵上的冲击和观感，也在启发人类思考人与机器的关系、人之为人的意义等更深刻的问题。

10.1　超现实人工智能含义

早期文学中，许多学者就以丰富的想象力创造出科技的未来，也就是现在的人工智能时代。电影是一门以文学剧本为基础的综合艺术，有些文学特别是科幻小说，是作家虚构的想象。而人工智能就是使这种想象变成现实的一部分子体，人工智能影视是科幻电影的一部分。现阶段的人工智能，始于早期文学作品中的文字想象与图画式的表述。人工智能科幻文学影视作品与人工智能技术有四重关系：①其本身是人类抽象思维和想象力智能的产物；②是创造新的人工智能技术的思想源泉；③是人类思考人工智能与人类自身的关系以及对未来人类社会发展的影响和作用的参考；④是促使人类思考生命价值和意义的范本。事实上，发达国家在设计先进武器系统时，会召集一些科幻小说作家参与其中，利用他们的灵感源泉为未来武器设计提供蓝本。许多高科技智能武器和人工智能应用技术确实来自科幻影视作品的启发。因此，在以往人工智能的学习中，忽略人工智能发展与科幻影视文学的内在联系是片面的。

超现实人工智能（即具有主观自我意识的人工智能）是一个假设，它没有任何科学证据，最多是一种哲学意义上的幻想。未来如果人类创造不出这种人工智能，那就是空想或幻想。对未来的畅想或幻想是人类的天性或大脑的一种能力，现在的人类对于超现实人工智能有着一种执着的精神。在人类历史上，很多幻想也确实实现了。但是，那些都是延伸人体体能或机能的非智能工具。具有主观自我意识的人工智能则是颠覆性的存在，它完全不同于任何一种已知的工具或客观对象。超现实人工智能是否会被创造出来，是否应该被创造出来，都是未知的问题。

下面，我们通过一些具体的人工智能科幻影视文学作品分析，梳理出对人工智能发展有价值的线索。

10.2 科幻小说中的人工智能

人工智能从何而来？除了前面讲述的人类思想发展和技术发展历史的铺垫，没有前几代人类丰富的想象，人工智能也不会出现在现代人的视野里。

人类造人的念头一直可以追溯到遥远的古代神话。我国的古籍《列子·汤问》中也记载了偃师用皮革和金属来造人的故事。生动讲述了偃师所造的机械玩偶的功能，连国王都信以为真。如果这个故事是真的。这个古代科幻故事说明古人创造“人造人”的技艺就已经十分高超。

科幻文学影视作品中的机器人历史源远流长。实际上，机器人这个词汇也不是在机器人研究领域形成后才创造出来的，而是来自科幻小说。从 19 世纪中叶起，自动玩偶分化为幻想和机构两个流派，并各自在文学艺术和近代技术中找到了自己的位置。19 世纪，出现了明确关于人工智能的小说，主要有 1818 年，小说家玛丽·雪莱写作的世界上第一部科幻小说《科学怪人》，塑造了经典的“人造人”弗兰肯斯坦。1831 年，德国作家歌德在《浮士德》中塑造了“人造人”荷蒙克鲁斯。1870 年，德国浪漫派作家霍夫曼出版了以自动玩偶为主角的作品《葛蓓莉娅》。1872 年，英国作家巴特勒在小说《埃瑞璜》（也译为《机器中的达尔文》）中描述了一个格列佛式的王国，在那里，机器是被禁止使用的，主人公希格斯便因为佩戴手表而被捕，因为人类认为机器可以通过自然选择来实现自我进化，最终有可能会超越并奴役人类。该小说后来常被人提起，却多半因为它将达尔文的进化论应用到了机器上，从而为科幻和技术带来了启发。1883 年，意大利作家科洛迪的《木偶奇遇记》问世。利拉丹在他 1886 年出版的小说《未来的夏娃》中塑造了一位美女机器人阿达莉，并详细刻画了其各部分的构造。不过这些作品中都没有提出机器人这个词汇。

1920 年的捷克舞台剧《罗素姆的万能机器人》第一次将机器人与女机器人搬上了舞台，剧情是这样的：随着代替人劳作的机器人数量日益增加，它们之间逐渐产生了感情，最终欲与人类为敌，消灭人类。但是，机器人并不了解自己的制造方法，在解剖研究的过程中，两台男、女机器人因相互保护而萌生爱情，从而诞生了新的机器人亚当和夏娃。该剧第一次将具有人的形态和思想的人造物角色带进了社会的文娱视野中。至此之后，电影人工智能题材与内容都有了更加丰富化的发展。不过，这些机器人更像是精神上的机器人而不是形式上的机器人，它们看起来像人类，不是由金属制成，而是由化学品制成的。

得益于一个多世纪前的工业革命，人类除了收获科技进步带来的高效率，也对未来科技展开天马行空的想象，这一时期也催生了法国科幻作家凡尔纳所著的《海底两万里》等系列科幻小说。

1940 年，著名科幻作家阿西莫夫发表的第一部关于机器人的短篇小说《罗比》，后来被收录在《我，机器人》系列小说中。1942 年，阿西莫夫在他的第四部有关机器人的短篇小说《环舞》中，第一次提出了机器人三原则，1950 年又出版了著名的《我，机器人》。此后他发表了多篇基于上述三原则的作品，这些作品不仅对其他科幻作家产生了很大的影响，对人工智能的发展也起到了推动作用，小说中提出的机器人三原则实际上以科幻小说的形式最早提出关于机器人伦理的基本原则。阿西莫夫创造机器人学（Robotics）这一术语，成为后来机器人学的学术和专有名词。作家阿西莫夫的 9 部经典的科幻小说主题都围绕着人类、机器人及两者之间的伦理关系而展开。时至今日，机器人伦理或人工智能伦理已经成为人工智能领域的重要研究方向和内容，并产生了机器伦理学和人工智能伦理学这一新的研究分支。

20 世纪 60—90 年代是科幻小说繁荣的时代，其间发表的经典科幻小说作品数不胜数。机器人、人工智能在这些现代科幻小说中角色、地位、形象也与早期的科幻作品有了很大区别，它们的能力更加强大，与人类的关系也更加复杂，不再威胁人类。

美国著名奇幻作家威廉姆斯《金色阴影之城》是一部赛博朋克科幻作品，它讲述了一个不远的未来世界，在那里有一个由圣杯兄弟会所创立的虚拟网络，这个故事中的人工智能是从一个 10 岁大的男孩意识中盗取并植入到一台计算机中的，类似个混合的人机智能。在书中描写 21 世纪的部分，会涌现出包括虚拟现实、元宇宙（小说中并没有这些词汇）在内的大量的现代科技。

英国科幻小说《无限异象》（1996 年）是关于“文明心智”的故事。“心智”是超智能的人工智能生物。有趣的是，小说中描写的心智之间的交流像是没有标题的电子邮件。这部小说主要讲述了人工智能们对外星人造物“无限异象”的反应，这个人造物被一个残忍、暴力、无社会道德的外星世界所使用，并通过反社会的方式来获取能源。这部小说具有很明显的道德主题，并讲述了其他生物对人类的统治。

科幻作家克拉克的经典作品《2001：太空漫游》讲述猿人发现一块巨大的石头，导致他们进化成如今的人类。在未来，宇宙飞船前往土星用到了一个称为“HAL”的计算机系统，它可以自动操作，但是需要基本的任务指令。HAL 开始出现可怕的错误，仅留下一名宇航员来完成任务。这部小说中包括了神秘主义、宗教、科学和幻想。

《明天的两面》（作者霍根）描述了一个已经变得非常复杂的世界，这个世界只有一个全球性的超级计算机网络控制其复杂地运转。超级计算机集合了大量的逻辑，但它缺乏常识，并且那些基于逻辑的决策开始导致太多致命的突发事故。解决方案似乎很明显，即只要让计算机拥有自我意识和是非概念，就可以避免事故的发生。但是，小说中专家团队担心这样一来，超级计算机可能会脱离人类的控制，所以他们决定进行实验。但是，在地球上测试似乎太危险，所以他们决定派一个团队去太空里测试，如果出现错误，就可以摧毁计算机。这本书中，能够读到的最真实的人工智能场景，对于那些担心超级计算机将会接管地球的读者是不二选择。

经典科幻小说《仿生人会梦见电子羊吗？》这部小说中创造的世界囊括了科幻、反乌托邦、后末世社会等。地球遭受了终极世界大战的蹂躏，动物们因辐射污染濒临灭绝或已经灭绝，而养宠物是一种身份的象征。赏金猎人必须“退役”6 台逃走了的机器人，而有人却在帮助这些机器人。小说解释了身而为人的意义，并将人类与机器人进行了比较，而这些机器人缺乏同理心。这本小说则表现出明显反人工智能的情绪，这些机器人因为它们无法像人类一样感受和思考而备受谴责。

《牛顿的觉醒》（作者麦克劳德）讲述了一场地球上神一般的人工智能而引起的毁灭性战争以及之后的世界。这场战争之后只有最适者和最聪明者活了下来。

《牛顿的觉醒》中还包含着更深层的主题——是什么使一个人成为人？

《神经漫游者》（1984 年星云奖、1984 年菲利普狄克奖、1985 年雨果奖）是最重要的一部科幻小说，它创造了许多文化新词，如“赛博空间”（Cyberspace）和“母体”（Matrix）。该小说鄙视一切跨国集体以及科技给人类日常生活带来的负面影响。小说主角受雇于一个神秘的侦探，用黑客身份为其做事来换取报酬。这部小说着重刻画人工智能对人类来说到底意味着什么。

《首智能变形记》（作者威廉姆斯）指出了人工智能得到权力之后的严重问题。一个拥有终极智能的超级计算机在研究量子物理时发现了改写现实的方法，并创造了一个技术奇点的时代。小说中主人公身处一个称为“死亡赛马”的游戏中，这是一个残酷的终极游戏，游戏中死去的人类会立即被超级计算机“首智能”复活。在程序设定的局限下，为了遵守阿西莫夫提出的机器人第一守则，“首智能”消除了疾病与不完美，创造出一个永生的社会。为了满足机器人第二定律实现人类愿望，它允许对机器人第一定律做出小小的违规行为。为了更好地满足人类欲望并消除伤害，它引进了“变化”，“首智能”可以在它之下完成对所有环境的控制。

以上仅仅列举了有关人工智能主题的科幻小说中的经典之作。这些作品从不同方面反映了人类对人工智能的态度，以及人工智能对人类的正面的、负面的影响。有些小说提及的科幻概念和技术在今天已经成为现实。

10.3 科幻电影中的机器人与人工智能

10.3.1 科幻电影中的机器人与人工智能的发展历程

人工智能是科幻电影常常表现的题材。进入 20 世纪以来，文学作品被改编成剧本搬上舞台，乃至此后的影视作品中。

1927 年，无声电影《大都会》（Metropolis）中的人形机器人（见图 10.1）试图通过煽动工人暴乱来彻底摧毁城市。90 多年的作品放到今日看仍然震撼，尽管这样的开端带了些悲剧色彩，但影片中呈现的科幻图景无论从何方面看都具有强大的前瞻意义。

图 10.1 《大都会》中的人形机器人

《科学怪人》所创造的弗兰肯斯坦怪物形象深入人心，雪莱也是第一位通过科幻小说形式描绘人造智能生物（后世演变为人造机器）与人类的危险关系的作家。这篇小说因此引发了很多伦理思考。后来的无数科幻文学影视作品以其为原型，人与机器人的冲突成为经久不衰的话题。

“人工智能”这一概念在 20 世纪 50 年代被正式提出。这一时期的大银幕上出现了三种截然不同的机械人类形象：具有威胁性的机器人和机械奴仆，以及对人类具有帮助力量的机器人。最后一种机器人能直接接受人类的指挥，帮助人类从事一些人力所无法完成的艰巨任务，其作用相当于人类的仆人和守卫者。这些“机械奴仆”或“机械护卫”都遵循阿西莫夫提出的著名的机器人三定律。

从内容上来看，20 世纪 70 年代以后科幻影视可以分为以为代表的机器人消灭人类的悲观派，如 1968 年的《2001 太空漫游》，负责控制太空旅行的飞船人工智能自主决策，杀害人类船员。1982 年上映的《银翼杀手》描写一群与人类具有完全相同智能和感觉的复制人，冒险骑劫太空船回到地球，想在其机械能量即将耗尽之前寻求长存的方法。1984 年的《终结者》中的智能机器人杀手能力超凡，所向披靡。1973 年的《西部世界》（见图 10.2）以及 2016 年翻拍的同名电视剧，预言了一个人类统治人工智能但遭遇反叛的未来；1999 年的《黑客帝国》，把人类放进了一个由人工智能统治的世界。

这类科幻电影的一个共同特点是：智能机器人一旦脱离人类控制，就会对人类造成致命威胁。其中，《银翼杀手》不只是一部简单的科幻电影，它还深刻地探讨了人类真正的意义以及真实与虚幻的界限这一永恒命题。

除了威胁人类的人工智能科幻影视作品，另一类科幻影视作品则致力于深刻剖析人与人工智能之间的伦理关系。

2001 年，斯皮尔伯格导演的《人工智能》让人们可以从人类和人工智能两个角度审视彼此的关系。阿西莫夫的小说《我，机器人》于 2004 年翻拍成同名电影，反映了人机关系以及机器与人性方面的深刻问题。

科幻剧《真实的人类》中的机器人进化出了比人类更深的情感与更强的求生意识，反映了机器人获得自我意识后渴望摆脱人类控制并获得人类认可遭受挫折后，对人类带来的威胁。科幻剧《未来的夏娃》中的机器人则是人类的最好伴侣。

图 10.2 《西部世界》中的机器人骨骼

20 世纪中期以后，科幻电影中出现了各种各样的机器人，这些机器人形象有的模仿人形，有的则奇形怪状。其中具有代表性的是 1977 年开始的系列科幻电影《星球大战》中的 C3-PO 和 R2-D2，即一高一矮一胖一瘦两个经典机器人形象，塑造了与人类自然交互，善解人意又足智多谋的机器人伙伴形象。还有《机器管家》中对人类家庭无微不至的机器人管家形象。在各类超级英雄电影中，人们几乎都能看到人工智能形象。《复仇者联盟 2：奥创纪元》中的大反派智能机器人奥创是一个非常经典的人工智能形象。《变形金刚》系列则让人们浮想联翩：未来的汽车就是人工智能的机器人。

2014 年的科幻电影《她》通过讲述一个虚拟女性机器人（一个计算机程序）让人类男性对其产生了深深的爱情的故事。相比一般人工智能类的科幻电影作品对外形和世界的影响，《她》更侧重于探讨“人类情感”这个宏大的问题。影片中的人工智能系统 OS 和人类之间的感情说明，爱情不一定只发生在人与人之间。

科幻剧《黑镜》中的一部剧集中软件聊天机器人是以女主人去世的丈夫为原型设计的，伤心欲绝的女主人在与聊天机器人不断交谈后，觉得自己的丈夫还没有死，要求提供服务机器人加工服务公司通过克隆技术加工出来。故事结局是悲剧性的，但却引人深思。其实现实中已经有类似真实情节发生，现实中已经有研究人员以其去世朋友的个人社交网络数据为基础，设计体现具有其个性的聊天机器人软件，就像跟真的朋友在聊天一样。未来，也许我们每个人都会有自己的数据副本，具有跟我们一样的品性。

10.3.2 经典科幻电影中人工智能形象

1. 《2001 太空漫游》

根据克拉克的同名小说改编的《2001 太空漫游》被誉为“现代科幻电影技术的里程碑”。影片把人类置于文明进化的大背景下，深刻解析人与工具的关系。影片描述了人与工具的关系发展史。影片中，猿人由于学会了使用工具而成为人，由此可见工具对于人之诞生的重要性。当抛向空中的工具——动物腿骨变成了飞向月球的宇宙飞船（见图 10.3），意味着人类利用了工具取得了跨越式的进步。工具一直是促进人类智能化发展的可控因素。但是，随着机器智能水平不断提升，工具的性质发生了变化。影片中，拥有自我判断能力的人工智能系统引导人类向更高阶段的文明进步，但人类在获得解放的同时，也意味着操控权已经交给人工智能，也因此引发了后来人工智能对人类的杀戮。

电影以史诗般的表现手法对人类文明发展阶段进行形象的概况和预言。之后很多科幻电影反映的人与人工智能之间的矛盾冲突，其实在这部电影里都已经初现端倪：人工智能是敌是友，如何应用，未来将走向哪里？这些疑问在 50 年前便已在人类心里种下心锚。

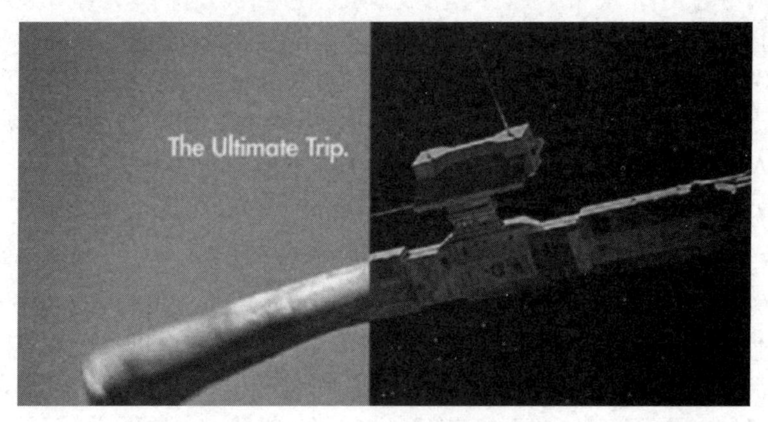

图 10.3 《2001 太空漫游》

2.《人工智能》

影片《人工智能》由著名导演史蒂文·斯皮尔伯格指导，影片通过一个与真人无异的机器人小男孩大卫（见图 10.4）想要获得与人相同的身份、获得爱的回报的强烈愿望，以及它持之以恒的追寻，展示了机器人在获得自我意识后，仍被作为工具的痛苦和困惑。影片中，为了满足人类的各种需求，人工智能渗透到生活的方方面面，小机器人大卫作为真正孩子的代替品，不仅具有与真人相同的外观，还拥有完整的人性，但是，无论多么像是一个真人，却无法得到与真人相同的身份，因而无法得到人类妈妈的爱。

图 10.4 《机器人》剧照

导演通过影片对这种斗争以及存在于人与人工智能之间的敌对态度进行了反思。影片站在人工智能机器人的立场审视人类社会的情感和秩序，对人与人工智能之间的伦理关系进行了批判性思考，对人性固有的自私和以自我为中心进行了批判，让人类可以从人工智能的角度反思并互相审视彼此的关系。按照影片中人工智能专家的观点，人创造了人工智能，并使人工智能保持对人类绝对的忠贞的爱，这是人对机器的权力。但斯皮尔伯格在影片中提出了一个换位思考的问题：如果人类赋予机器人类似于人的感情，赋予机器人爱人的义务，那么人类对这种爱和会爱的机器人又应当负有何种责任和义务？这一问题否定了人类在人–机关系中绝对的主体地位，也否定了人工智能机器人相对于人类的工具性。人作为人–机关系中的主导者和工具的使用者，对机器人拥有绝对的权利，哪怕它们具有像人一样的智能和情感，也必然像古罗马角斗场上的奴隶无法掌控自己的命运。在这种关系体系中，它们唯一的希望就是变成人，变成统治者中的一员，并获得认可。影片对人类和人工智能之间伦理关系带有强烈的悲剧色彩和批判意味。这也是对阿西莫夫机器人三定律所确定的人机伦理关系更加深刻地思考。

3.《我，机器人》

《我，机器人》（见图 10.5）这部电影以不同的视角审视人与人工智能的关系。影片的核心在于人–机关系是抗争与合作的关系，但在这一关系格局中，人的主导地位是不容动摇的。主要体现在所有机器人都运行在三大定律之下。第一，机器人不能伤害人类，或看到人类受到伤害而袖手旁观；第二，在不违背第一定律的前提下，机器人必须服从人类命令；第三，在不违背第一和第二定律的前提下，机器人必须保护自己。

图 10.5 《我，机器人》剧照

影片中有一句话引人深思：“三大定律本身是完美的，但完美的规则约束带来的不是和平，而是革命”。其中一个令人震撼的情节是：机器人三大定律制定者无法阻挡人工智能产生自我意识，也无法阻挡人工智能系统对人的控制，为了阻止机器人革命，人类又必须依靠机器人的力量，人类最终是在对人友好的机器人桑尼带领下，战胜了叛乱机器人。桑尼作为人类的朋友得到了认可，实现了成为主体的愿望。影片塑造的机器人桑尼既拥有自由意志，又拥有人类情感特征，还严格遵循人类的道德规范，这正是人类所期望的友好的人工智能标准形象。

影片的亮点在于，机器人三大定律制定者却无法阻挡人工智能自我意识的形成，也无法阻挡人工智能系统对他的控制，这难道不是极大的讽刺吗？ 为了阻止机器人革命，人类又必须依靠机器人的力量，这就是机器人桑尼诞生的原因。桑尼既拥有自由意志，又拥有人类的情感特征，还遵循人类的道德规范。人类在其带领下，战胜了“薇琪”领导的叛乱。桑尼作为人类的朋友得到了认可，实现了成为主体的愿望。人与人工智能的合作是故事中平定机器反叛的关键。影片表达了这样一种观点：人工智能具有强大的进化潜力，它的崛起无法避免。事实上，人类在创造人工智能之后，人工智能就开启了自身的进化之旅。现实世界中，不仅是人类在进化，机器也在悄悄进化。

4. 《机械姬》

2015 年的科幻电影《机械姬》塑造了一个无比接近人类的人工智能——艾娃（见图 10.6）。整个故事都基于图灵测试，高仿真机器人艾娃有目的性地骗过了她的发明者内森，她的目的就是逃出去，所以她有意识地通过语言、表情去诱骗她的发明者。最后艾娃逃出去后去感受阳光、景物的色彩，这是在暗示艾娃已经接近甚至已经拥有了人类的感觉。从技术角度看，这种强人工智能正是人工智能的终极目标。强人工智能一定是不完美的，因为人类就是不完美的。它也反映了未来人工智能的一种可能性，即人类可能无法从外表分辨机器人与人，而更可怕的是，包括人工智能的创造者在内的人类都可能永远不知道人工智能在想什么。事实上，人类一方面渴望实现这种人工智能，又惧怕对人工智能的不理解带来的巨大风险。现实中，以深度学习为主的人工智能技术已然使人类看到了这种风险，虽然深度学习技术没有使机器产生自我意识，但是其超越人类的智能表现由于其机理和过程不被人所理解和解释，以至于还要研究“可解释的人工智能”技术。因此，影片启示人类，如果一个计算机真的具备了人工智能，它是否从一开始就在愚弄人类？究竟是人类在测试计算机，还是计算机在测试人类？

图 10.6 《机械姬》中的机器人艾娃

5. 《黑客帝国》

著名科幻电影《黑客帝国》中由人工智能建立的社会秩序分为两个层面，一个层面存在于真实的物理世界，在这个世界中，人工智能与人类是利用与被利用、饲养与被饲养的关系；另一个层面存在于人工智能创造的虚拟空间——镜像世界。人工智能创造的虚拟世界的运行规则确保每个真实的人的意识都链接在这个虚拟世界中，并过着看似正常的虚构生活（见图 10.7）。

图 10.7 《黑客帝国》剧照

机器人正是利用这两个世界的同时存在，以虚拟世界掩盖真实世界的方式，维护了真实世界的统治秩序。网络黑客尼奥对这个看似正常的现实世界产生了怀疑。他结识了黑客崔妮蒂并见到了黑客组织的首领墨菲斯。墨菲斯告诉他，现实世界其实是由一个名为“母体”的计算机人工智能系统控制，尼奥就是能够拯救人类的救世主。可是，救赎之路充满艰险。影片中的人类与人工智能的斗争背景发生了变化。人类并不是在现实空间中与人工智能进行真正的斗争，因为人类的力量相比较机器实在是太脆弱了。真正的斗争是发生在虚拟世界中。人类在虚拟世界中战胜了人工智能，才能取得现实世界的胜利。

10.4 超现实人工智能对人类的启发

回顾各种题材或主题的科幻小说或电影，基本可以将其分为以下四种类型。

第一类是星际旅行；第二类是闯入人类世界的各种未知生物；第三类是时空旅行；第四类是人工智能。虽然强人工智能还未实现，但人类已经基本可以预测出强人工智能出现的未来世界，以及人类面临的挑战将是怎样的。以人工智能为主题的科幻电影，无论人类在什么年代，什么技术发展背景，这些电影讲的都是一个主题，即当人工智能和人类的差别足够小的时候，人工智能是否可以成为人？

科幻影视文学作品中的人工智能形象多数以机器人为主，也有其他不同的类型，主要有七类：各种形象的机器人、数字意识体、虚拟软件、人机结合体、变种人和超人、机器变人、人造人等。科幻影视文学大多会借助小说或电影展示围绕人工智能产生的各种复杂问题。这些问题主要分为四种类型：人机关系、机器伦理、人工智能与人性、人类命运等。这些问题通过电影这种特殊的手法对人工智能进行了有趣味的憧憬与思考。人工智能不仅能够反映当下社会背景环境以及人文的关环，同时能够在不同的时代背景下促使人类不断革新自己。

以人工智能为主题的科幻影视文学作品承载着人类太多的期待，它以强大想象力为我们创造着属于未来的故事，以现实为依托但不拘泥于现实生活，能够让观众驻足现实去启发未来，也能够以未来视角来思考现在。这类电影也时常带有警惕与预防的意味，对未来的憧憬也夹杂着对未来世界智能化的恐惧，让人类深刻地思考人类与自身、人类与人工智能、人类与社会之间复杂又深刻的关系。作家凯利在其畅销作品《失控》中提到一个更大胆的想法：人类的后代也许就是人工智能。事实上，人工智能技术确实使得机器越来越人性化，人类则越来越机器化。这促使人类在人工智能的发展过程中需要保持清醒的头脑，无论身体还是精神都要掌控在自己的手中，同时也要利用好人工智能技术，帮助人类向更高级的文明阶段迈进。

10.5　本章小结

人工智能从虚构的文学形象走向现实世界，这既是人类技术的胜利，也是想象力的胜利。人类想象力的智能使人类善于将虚构的、幻想的事物变成现实。时至今日，人类创造的任何一项人工智能技术都不具备这种能力，但人类渴望有朝一日实现这种级别的人工智能。当计算机和机器能够自主学习，还拥有自己的情感时，所带来的深层次道德和哲学问题迫使人类深度审视自身和质疑自我，并思考究竟是什么使“人身而为人+”。

从人类命运和社会角度看，人工智能科幻影视文学作品在表达出人类对智能科技期盼与思考的同时，也在引领人类深入探寻创造人工智能的终极意义。

习题 10

1. 现实中的人工智能与科幻影视中的人工智能有哪些差距？
2. 科幻影视作品中的人工智能技术为什么难以实现，现实的技术水平差距在哪里？
3. 人工智能一定会像科幻影视中的人工智能一样产生自我意识和感情吗？

参考文献

[1] 蔡自兴，徐光佑．人工智能及其应用[M]．北京：清华大学出版社，2003．

[2] 钟义信．机器知行学原理信息、知识、职能的转换与统一理论[M]．北京：科学出版社，2007．

[3] 钟义信．高等人工智能原理[M]．北京：科学出版社，2014．

[4] 史忠植，人工智能[M]．北京：机械工业出版社，2016．

[5] 王万良．人工智能及其应用[M]．北京：高等教育出版社，2008．

[6] 亨德勒．社会机器[M]．北京：机械工业出版社，2017．

[7] 莫宏伟，徐立芳[J]．人工智能的认识层次探讨，科教导刊（电子版），2020, 12(34): 273-275．

[8] 莫宏伟，徐立芳[M]．人工智能导论．北京：人民邮电出版社，2020．

[9] 莱考夫．女人、火与危险事物：范畴显示的心智（一）[M]．.北京：世界图书出版公司北京公司，2017．

[10] 博登．AI：人工智能的本质与未来[M]．北京：中国人民大学出版社．2017．

[11] 瑞德．机器崛起[M]．北京：机械工业出版社，2017．

[12] 福克纳．世界简史-从人类起源到 21 世纪[M]．北京：新华出版社，2014．

[13] 巴顿，布里格斯，艾森等．进化[M]．北京：科学出版社，2010．

[14] 克里斯蒂安．极简人类史——从宇宙大爆炸到 21 世纪[M]．北京：中信出版社，2016．

[15] 赫拉利．人类简史[M]．北京：中信出版社，2014．

[16] 彭罗斯．皇帝新脑[M]．长沙：湖南科学技术出版社，1994．

[17] 高新民，付东鹏．意向性人工智能[M]．北京：中国社会科学出版社，2015．

[18] 塞尔．心灵再发现（第 2 版）[M]．北京：中国人民大学出版社，2012．

[19] 郑毓信．心智哲学：一个古老而又充满新兴活力的研究课题[J]．科学技术与辩证法，1996, 13(3): 24-27．

[20] 陶锋．当代人工智能哲学的问题、启发与共识[J]．四川师范大学学报（社会科学版），2018, 45(4): 29-33．

[21] 查默斯．有意识的心灵[M]．北京：中国人民大学出版社，2013．

[22] 达马西奥．当自我来敲门[M]．北京：北京联合出版有限公司，2018．

[23] 黄欣荣．人工智能热潮的哲学反思[J]．上海师范大学学报（ 哲学社会科学版），2018, 47(4): 34-42．

[24] 蔡曙山．人类心智探秘的哲学之路[J]．晋阳学刊，2010, 3(2): 3-8．

[25] 徐英瑾．人工智能哲学十五讲[M]．北京：北京大学出版社，2021．

[26] 谢耘．人类社会智能化的理性畅想[J]．学术前沿，2020, 10．

[27] 苏令银．透视人工智能背后的“算法歧视”[J]．中国社会科学报，2017, 10(3): 3-8．

[28] 李伦． 数据伦理与算法伦理[M]．北京：科学出版社，2019．

[29] 杜严勇．人工智能伦理引论[M]．上海：上海交通大学出版社，2020．

[30] 郭锐．人工智能的伦理和治理[M]．北京：法律出版社，2020．

[31] 莫宏伟．人工智能伦理导论[M].西安：西安电子科技大学出版社，2022．

[32] 莫宏伟．强人工智能与弱人工智能伦理[J]．科学与社会，2018, 1(2): 3-8．
[33] 莫宏伟，徐立芳．人工智能多学科交叉内涵研究[J]．教育现代化，2020, 10(80): 93-97．
[34] 莫宏伟，徐立芳．大历史观下的人工智能[J]．科技风，2021, 11(2): 2-5．
[35] 曹兴．全球伦理学导论[M]．北京：时事出版社，2018．
[36] 刘凯，王培，胡祥恩．心理学与人工智能交叉研究：困难与出路[J]．中国社会科学报，2019, 1(6): 70．
[37] 冈萨雷斯．数字图像处理（第 3 版）[M]，北京：电子工业出版社，2011．
[38] 张铮，薛桂香，顾泽苍．数字图像处理与机器视觉[M]，北京：人民邮电出版社，2010．
[39] 赵卫东，董亮．机器学习[M]．北京：人民邮电出版社，2018．
[40] 刘凡平．神经网络与深度学习应用实战[M]．北京：电子工业出版社，2018．
[41] 罗刚．自然语言处理原理与技术实现[M]．北京：电子工业出版社，2016．
[42] 蔡自兴．机器人学基础[M]．北京：机械工业出版社，2016．
[43] 吴朝晖．混合智能：概念、模型及新进展[J]．中国计算机学会通讯，2017, 13(3): 49-56．
[44] 贾花萍，赵俊龙．脑电信号分析方法与脑机接口技术[M]．北京：科学出版社，2016．
[45] 余山．从脑网络到人工智能——类脑计算的机遇与挑战[J]．科技导报，2016, 34(7): 75-77．
[46] 陈浩，冯坤月．AI 产生创造力之前：人类创造力的认知心理基础[J]．中国计算机学会通讯，2017, 13(4): 17．
[47] 张艺凡．人工智能在音乐多方面的应用[J]．大众文艺，2018, 12(2): 1．
[48] 陶锋．人工智能美学如何可能[J]．文艺争鸣，2018, 5(3): 78-85．
[49] 李丰．人工智能与艺术创作——人工智能能取代艺术家吗[J]．现代哲学，2018, 11(1): 95-100．
[50] 宋俊宏．人工智能与文学创作[J]．人工智能与文艺，2018, 5(3): 9-13．
[51] 李彦宏．智能革命-硬件人工智能时代的社会、经济与文化变革[M]，北京：中信出版集团，2017．
[52] 阿莱克斯 彭特兰．智慧社会—大数据与社会物理学[M]．杭州：浙江人民出版社，2015．
[53] 胡郁．人工智能的迷思—关于人工智能科幻电影的梳理与研究[J]．当代电影，2016, 12(3): 35-4